用户体验设计分析与应用研究

李　建　著

江苏凤凰美术出版社
全国百佳图书出版单位

图书在版编目（CIP）数据

用户体验设计分析与应用研究 / 李建著. -- 南京：江苏凤凰美术出版社, 2025.1

ISBN 978-7-5741-1883-6

Ⅰ. ①用… Ⅱ. ①李… Ⅲ. ①人机界面 – 程序设计 – 研究 Ⅳ. ①TP311.1

中国国家版本馆CIP数据核字(2024)第107115号

责任编辑 唐 凡
责任校对 孙剑博
封面设计 焦莽莽
责任监印 于 磊
责任设计编辑 赵 秘

书　　名 用户体验设计分析与应用研究
著　　者 李建
出版发行 江苏凤凰美术出版社（南京市湖南路1号　邮编：210009）
印　　刷 盐城志坤印刷有限公司
开　　本 787 mm × 1092mm　1/16
印　　张 17.5
字　　数 308千字
版　　次 2025年1月第1版
印　　次 2025年1月第1次印刷
标准书号 ISBN 978-7-5741-1883-6
定　　价 88.00元

营销部电话　025-68155675　营销部地址　南京市湖南路1号
江苏凤凰美术出版社图书凡印装错误可向承印厂调换

前　言

本书面向用户体验设计专业、交互设计、数字媒体专业的学生，用户体验研究员及相关领域的人员，旨在介绍和探讨用户体验设计的重要性、要素和研究方法，同时提供实践案例和思考，将用户体验设计分析引入设计研究领域，从单纯的设计实践向更深层次的设计分析迁移，为设计落地提供翔实的过程分析，理清设计思路。帮助读者深入理解和应用用户体验设计的原理和方法，提升产品、服务的质量和用户满意度。

第一章介绍了用户体验设计的概述，详细介绍了其定义、背景和应用领域，帮助读者建立对用户体验设计的整体认识和理解。本书将日常生活中的事件与用户需求分析相结合，引入用户体验的概念，对其发展历史、核心思想、分析要素、应用实践、前沿发展进行阐述。通过分析用户体验的核心、重要性、层次及目标、细节表现等，使读者建立起用户体验的宏观认知。在对用户体验设计流程、团队进行介绍的过程中，用户了解了用户体验设计的过程、对团队成员的分工也有了一定的认知，对用户体验有了较为全面的了解。

第二章分析了用户体验的要素，围绕用户体验要素进行探讨。对用户体验设计的重点，如用户、需求、情景、体验等，进行了相关阐述，理清了各要素间的关系，从用户入手，以需求为基础，围绕用户体验的核心构建交互体验情景，满足用户的体验需求，引出设计全流程，强调用户需求和参与的重要性。

第三章分析了用户体验研究中用到的定性和定量研究方法，阐述了收集、分析用户需求和行为数据、用户画像、用户旅程图、故事板、服务蓝图等设计研究方法，为用户体验设计提供有力支持和指导。并以详细案例分析的形式展示了用户体验具体研究方法的实践，为用户体验设计具体实施提供了参考。

第四章介绍了应用于不同设计阶段的用户评估与测试方法，涵盖可用性测试、原型测试、启发式评估、产品概念评估、模拟评估等方法。通过评估和改进用户体验，不断优化设计方案，确保产品服务质量和用户满意度。通过全流程整体迭代和局部的循环迭代的交替运用不断强化设计是在不断迭代往复中逐步完善的理念，同时理解设计迭代思维，以及在用户体验设计流程中的重要性，并通过案例的形式列举了迭代设计思维在产品设计方面新的拓展。

第五章介绍了数字媒体产业的发展与当今产业数字化转型的实际需求，并对用户体验设计在产业数字化转型中的重要作用做了剖析。在数字媒体产业与用户体验设计的实践部分，通过案例研究和分析了解如何在数字媒体领域应用用户体验设计的原理和方法，为产品和服务的成功落地提供设计支持。

第六章用户体验设计思考和展望，探讨了用户体验设计在人工智能时代面临的变化，以及人工智能对驱动用户体验设计在新型领域可能的发展方向，讨论了未来的发展趋势和挑战。激发读者深入思考用户体验设计的价值和创新，为未来的设计工作提供有益的启示。

本书旨在为读者提供系统、全面的用户体验设计知识，并通过实践案例和思考启发读者在实际项目中应用这些知识。本书的出版得到了山西省软科学研究项目（2016041022-1）、山西省高等学校教学改革创新项目（J20221173）、山西省哲学社会科学项目（2021YY050）、山西省教育科学“十四五”规划课题（GH-220059）、山西省高校哲社课题（201803104）、山西省哲学社会科学规划课题（2019B417）的支持。

本书的出版离不开山西传媒学院交互艺术设计教研室的广大师生的大力支持，包括田崑老师、魏文静老师、邢恺老师等提出的宝贵意见；感谢参与用户体验设计实践的同学们：韩诗琪、安钏溧、王文军、孙张晶、刘浩宇、张冉、张紫薇、冯游阳、高明洁、吴建珍、郭雅鑫、郝煊、杨帅、赵雪莲、王瑞、樊润泽等。期待本书能够成为用户体验设计领域的重要参考资料，为读者在数字媒体产业中创造出优秀的用户体验提供指导和帮助。

由于时间仓促，作者水平有限，书中难免有错误、疏漏之处，敬请谅解。敬请广大学者、专家和读者批评指正。

作者

2023年6月

目　录

用户研究方法

用户体验设计评估、测试与迭代

数字媒体产业与用户体验设计实践

用户体验设计思考与展望

用户体验设计

用户体验（User Experience Design，简称为UX或UE）指的是用户在与特定产品或系统进行交互时所产生的感受、情感和态度的综合体验。强调用户在使用过程中的主观感受和主观评价，关注用户与产品之间的互动和交流，即用户在使用一个产品或系统之前、使用期间和使用之后的全部感受，包括情感、信仰、喜好、认知印象、生理和心理反应、行为和成就等各个方面。正如Donald Arthur Norman（唐纳德·诺曼）所述，“UX涵盖了用户与公司的产品或服务交互的所有方面。”用户体验包括狭义的用户体验和广义的用户体验，狭义的用户体验，更多的是指用户在使用产品过程中的主观体验和感受，并不能代表整个用户体验。

广义的用户体验，是指包含设计在内，且超越设计的范畴，正如2018年Donald Arthur Norman（唐纳德·诺曼）在旧金山用户体验大会上所描述：用户体验是一切事物，是你体验世界的方式，是你体验服务的方式。其内容也包含用户体验产品的方式，如通过网络体验App服务时，出现客服不能及时回复或服务感觉不佳，将会影响用户的体验；产品的按钮功能标识不清，给用户使用造成困扰，也会影响用户体验。人们已经意识或者感受到用户体验含义的广泛性，但还是会不自觉地将用户体验缩小在狭义的思维定式范围内，这将会影响产品用户体验的提升。用户体验涉及的要素包括用户、产品、环境和体验过程。

用户是体验的主体，而产品是用户与之进行互动的对象，用户的需求、期望、行为和情感会直接影响对产品的体验，在产品设计和开发过程中要重点考虑用户的特征和特殊需求，以满足产品与用户期望的匹配；产品所处的物理和社会环境也会对用户的体验产生影响，物理环境涉及产品使用的地点、气候条件、光线、声音等因素，而社会环境则涉及用户与他人的互动、社会文化背景等因素，产品设计应与环境相匹配；体验过程包括用户接触产品、使用产品、获得反馈等环节，每个环节都会对用户体验产生影响，从产品的启动、界面设计、交互方式到反馈的及时性和准确性等都需要实现用户体验的无缝衔接；用户的行为和体验也会受到环境的影响，而用户也可能对环境产生影响，如通过与他人的互动、社会参与等方式的用户体验会受到环境的限制或促进。如图1-1所示。

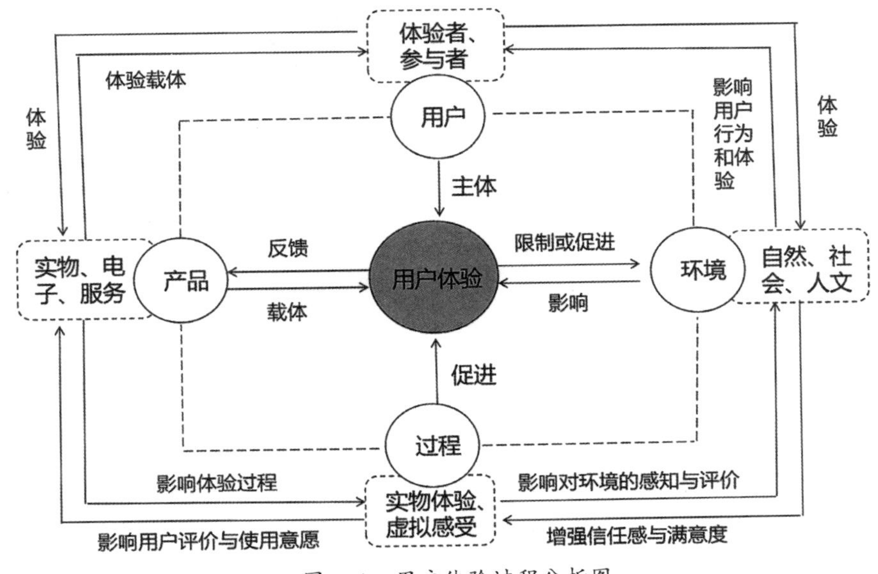

图1-1　用户体验过程分析图

一、用户体验的核心——以用户需求为出发点

用户需求与体验是用户体验设计的重要内容，不同的用户与产品互动方式和获得的体验都会有不同之处，用户与产品的互动方式、获得的互动体验都与用户的生活背景和生活环境有一定关联性。如用户是六七十岁、文化程度不高的老人，还是网络时代出生的年轻人？是利用碎片化时间匆匆忙忙上网的人，还是上网时间充裕的居家人士？是资深网约车驾乘人士，还是新手司机用户？用户的分类不同，对同款产品的体验也不尽相同。

用户体验会影响用户对产品的感知，熟悉触屏操作的用户对其服务流程和逻辑结构也能理解清晰和正确使用，对触屏和滑屏的展示特色也很清楚，但对于老年人和不熟悉的用户则较难接受其工作模式和交互形式，该类用户在操作时会产生心理抗拒感，也不能体会到交互的良好体验性。为给这部分用户提供良好的用户体验，设计者就应该去掉对他们来说无用的设计和功能，同时深入理解这部分用户的切实需求，增添对其有用且必需的功能，如降低交互操作的层级、增加用户能理解的语言表述和引导等，满足用户需求上的分层。同样，银行客户在提款机前进行转账、提款等操作，客户会根据界面流程进行操作，但由于系统响应不及时，导致客户无法及时知晓转账结果，造成客户因为担心钱财受损进而产生恐慌情绪；同样地，提款机因为系统问题导致虽然显示提款成功，但出款不成功、吞卡等问题，此类事件经常出现在用户社会活动中，也将给客户造成不良的用户体验，带来用户群体对于该类产品的不信任感，也不利于对产品产生依赖感。

案例表明，对用户体验的关注程度直接决定用户体验的好坏，产品是供人们使用的，在开发过程中，设计师忽略了产品如何工作的问题，用户体验是指产品如何与外界发生联系并产生作用，即如何被"接触"和"使用"。人们关注某个产品或服务，是指用户使用的体验情况，诸如使用难度如何，易用程度如何，整体感觉如何……

用户体验表现在产品按钮、交互界面、交互流程、装置、闹钟、取款机等产品的使用细节中，按下按钮时，按钮与人交互信息的及时反馈；闹钟响起时的及时响应问题；取款机交互界面实时响应用户的请求，并给予及时的信息反馈；交互流程层级关系被用户理解等，交互行为反映了其与用户体验间的重要关联。可能因为客户在体验取款机服务过程中的不顺畅感受，进而就会对其服务产生否定和拒绝的心理暗示，以后进行此类活动时会尽量避免使用提款机，或者在无法避免的情况下将对其交互行为产生抗拒和不信任感。

计算机交互技术以及相关的体验设计在不断向前发展，用户需求在不断发生变化，及时进行用户体验设计的改进是设计者需要不断调整和正视的内容。

二、用户体验发展历程与体系

一直以来，人类一直在寻求如何通过优化所处的环境来获得最大的用户舒适度，因此，人类从未放弃对生存环境的改善、对美好生活向往的追求。用户体验的观点可追溯到中国古代的风水哲学，古人讲究以和谐（可理解为友好交互）的方式与自然共生，通过布局、设计和摆设达到室内外平衡、流动与和谐；风水设计时考虑使用者的需求与习惯，以及空间布局与元素的摆放，实现功能最大化与美感的体现；通过通道、流线促进能量、信息与空气的流动等，创造宜人的氛围和舒适的用户体验。古代设计就有遵循适合人体工学原理的工具或空间设计，如可以调节角度的鲁班枕；通过转动到不同面、可供母子使用的母子凳；巧妙利用地形而建的窑洞、悬空的寺庙、倚山而建的栈道等，与现代的基于用户体验的设计思维具有异曲同工之处。

20世纪初，为了提高工人工作效率，亨利·福特和弗雷德里克·温斯洛·泰勒尝试将基本经验设计原则用于生产环节中，并对工人和工具间的关系进行了研究。用户体验史上另一个关键人物是工业工程师亨利·德雷弗斯，在其所著的《为人们设计》(1955)一书中对用户体验设计（UX Design）进行了非常准确的描述：“当产品与人之间的接触点成为摩擦点时，那么（设计师）就失败了。另一方面，如果人们通过与产品的接触而变得更安全、更舒适、更渴望购买、更高效——或者更快乐，那么设计师就成功了。”20世纪90年代，唐纳德·诺曼提出“用户体验”一词，与雅各布·尼尔森合作，提出“用户体验涵盖终端用户与公司、公司服务及其产品之间交互的方方面面”。国际标准化组织（ISO）发布“人机交互—用户体验（用户中心设计）”ISO 9241-210标准将用户体验定义为“人们针对使用或期望使用的产品、系统或者服务的认知印象和回应”，此过程包括了用户使用前、中、后的直观感受，强调将用户置于设计过程的核心位置。

用户体验体系是一套完整的用于管理和提升用户体验的框架和方法论，涵盖了从用户需求的理解、设计、用户接触点的管理、测试到持续改进的全过程，包括用户研究和洞察、产品设计和开发、用户接触点管理、用户反馈和评估、持续改进和优化等因素，用户体验体系的目标是提供令用户满意的产品和服务，是一个系统化的方法，将用户体验放在核心位置，注重用户的参与和反馈，以不断优化和改进产品或服务，确保用户的需求和期望在产品和服务设计中得到有效的满足。

三、用户体验的重要性

1986年出版的《以用户为中心的系统设计：人机交互的新观点》中唐纳德·诺曼提出以用户为中心的设计（user-centered design）核心思想：在开发产品的每个细节，都要将用户列入考虑范围。设计要素考虑如下：可用性、用户特征、使用场景、用户任务和用户流程。

用户体验的细节都应该是经过反复思考和论证的决定，并在接下来的工作中将其分解为具体设计组成要素，融入后期设计实现中。用户体验对用户和设计同等重要，对于用户来说，没有良好的体验，产品将不能得到用户认可；对于设计方来说，产品将变成可有可无的冗余品，不能体现其市场价值。因此，必须为用户规划有黏性的、令人愉悦的体验。

对于设计复杂的产品而言，创造良好的用户体验和产品本身的定义是相对独立的，如一款能提供点读、翻译功能的点读笔因其功能被用户关注，但实际体验中其翻译、点读功能可以通过更多免费软件的功能途径获得，与用户期望的带有个性化定制服务功能的点读笔相去甚远。另外，产品操作的复杂程度与能给用户提供的良好体验在一定程度上成反比，产品操作与功能展示越复杂，越能增加用户体验失败的概率。智能手机相比较非智能手机新增了太多功能，设计并生产智能手机的过程变得复杂，用户在接触并体验智能手机过程中将遇到更多的障碍，其单次体验的满意度将变得低下，因此，将用户体验设计纳入产品设计过程中变得极为重要。

用户体验的重要性表现在以下几个方面：

（一）用户满意度。通过深入了解用户需求、期望与行为，创建出用户感觉简单易用、愉悦舒适的界面和交互流程，提升用户满意度。如iPhone采用直观的界面设计和简单的操作方式，使用户能够轻松上手并享受良好的使用体验。

（二）用户忠诚度。亚马逊通过个性化的推荐和无缝衔接的购物体验增强了用户满意度，在产品与用户间建立积极的情感连接、良好的用户体验，进而增强用户的信任和忠诚度，获得了大量忠实用户。

（三）用户参与和洞察。通过用户调研、测试和反馈，设计人员能深入了解用户需求和用户行为，更好地理解用户期望和挑战，从而指导产品设计与改进。Google在搜索引擎的用户界面与搜索算法的改进上就用到了用户研究与测试，为用户提供了更为精准的搜索结果。

（四）品牌形象与竞争优势。良好的用户体验是品牌价值与声誉的重要组成部分，可以帮企业建立品牌形象、提升品牌优势。Nike通过运动程序结合跟踪、社交和个性化推荐功能为运动爱好者提供了全面的运动体验，强化了品牌的运动与健康形象。

四、用户体验设计层次和目标

用户体验包括产品、用户和使用环境三个因素。用户体验设计的目标是为用户创造轻松、高效且全面的愉悦体验，就是在用户使用产品的过程中将产品本身和用户使用环境结合，提高用户的效率。用户体验的本质就是研究目标用户在目标环境下的思维模式和行为模式，产品的设计要符合这种模式，并进一步能够利用这种模式。简而言之，用户体验的目标就是不断达到有用、易用、好用、爱用四个阶段。

马斯洛提出的人的五个需求层次理论用于描述人类的需求和动机，分别为生理需求、安全需求、社交需求、尊重需求和自我实现的需求。在用户体验需求层次中将社交需求、尊重需求和自我实现需求统称为情感需求，可将马斯洛需求层次简化为生理需求、安全需求、情感需求三层需求结构。将三种需求映射到产品设计与体验目标中，分别对应的是产品的可用性、稳定性和易学性、易用性的需要，如图1-2所示。

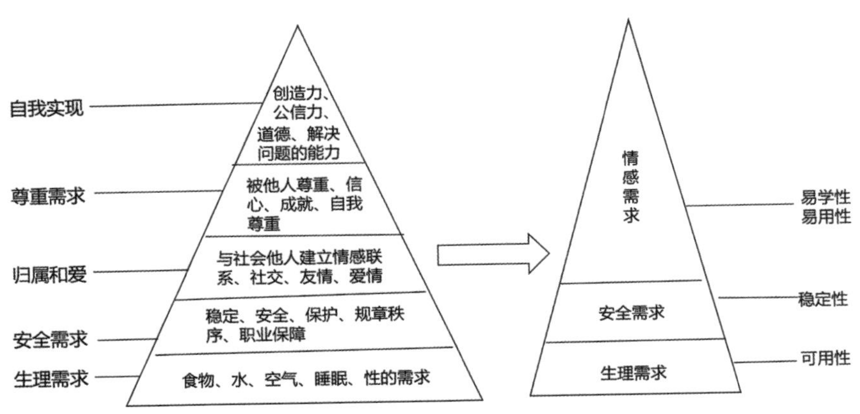

图 1-2　马斯洛的人的需求层次对应的用户体验目标

用户体验设计是以用户为中心的一种设计手段，以用户需求为目标而进行的设计，不仅仅是实现某些功能，还是在了解用户整体体验旅程基础上将其转化为产品的过程。用户需求是产品设计的核心，始终贯穿整个设计过程。以产品为载体有效地传递信息，通过引入互动元素、动画效果和个性化体验，设计师可以创造出吸引人的用户界面和交互方式，提升用户参与感和沉浸感，建立品牌形象和差异化，并提高用户满意度和忠诚度。

五、好的用户体验体现在细节上

所谓的创新设计就是从用户需求出发，从用户体验的细节出发，对用户体验做出持续有效的改进。很多用户体验往往在细节上表现欠佳，但也会在细节上让用户有意外惊喜，同类型的产品，大的功能方面不会差太多，而给用户留下深刻印象的往往是细节，这就需要设计师在细节上进行精细化设计。

在这方面，用户与商家往往存在感觉偏差，一方面是商家对自己的产品感觉良好且很自信；另一方面，用户则是别无选择地接受该产品和服务，商家还没有意识到有很多细节没有达到用户的期望值。这些细节如果能够被改良，就有可能会带来用户体验感的提升和良好的市场宣传效应。如用户不需要的手机内置软件，居然无法卸载；品牌电脑硬件因设计问题导致的机壳变形，但却规定不属于保修范围。很多企业将为用户服务摆在企业宣传的醒目位置，这样的细节却得不到改善，该类品牌将会伤害用户体验，导致用户黏性降低或客户丢失。细节的不足，直观看，伤害的是用户体验，长远看，将导致企业的形象被毁。

从以上情况看，企业提供的服务类型不管是虚拟的还是实体的，在实施过程中都存在大量可以改善的细节。相反地，好的用户体验细节带给用户良好的体验。如网站的用户反馈和评价机制，为用户分享购买体验并帮助其他用户做出决策。电子商务网站应用程序根据用户的兴趣、购买历史和浏览行为，向用户推荐相关的产品；智能搜索功能可以根据用户的搜索词提供准确的结果，帮助用户快速找到所需商品等。随着技术的普及，各商家在同款产品上使用的技术都相差不大，这时，通过用户体验设计可以提升用户体验的满意度，让用户体验更愉悦，感受到更大的价值。

六、用户体验设计流程

用户体验设计过程注重以用户为中心，用户体验的概念从开发起始就贯穿于整个设计流程，包括：

（一）产品可行性分析。从投资必要性、技术可行性、财务保障、组织可行性、风险评估和对策几方面进行产品可行性分析和有效评估，并输出可行性分析报告，确保项目顺利进行。

（二）需求分析。从产品市场和用户定位入手，结合竞品分析，完成目标用户在概念层面的定位和用户价值，并理清逻辑关系、组织关系和层级关系，同时划定设计范围，输出用户分析文档、产品概述、功能规格表。

（三）概念设计。设计产品的逻辑结构，结合设计者的经验积累和调研，加上对用户的分析，设计一种满足用户需求的产品概念模式，搭建产品的基本框架，输出概念设计文档。

（四）原型设计。该阶段提出解决问题的方案，将与用户交互的界面设计出来，确保产品结构合理，交互方式有好的体验，输出原型线框图。

（五）效果图设计。该阶段进行高保真原型设计，包括界面的色彩、风格、字体、动效、音效、图标等方面的设计，主要考虑设计满足用户视觉需求的可视化界面，同时考虑动态效果的加入，并输出高保真效果图。

（六）发布跟踪。该阶段进行界面设计、bug修复、产品上线的系列测试等工作，从不同层面注重收集用户体验数据和意见反馈，并进行相关数据整理和统计工作，输出用户检测报告和反馈文档。

七、用户体验设计团队

用户体验设计属于交叉性学科领域，需要设计团队成员具有较高的专业素养和职业素养，需要具备视觉设计、用户研究、信息架构、沟通能力等，团队的岗位介绍如图1-3、表1-1所示。

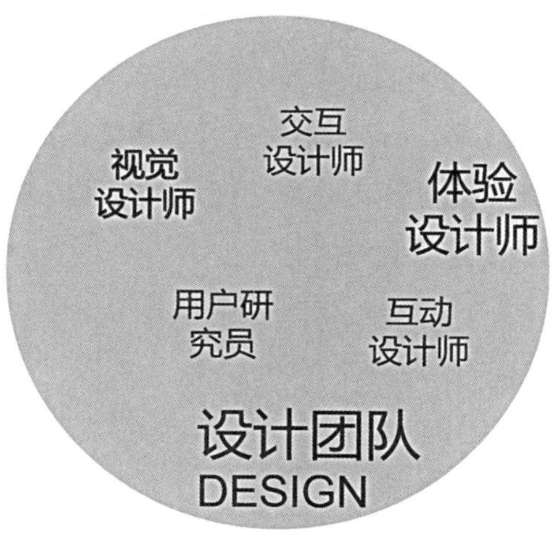

图1-3 用户体验团队职位图

表1-1 用户体验团队的岗位介绍表

岗位	概述	产出	职责
交互设计师	负责产品交互设计，优化交互体验	竞品分析报告、用户调研报告、设计说明、流程图、原型图、设计规范	a. 参与产品设计规划思路和创意过程 b. 根据需求和调研参与界面信息架构设计 c. 参与界面流程完善和优化 d. 完成交互行为和功能的迭代，提升产品可用性
视觉设计师	负责视觉表达和制作	视觉设计稿、标注规范、设计规范、视觉指定说明	a. 参与前期视觉用户研究和设计趋势分析 b. 负责产品界面制作与文档编写 c. 设定整体视觉风格、VI设计
用户研究员	挖掘用户需求，寻找潜在需求机会点	用户画像、可用性测试报告、专家评估报告、用户访谈报告、数据分析报告	a. 访问用户 b. 了解用户特定需求 c. 挖掘用户心理诉求和潜在机会点 d. 整理用户需求数据，为产品迭代设计提供依据
互动设计师	负责将创意概念动态表达，创作有视觉冲击力的互动作品	互动宣传、广告、互动动画、动态图	a. 用平滑流畅的动效模拟用户操作界面过程 b. 好的色彩和排版设计思维感 c. 熟练运用动效设计软件
体验设计师	全面的体验设计工作	市场分析报告、用户研究报告、设计策略、用户流程图、设计原型稿、视觉设计稿	a. 设计驱动产品发展，为产品增值 b. 在设计之初即开始探索产品形态 c. 从用户角度分析产品策略 d. 进行用户研究和分析，进行设计策略探索

八、用户体验的价值

更好的用户体验能创作更高的用户价值，就是产品满足用户基本需求，进而带动用户心理情感的层层递进。从低到高依次表现为：可用性、稳定性、易学性、易用性、友好性、视觉性。从产品的基本功能获得用户关注开始，到用户对此产生认知、适应、融合、心理认同和依赖几个阶段，而经过认知学习、功能吸引、产生情感依赖各阶段的体验层级转化，用户对产品的黏性就出现了，则用户的留存就变得顺理成章。因此，良好用户体验的产品能为用户带来好的体验，用户体验的价值也就体现出来了。

在产品迭代升级过程中，将根据用户需求和产品目标不断优化升级，用户体验的价值可以帮助产品以最优的方式落地。如市场调研发现，用户需要通过食用蔬菜水果补充维生素（调研），但每天的食用种类不够，产品经理就将需求转化并为用户提供便捷的食用方法（功能需求），用户体验设计师将根据产品需求设计出适合不同人群的榨汁机（解决方案）。从用户需要维生素到为用户设计出可以随意混搭的蔬果榨汁机，实现了用户体验设计下产品价值的实现，为产品带来可行的设计方案，也展现了用户体验设计理念下的产品价值。

在用户层面，用户体验的研究和融入可以提升产品设计标准，产生真正符合用户需求的产品，提高用户满意度；在企业层面，在基于用户体验理念下设计的产品因其与用户需求的高度匹配性，从而使得产品在市场上与同类产品相比有较高的差异性；同时，用户体验的研究有利于产品革新和以人为本的设计理念持续更新。用户体验设计理念正在被广泛用于设计研究方法中，并得到广泛关注和认可，如何充分利用用户体验理论持续推动产品创新、体现产品价值是设计者需要不断思考和付诸实践的问题。

用户体验要素分析

用户体验是用户在使用产品、与产品交互过程中建立的主观感受。用户体验可以从不同的维度进行解读，本文从基于用户需求的角度出发，将用户置于整个用户体验的中心，通过不同情景和场景的设置，为用户创造出愉悦、流畅和有价值的体验。

用户体验设计突出以用户为中心，将用户需求的满足作为整个体验设计的基点，将用户体验的好坏作为衡量体验设计与用户需求是否匹配的重点，用户与产品或服务间的交互过程是用户体验产品的过程，也是用户体验好坏的来源，围绕用户需求的满足和体验进行交互情景的构建是确保良好用户体验的关键，因此，用户需求的满足、用户体验的好坏、交互场景的搭建成为用户体验设计的关键点。

基于以上分析，将用户体验设计划分为用户、需求、情景、体验四个方面要素进行分析和阐述，进而梳理各要素间的关系，提出用户体验要素四大核心关注点，分别为以需求为导向、以用户为中心、以情景为坐标、以体验为核心，体现了用户体验设计对用户个体体验感的尊重、重视与承接。通过提升用户体验的精神诉求来构建体验场景，建立情感连接。通过关注用户需求、深入了解用户行为、设计符合情景需求的产品，并提供愉悦和有价值的体验，可以建立与用户的情感连接，提升用户满意度和忠诚度。

一、以需求为导向

对用户需求的正确理解是设计之初首先要做的事情，工业设计时代是以产品为导向的设计思路，即以产品为核心，将设计的焦点放在产品的形态、功能、材料等方面。设计师在设计过程中注重产品的实用性、美观性和可制造性，追求产品的创新和差异化，以满足市场和用户的需求。但这款产品是不是用户真正需要的？用户在使用过程中是否存在用起来不顺手的情况？使用产品的感受与用户需求被满足的距离有多大？等等，此类问题则较少考虑，导致生产出来的产品不能真正匹配用户的需求，用户体验感较差。

以需求为导向的设计则是“用户需要什么就设计什么”的思路，旨在确保产品或服务能够满足用户的实际需求和期望，强调将用户需求的满足置于设计过程的核心，以便设计出更加友好和有价值的产品或系统。这就涉及用户需求获取与满足的问题。

（一）用户需求的定义

需求是用户要做某件事情的背后最深层次的原因，需求即动机，是用户问题背后的动机和目标，涵盖了用户对功能、性能、使用体验、价值、便利性等方面的期望和需求。掌握用户的本质需求才能找到真正解决问题的方案，明确用户真实的诉求之后，经过抽象、提炼、归纳，升华为产品需求，进而创造价值。

用户需求可以是显性需求和隐形需求。显性需求是用户明确且清晰地表达出来的需求，可以被用户自己清晰地描述和识别。这些需求通常是对产品或服务的功能、性能、特性等方面的明确要求。隐性需求则是用户可能没有明确表达出来或者用户对此也没有具体概念的需求，可能是一个朦胧的、未被唤醒的感觉，但在实际使用过程中会感受到需求的存在。这些需求可能是用户的潜在期望、偏好或需求，需要通过深入观察和理解用户行为、态度和反馈来揭示。

在用户需求的提取上，研究人员会收到种类不同的用户需求，数量也很大，整理用户需求信息时需要注意不是每一个意见都需要被考虑与关注，究其原因，主要包括：

1. 用户表达的诉求不一定是真实想法，人类社会的复杂性决定了用户所说并不一定是其真实的想法，如相比较于女性的爱表达、喜欢寻求外界的支持，男性表现得更为内敛，普遍不喜欢表达自己的真实情感和需求，更倾向于肢体动作的表达；受周围人的影响，用户可能会违心地说出与自己真实想法相左的意见和观点；也有用户出于环境、情感等多因素的影响而不敢或不能表达自己的真实观点；也可能用户的表述与真实情况千差万别，导致收集的用户意见有一定的不真实性，进而对后续真实的判断出现偏差，如病人表述说头疼，医生需要进行其他症状的检查与判断，并不能只根据描述来治疗头疼，头疼的背后可能是感冒发烧引起的，头疼只是表象，感冒才是头疼的诱因；头疼的背后也可能是脑部肿瘤压迫神经导致的，对脑部的深入检查才是治疗的根本。因此，在用户需求信息收集和处理上还需要借助多种调研手段进行用户意见的筛选，确保用户意见的正确归纳。

2. 提出意见的用户未必是产品的目标用户，目标用户是指设计师希望产品或服务面向的特定用户群体。明确目标用户对于设计师来说非常重要，因为不同的用户具有不同的群体特征、需求、偏好、行为习惯和体验目标，设计者应该根据目标用户的特征来定制，以确保提供优质的用户体验。

非目标用户是指设计师在设计过程中不直接针对的用户群体，虽然他们可能与产品

或服务有接触，但设计的重点和关注点并不是他们，非目标用户的意见不具有参考价值，如顾客抱怨“超市为什么不售卖宠物鸟？我需要一只玄凤鹦鹉”，这种意见超市不需要考虑，因为宠物鸟会导致细菌滋生、寄生虫等问题，会造成超市出售的货物卫生不达标，影响超市正常营业，此用户不是超市在这方面业务延伸的目标用户。

3. 用户提出需求和观点时，有时会是直观的、随口即来的表达，可能未经过深思熟虑，因此，设计团队在接收和处理用户反馈时需要进行仔细甄别和评估，不能盲目纳入可用的用户意见当中。

（二）同理心

在为用户设计服务的过程中，为用户着想是其工作的宗旨，为此，设计人员必须了解用户，也就是与使用设计产品或服务的用户建立同理心。常常有人将同理心等同于同情心，其实同理心与同情心有较大差别。

同情心指理解他人的痛苦，表示对他人的困难做出的反应，但与他人之间还有一定距离，在用户体验中，同情心表现在了解用户处在一定困境、任务当中，可以同情他们，但并不意味着我们站在他们的立场感同身受，例如，当为盲人群体设计一款助力产品时，可以通过承认他们出行可能遇到的挑战来表达同情，如盲人需要在过马路时对红绿灯的状态有清晰的认知，在设计时就需要添加能实时识别红绿灯状态、各种状态倒计时的语音服务功能；在盲人的智能手机语音服务系统设计时，需要考虑盲人对系统的认知水平、语音输入的识别精准度、错误提醒、系统冗余处理等比正常人更高的要求，设计时需要在功能实现方面提高针对此类群体的服务意识和实时反馈精准度。在整个设计过程中设计者不可能对盲人的需求做到感同身受。

同理心是指完全理解、反映并分享他人的表达、需求和动机的能力，是一种站在他人角度理解和感受他人经历的过程中产生的亲身体会。在用户体验中，同理心使得设计人员了解用户的感受、能力、期望、局限、目标等，与用户心连心，感受用户的需求和烦恼，挖掘其背后的真实需求。在深入了解用户的基础上创建解决方案，进而改善用户的生活，满足其需求。同样是为盲人设计产品，实践的同理心表现在为了完成设计任务，需要体验盲人的生活，感受其生活的不便，通过访谈、观察等手段感知其真实需求，通过设计提取与整合将需求融入设计功能实现中，实现为盲人解决生活难题的设计目标。

同理心是设计团队关注和理解用户需求的重要能力，对研究人员洞察用户需求有更多帮助，培养同理心就是要有能力理解用户的体验。用户体验中的同理心包括以下几方面内容：

1. 用户情感的理解。设计团队要能够理解和共情用户的情感状态。通过观察、研究和与用户交流，设计团队可以了解用户在使用产品或服务时的情感体验，并将这些情感因素纳入设计考虑中。

2. 用户需求的理解。设计团队要能够理解用户的实际需求，不仅仅是表面的要求，还要深入探索用户背后动机和期望，以更好地满足用户需求。

3. 用户行为预测。设计者要能够预测用户的行为和反应。通过观察用户的行为模式、了解用户心理和决策过程，预测用户在特定情境下的行为，从而优化产品或系统设计。

4. 用户角色切换。设计团队要能够以用户的角度思考和体验产品，能够将自己置身于用户的位置，从用户的角度来评估和体验产品，以确保产品在用户角度下的可用性和可理解性。

5. 用户反馈与接纳。设计者需要接纳和回应用户的反馈，积极倾听用户的意见和建议，并作出相应的改进和调整，以满足用户的需求和期望。

同理心是以用户为中心的，是站在用户角度对用户在特定情景或感受服务过程中的痛点或需求的感同身受，通过此过程，研究人员筛选用户的真实需求，挖掘隐形需求，设计师通过同理心接收用户意见，但不是评价该信息。

需要注意的是，设计师在使用同理心感受用户需求过程中需要与用户保持界限，不能将自己变成用户，以免忽视用户的群体特征，陷入单个用户的体验细节中，导致丧失其客观性。

（三）洞察力

洞察与观察，两者间有很大不同。

观察：我看到了什么，我记住了什么。

洞察：思考“看这些的深层原因是什么？该从哪个层面看？为什么会被我看到？”

洞察力是指设计团队从用户行为、需求和心理层面获取关键信息和洞察的能力，是用户体验中细节的挖掘能力，即通过现象看本质，学会用心理学的原理和视角来归纳总结人的行为表现。弗洛伊德认为，洞察力就是变无意识为有意识。

在设计研究中，需要洞察的是具有强烈动机的行为，可以通过倾听的方式获得用户的需求，但如果想要得到用户的需求和动机，则需要用到洞察，因为真实诉求用户往往不愿意表述出来或者用户自己也没有形成清晰的认知，需要研究者深入挖掘。设计研究者想要提升自身的洞察能力，就需要推动自身走向深度观察的通道，进而推导出事物的底层逻辑，从而提升自己的洞察力。

著名的冰山理论模型（如图2-1所示）说明了一个道理：人类表面需求是用来表示冰面以上的、容易被发现的内容，用来表示用户能清晰表达出来的观点、意见等内容。潜在需求则是深藏在冰面以下、不易被发掘的内容，用来体现用户的那些说不出来、自身无法察觉的真实需求。人类潜在的很多信息表征会对表层的意识和行为产生影响，而用户潜在需求才是对产品设计具有指导价值、用户接受度高，并能有效转化为购买动机的需求，因此，就像需要深入洞察才能撼动整座冰山那样，做真实有效的设计。

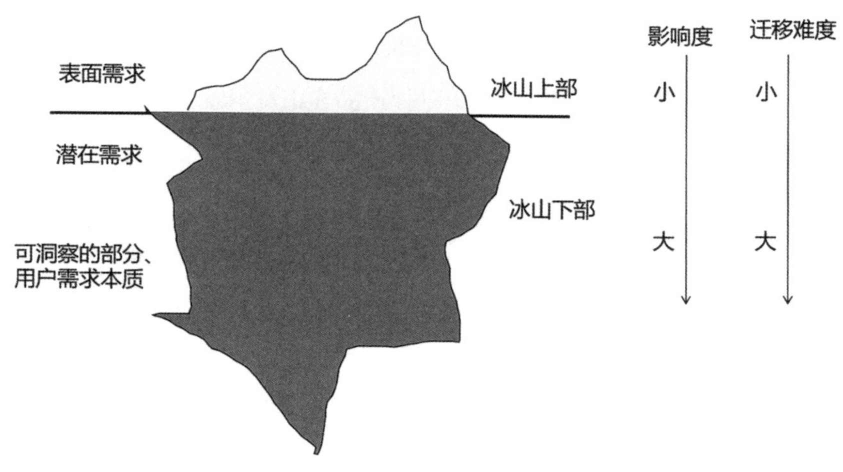

图2-1　冰山模型（洞察用户需求）

用户真实动机隐藏在冰面以下，也是用户真正本质需求，洞察是对用户特定行为的理解，是值得被关注的重点。从上图可以看出，冰面上部的需求对产品设计的影响度偏小，随着冰面以下潜在需求的挖掘才能整合出影响度偏高的设计需求，这就涉及用户需求从冰面以上往冰面以下的迁移问题。用户需求的移动从冰山的上部到下部，也意味着从表层需求到深层需求的迁移。随着从冰面上部到下部的移动，用户需求的迁移难度逐渐增加。表层需求往往更容易被用户表达和识别，因为它们是直接的、明显的需求，通常与产品的外观、功能等方面相关。然而，深层需求则更加隐晦和复杂，可能与用户的情感、价值观、个人成长等方面有关，不易被用户准确表达或自我意识到，其迁移的难度也在逐渐加大。如一个用户在购买手机时的表层需求是要一款外观时尚、功能强大的手机。这是用户可以明确表达出来的需求。但实际上，用户购买手机的深层需求可能是希望提升社交形象、满足个人认同感，或者是对科技的追求和热爱。这些深层需求可能不易被用户自我意识到，需要通过深入的用户研究和洞察才能揭示出来。设计师在产品设计和用户体验中需要认识到用户需求迁移的难度随着接近用户真实需求距离的缩短，迁移难度变得越来越大，需要通过深入的用户研究和洞察，进而挖掘用户的深层需求，并将这些需求融入产品设计中。

具体如何进行用户行为洞察？这涉及洞察实践问题，可以从以下几方面入手：

1. 用户行为分析

了解用户行为科学基本原理和研究方法，包括心理学、人机交互、认知科学等领域的知识，帮助用户研究者理解用户的行为模式、决策过程和感知机制，从而更好地挖掘用户的需求。用户行为分析包括目标市场5W2H，分别为What（目标）、Why（动机）、Who（决策者）、When（时机）、Where（场地）、How（方式）、How Much（价格）。用户行为受到文化因素、社会因素、个人因素、心理因素等影响，在进行用户行为洞察时需要关注各个因素对用户行为的综合影响。

文化因素：包括阶层文化、价值观与信念、社会习俗与行为规范、语言与沟通方式、审美观与喜好。

社会因素：包括群体圈子、家庭、角色、社会地位、参照群体。

个人因素：包括年龄、所处的年龄阶段、经济收入、生活方式、价值追求。

心理因素：包括动机、感知、记忆。

下面基于5W2H制作了用户网络行为调查表，如表2-1所示。

表2-1　网络用户行为调查问卷表

题号	分类	具体题目	分析方法	说明
1	样本信息	您的性别	量表	描述、相关
2	样本信息	您的年龄	量表	描述、相关
3	样本信息	您所在的学院	量表	描述、相关
4	基本态度	上网是不是一个好的休闲活动	量表	描述
5	基本态度	网络的神秘感非常吸引我	量表	描述
6	基本态度	我在网络世界更加有自信，容易体验成功感	量表	描述
7	基本态度	网络上更容易得到理解	量表	描述
8	基本态度	网络的匿名性更容易让我畅所欲言	量表	描述
9	基本态度	最常用的上网地点是哪里？	量表	描述
10	基本态度	每周大概上网几次？平均每次上网多长时间？	量表	描述、相关、回归
11	基本态度	上网是用来打发时间的	量表	描述、相关、回归
12	基本态度	上网提供了一个发泄情绪的渠道	量表	
13	基本态度	一周平均在网络上会花费多少钱？	量表	

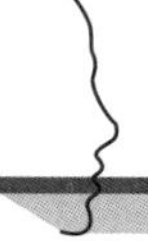

2. 需求挖掘

用户行为一旦发生，将产生与该行为相关联的追溯，可采取小组形式、一对一、一对多等讨论形式，可以通过用户研究与观察发现用户在实际使用环境中的行为和互动，倾听用户意见、反馈和体验，运用多元化的研究方法，包括访谈、焦点小组讨论、问卷调查、原型测试等，全面了解用户的需求和体验；对用户数据和行为数据进行统计分析和解读，发现用户行为模式、趋势和关联性，从中提取有意义的洞察；运用情感分析和体验设计的方法，探索用户情感和体验的内在动机和期望，深入洞察用户的情感需求和体验感受；通过用户人物角色创建、创新思维和洞察工具等挖掘用户的需求和潜在机会。

3. 生活方式和人口特征研究

生活方式指用户态度、观念、兴趣等与社会价值相关的行为差异性；人口特征包括用户年龄、性别、职业、经济状况等。

另外，用户因其生活中所扮演的角色不同，可能具有多种人口特征与生活方式，在这种情况下，同一类产品在不同的场景下也会产生不同的需求，因此，需要考虑用户是在特定场景还是多种场景使用产品，即注意用户的"多重自我"身份的变化。

洞察力是用户体验研究中的一项基本能力，要求用户体验研究者具备敏锐的观察力，以及透过现象发现本质的分析能力和运用结论指导行动的能力。用户体验研究者需要注重平时思维模式的训练、知识的积累，不断培养自身洞察能力的提升，为用户需求的挖掘提供有力的支撑。用户需求的挖掘与洞察力又有着密切的联系，洞察力为用户需求挖掘提供了指导和方向，帮助设计团队更有针对性地进行研究和数据收集。同时，用户需求挖掘为洞察力提供了实证的数据支持，加深对用户需求的理解和认知。洞察力和用户需求挖掘相互促进、相互支持，共同驱动设计团队朝着满足用户需求和提升用户体验的方向前进。

二、以用户为中心

"以用户为中心"是指以用户体验和用户目标为产品开发的原动力，注重用户感受和情感体验，时刻将用户放在设计开发流程的首位，明确产品设计以满足用户需求为出发点和最终目标。

产品设计过程包括前期调研、设计、实施和评估阶段，其间都需要用户的参与，也是有效交互的关键，设计师需要理解用户的需求、操作流程、潜在的使用习惯等，才能高效和有针对性地完成设计规划，在产品开发的各个阶段，对用户的理解和研究应该被作为各种决策的依据，各个阶段的评估也来源于用户的反馈信息，总体来说，用户体验导向的概念在设计过程和评估阶段应该作为核心因素，也是“以用户为中心”的基本指导思想。

（一）用户的界定

从人类学的角度来区分，用户是人类的一部分，具有人的共同属性，在产品体验过程中会出现人类的特性，不仅受人的基本能力的影响（如视觉、听觉、嗅觉、触觉、记忆反思等），还受到地域、文化、性格、受教育程度等因素的影响。因此，用户泛指与产品或系统相关的个体或群体，也指使用产品或接受服务的人，可分为直接用户和相关用户两大类：

1. 直接用户：与系统或产品直接相关，包括经常使用交互系统和偶尔使用交互系统的用户，即常规理解的“用户”，此类用户是设计者研究的主要对象，他们的体验与产品设计有紧密关联性，也是产品设计的主要用户服务群体。

2. 相关用户：与产品或系统直接相关，如决策人员、管理者、体验设计师等相关“当事人”，既参与产品设计过程，也是产品使用者和服务接受者，他们不仅会从所收集的用户需求入手，也会从自身使用体验出发，探索具体用户行为背后的动机，因此，此类用户具有双重身份，既思考设计相关的内容，同时不能丢弃本身作为用户的立场与需求。

在交互系统设计中主要应关注的用户是与交互式产品直接相关的最终用户。

在用户体验产品或系统过程中，用户的身份在发生变化，如一个购买平板电脑的用户既是客户也可能是最终用户，所谓客户是与产品产生消费行为的人，即购买者；所谓的用户是产品最终的使用者，两者身份有可能一致，也有可能不一致，如客户代表公司购买一批平板电脑的商业行为，购买后将商品分发给不同用户使用，其客户和用户就可能不一致，客户是产生商业行为的人，用户是平板电脑的实际使用者。两者就出现不一致的情况。从客户的角度考虑，产品设计要着眼于研究影响其产生消费决策的入口，并最终发生消费行为，也要从产品真正的用户使用者角度考虑，关注涵盖平板电脑的系统、流程、用户使用行为、用户使用感受等一系列用户体验的内容，即产品真实的用户体验群体。

具有同样身份属性的用户对产品的熟悉程度也不尽相同，根据其对产品或系统的熟悉程度可以分为三种：新手用户、中间用户、专家用户。用户种类不同，与产品设计相对应的服务体验和服务期待的满足也不尽相同。用户的分类与表述如图 2–2 所示。

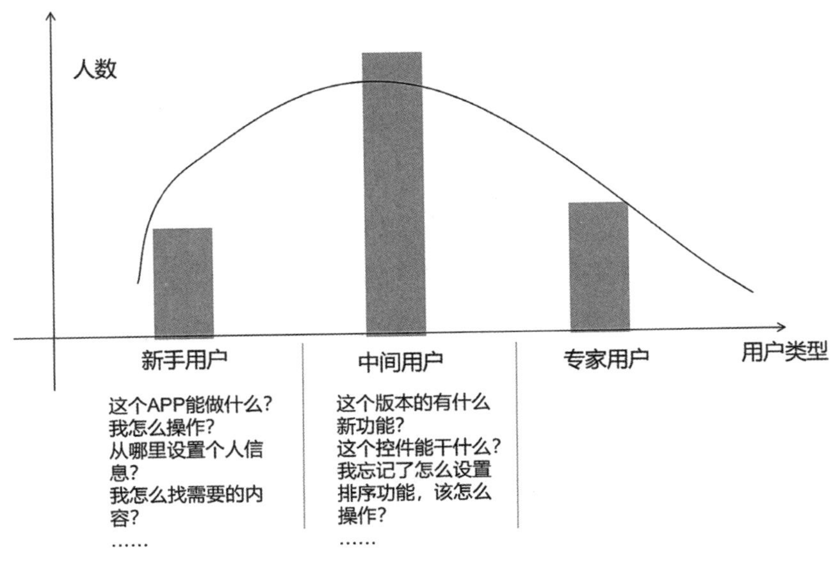

图2-2　不同用户的分类与表述

1. 新手用户，是指刚刚接触该产品的用户，特点是：对产品不熟悉，不能熟练操作以完成预期任务。针对这类用户，设计者的任务是需要对新手进行精简快速的产品使用指导，让用户快速完成相应任务和对产品的体验，用良好的用户体验将新手用户快速转化为忠诚的中间用户。这类用户数量较之中间用户少，但其存在流动性较大的明显特征，且对产品的体验直接决定了其留存的概率。

2. 中间用户，是指对系统或产品较为熟悉的用户群体，能独立完成难度不大的操作，能满足常规任务需求。设计者的任务是对用户进行适当引导，确保操作流畅性和任务完成效率性，并让此类用户知晓高级功能的存在。该类用户数量庞大，流动性不大，是固定的用户群体，服务好此类用户是设计者的重要工作目标。

3. 高级用户，是指对系统或产品很熟悉的用户，能在独立完成任务的同时，对高级功能、不常用功能有一定认知和熟悉度。设计者的任务是引导该类用户认识系统或产品设置的足够强大的工具、所有的快捷方式、不断更新的强大功能。该类用户数量较之中间用户偏少，但较为固定，产品需要根据专家用户需求进行快速设计迭代和更新，并不断进行新功能的拓展。

设计师在进行设计时需要考虑不同层级的用户需求，设计出具有不同体验感受的产品或系统，设计的目标是吸引新手用户体验产品或系统，并尽快将新手用户转化为稳定的中间用户群体，同时，避免为专家用户设置障碍。另外，作为特殊群体的用户也应该受到设计者的关注，如未成年人、老年人、残障人士、国际用户等，要充分考虑该类用户的需求与实际操控过程。还应根据社会发展考虑现阶段和未来多子女家庭、特殊家庭构成（如单亲家庭、隔代家庭等）的需求衔接，探索拓展多样化的包容性设计，以满足不同群体的需求。

（二）用户体验

情感体验是用户体验的重要组成部分，唐纳德·诺曼在《情感化设计》中将情感体验分为三个不同但相互联系的层次，分别是本能层、行为层、反思层，每个层次都以一种特殊的方式影响着我们对世界的体验。情感设计是基于人类对产品的感受，在探究其显性和隐性需求的基础上设计能引发人们情感共鸣的产品。在产品与用户初次接触、购买、使用过程中，将会根据个人情感赋予产品不同的情感符号。

用户体验是设计关注的重点，将用户体验的观测注入设计研究过程中能有效挖掘出用户使用痛点和产品机会点，良好的用户体验需要从用户需求层级依次满足功能性、可依赖性、可用性、愉悦性的用户体验设计目标。

用户体验的最高境界是用户依赖和用户黏性，其在一定程度上决定着稳固的用户流量，也会对平台用户的忠诚度和潜在用户的转化产生良性影响，进而影响平台盈利。要增强用户黏性，让用户在需要服务时第一时间从记忆中调取该产品或系统，或将用户的使用习惯、平台操作流程与体验紧密结合，使得用户与平台的黏性增强，用户再次使用或消费的期望会增加，进而成为其使用习惯中的重要选项，这是提高用户体验的理想目标。

下面以拼多多平台为例，拼多多为了让用户对该平台产生良好用户体验，采用了多种层级策略，分阶段、分步骤，衔接紧密地将用户吸引在平台，让拼多多成为很多人购物的首选，该平台特点如下。

1. 社交电商模式

拼多多自 2015 年上线至今，发展迅速，其独具特色的社交电商思维功不可没。拼多多设计思维模式是社交模式，其特点是具有社交属性，依靠的是电商与社交的结合，通过用户的社交关系进行平台推广。通过社交裂变，将向亲朋好友发链接和“砍一刀”的方式进行，用户体验直接从对平台的陌生状态拉近至“熟人社交+推荐购买”模式，削弱用户的社交和购物结合的防御心理，并通过“拼团”“好友分享”等促使用户产生下单的从众心理；通过算法推送实现“货找人”，并结合社交拼团、邀请砍价、助力免单等方式，短时间内积

聚大规模订单；在供给侧，拼多多将下游需求直接反馈至上游工厂，使工厂可以在短时间内实现大批量生产并通过拼多多直接销售至消费者，实现“社交+电商”的新型购物模式。

2. 购买过程体验的变化

拼多多独特用户体验在于通过“拼单流程”让用户体验在倒计时时长内加入拼团带来的低价购物的喜悦感，购买过程分为两个部分：一种是加入其他用户发起的拼单队伍，等待拼单时间变短所带来的购物超值感；第二种是单独发起拼单，先行付款，并等待其他购买者参与拼单，还可以选择将商品链接通过微信、QQ等社交软件分享给好友，通过社交圈子向熟人推荐的方式凸显“好物一起享，便宜一起占”的线下线上社交延伸的商业模式，待拼团完成后，商家发货，如未完成拼团，则返还原支付金额。此外，拼多多平台设计将“单独购买、发起拼单”取代了传统电商的“加入购物车、立即购买”，对比两个按钮的购买方式的不同，将产生“价格锚定”效应，进而刺激消费者的购买欲望和参与感；同时，由于没有“加入购物车”按钮，减少消费者的购买对比、等待时机等交易决策时间，易于促成购买行为。

3. 专注“尾部”消费群体

中国目前的社会消费层次十分多元，三线以下城市对中低端消费的需求仍然十分巨大，而一二线城市也有部分家庭以价格务实为主，购买商品的原则还是以实惠为主。有关数据显示，截至2020年9月，拼多多的用户44.2%来自三四线城市，15.2%用户来自五线及以下城市，仅有 7.5%来自一线城市。由此可见，拼多多正是把握住了三、四、五线城市的中低端用户才获得了飞速的发展。

4. 利用消费者心理促进消费转化

一是低价诱惑。通过拼团提供给用户环比其他平台更低的价格。二是社交趣味性。通过拼单社交，提高亲友间感情维系紧密度，用户体验趣味性更强。三是刺激潜在消费需求。用户对自身潜在需求并不明确，拼多多平台通过信息认知、消费引导、思维导向等引导行为，激发用户潜在的消费欲望。四是从众购物心理。亲戚朋友都拼团，心理暗示效应和从众效应将促进消费达成和更多人群的加入。

5. 用户收钱活动，体验感倍增

通过一系列的签到领红包、新用户优惠、天天领现金、限时优惠红包等活动，鼓励用户增加登录平台的频率，提高用户的购物频次，提升用户体验感。

通过一系列的策略，拼多多培养了大批忠实用户，通过用户体验调查用户消费需求和个性偏好，同时注重售后管理体系的不断完善和服务体验的更新，实时的信息反馈，平台及时介入、始终站队消费者的退款机制，使得用户感觉自己时刻被平台关注，服务体验满意度良好，形成良性循环，使得平台获得可持续发展的竞争优势。

（三）如何进行用户研究

在进行用户研究时，可以根据设计过程的不同阶段灵活地进行分阶段的用户研究。每个阶段的用户研究都有不同的目标和方法，旨在帮助设计团队深入了解用户需求、设计过程、评估设计方案的有效性，并进行相应的优化和改进。分阶段进行用户研究可以提供有针对性的数据和见解，指导设计过程中的决策，并确保最终的产品或服务能够符合用户期望和需求，如表2-2所示。

表2-2　阶段性用户研究表

分类	前期研究阶段	需求发现阶段	概念验证阶段	设计迭代阶段	评估阶段
研究目标	了解目标用户群体、行业背景和竞争情况	发现用户的需求、问题和期望	验证产品概念的可行性和用户可接受性	优化产品设计，解决用户使用中的问题	评估产品上线后的实际使用情况和用户反馈
设计目标	获取行业洞察、了解用户特征和竞争环境	确定产品的关键需求，理解用户的痛点和期望	确认产品方向，评估用户对概念的反馈和意见	改进产品界面和功能，提升用户体验和满意度	了解产品的实际表现，发现问题和改进机会
途径	定性研究	定性和定量研究	定性与定量研究	主要是定性研究	主要是定量研究
方法	文献调研、竞品分析、行业报告分析等	用户访谈、焦点小组讨论、问卷调查、数据分析等	原型测试、用户评审、概念验证实验等	可用性测试、用户行为观察、反馈收集等	数据统计、在线评估、AB测试、用户满意度调查等

三、以情景为坐标

情景，也称为场景，是指假定各种情景发生的概率，研究各种因素综合作用可能产生的影响。在用户体验设计中情景被用于描述人与产品交互的环境，具体到项目设计中，包括设计目标、设计产出，这些都取决于设计者的世界观、道德观、价值观等。总体来说，项目设计的情景包含具体设计内容，以及如何在后续设计过程中以一条主线的形式贯穿始终，即用户体验关注研究用户与产品或系统交互的情景和最终的设计实现场景，从这个层面来说，情景既是用户体验的研究对象，也是设计对象。

（一）情景探究

艾伦·库伯、罗伯特·莱曼等在《About Face4：交互设计精髓》中有对于用户研究方法的阐述，“凭借多年的设计研究实践，我们相信观察和一对一访谈的结合是设计师收集有关用户及其目标定性数据最有效和最高效的工具。民族志访谈的技术是沉浸式观察和定向访谈技术的结合”。参与式观察和定向访谈就是情景研究中用到的方法。

情境探究（Contextual inquiry）是由人机交互领域先锋学者——休·拜尔（Hugh Beyer）和凯伦·霍尔兹布拉特（Karen Holtzblatt）提出的，该调研方法为后续的定性研究奠定了坚实的理论基础。它要求访谈者在调研过程中采用一种“学习模式”：将受访者当成一位“大师”，而访谈者作为一名什么都不懂的“新学徒”，需要全程保持高度的好奇心和求知欲，对用户行为进行细致的观察并提问，发动同理心将自己全身“沉”到用户使用产品的真实旅程中。

情景探究是从产品所处的情景出发，根据可视化的情景活动挖掘用户行为需求，并最终得出产品需求解决方案。这与传统的设计研究相悖，传统设计依赖于设计师的主观经验，是“以产品为导向”的设计，对用户在产品使用过程中的真实感受了解不多，导致设计的产品与用户需求的产品相差较大，未能实现真正为用户需求而设计。因此，设计研究人员需要加强用户需求研究，并将产品使用过程中的现实情景探究作为重点，以满足用户需求。

（二）情景探究基本原则

进行情景探究时应注意以下原则：

1. 环境因素

情景研究中，环境因素指用户与产品或系统交互时周围环境信息的情况，包括自然环境和社会环境。自然环境因素包括温度、地理、光照等；社会因素指用户周围的嘈杂度、网络情况、人口密度等。设计研究者关注内部环境（用户）因素和外部环境因素。

内部（用户）因素指用户在特定环境下的特定行为模式，包括使用产品过程中的行为与心理状态。在用户体验产品过程中需要考虑用户当时所处的状态，是在走路间隙利用碎片化时间体验产品，还是在固定且安静的状态下体验？是在工作状态下体验，还是在业余状态下体验？这些都是需要考虑的。

2. 合作关系

需要明确访谈者与受访者是合作关系，访谈者的配合和快速情景式带入决定了访谈工作能否顺利进行，因此，为便于访谈工作的顺利开展，访谈初期就需要营造轻松愉悦的氛围和适度的暖场，让受访者身心放松、能敞开心扉进行访谈工作，利于调研工作的顺利开展。在访谈过程中，访谈者还需解构环境、用户行为、谈话内容，并深入挖掘以发现更多的用户需求信息，并通过深访揭示某一问题的潜在动机、信念、态度和感情。

3. 访谈过程

访谈环境是情景探究活动的关键，为帮助用户放松状态、带给用户安全感，可以在用户熟悉的工作、生活等环境中进行，并最大限度展示访谈者与产品之间的交互细节，同时，可以对用户进行深度访谈和阐述引导。

访谈者需要提前准备逻辑性、目标性强的访谈提纲，访谈时间通常控制在一小时至一个半小时之间，时间相对较长，访谈者需要让受访者注意力集中在访谈上，要根据访谈提纲有针对性地进行，避免受访者出现厌烦情绪。访谈用户的选择也很关键，需要注意选择不同类型的用户，确保核心、边缘、潜在用户比例达到预期，同时，用户性别，年龄、职业等均衡。全程进行巧妙的引导，从而捕捉到与设计问题相关的数据。

在情景探究过程中，必须将环境、用户与环境的互动行为、用户阐述内容作为整体进行分析，以便发现三者之间的关联，为设计提供信息，其中，环境包括外观、所处位置等；用户与环境互动行为包括如何操作、与用户操作习惯的匹配度、观察用户与产品交互过程中的bug；用户阐述内容包括用户的体验表述、满意或不满之处、对产品的整体描述等内容。以情景为基点找寻可以解决问题的设计方案，在用户研究中激发用户的情景认知，用户体验研究人员可以从中获取更多的产品设计约束条件、用户情感变化等。

4. 参与式观察

著名职业生涯发展教育权威专家唐雷恒对参与式观察有过解释，是指研究者深入到所研究对象的生活背景中，不暴露研究者真正的身份，在实际参与研究对象日常社会生活的过程中所进行的隐蔽性观察。在进行参与式观察时需要注意以下内容：

（1）精心准备，并保持空杯心态。不管是否对需要观察的环境熟悉，都需要事前仔细拆解需要观察的元素，包括但不限于物料、时间、环境、流程、人物、任务等。对观察任务进行拆解，分为熟悉和不熟悉的环境，需要区别对待。对于熟悉的环境，需要尽量多地回忆环境细节，如上次遇到此类问题是在什么环境下，如何解决的，解决过程中遇到了哪些难题，可否对本次的问题提供帮助等内容；对于不熟悉的环境需要通过各种方式尽快了解其更多的细节，如之前研究过一个关于大学生艾滋病感染情况的调研项目，需要提前了解大学生现今的交友状态、对待性的态度和对待跨性别者的交友情况的认知、社会氛围对婚前性行为的容忍度等，并查阅了艾滋病的相关资料，力求做到心中有数，同时结合大学生的现状进行该项目的稳固推进。在准备过程中进行任务难度的预判，准备相应的预案，检验预制工具的合理性。

（2）深入体验时注意完整逻辑性的梳理

尝试真实体验很重要，但很多体验完结后未能及时思考与总结，导致体验不能起到真正作用，因此，在关注自身体验的同时，还要关注体验是如何被培育、被推动和被触发的。体验的产生是环境、时机、事件、人物、氛围等因素共同作用的结果。在参与的同时，要将自身从参与者的角度抽离出来，以旁观者的角度观察这些因素的变化。在记录和汇总体验细节时，需要记录体验过程中的所思所想，但需要注意的是，还需要记录所见和所闻，即记录当时发生了什么，而不是只记录因为体验触发而想了什么，这对于此事件后期的发展有利，便于依据逻辑清晰的阐述与其他人分享，在很大程度上因为清晰的来龙去脉也有很大几率触发他人产生类似的感想或结论，甚至可以一起基于事实深入探讨，得到更多的心得或更深的洞察。但是在事实不清楚的情况下跟其他人分享看法，他人无法根据事实感同身受，会出现很多难以理解的意见。

（3）及时复盘

观察后需要利用体验与记忆还较为完整，及时进行回顾反思，在此过程中仍然要以梳理事实为主，但需要在梳理中弥补事实，不仅仅是为了补足。此外，还需要对事实进行分类和规整，比较前期的预判，尝试着推敲由此产生的新想法是否合理和充分，梳理工作结束后因为有充足的事实依据，此时才是撰写所思所想的最佳时机，梳理的逻辑框架也较严谨，得出的结论也更科学和有说服力。

（三）情景构建

情景构建是从产品或系统所处的情景出发，根据可视化情景活动来挖掘用户的行为需求，并得到产品需求解决方案。亨利·福特“使汽车大众化”的情景构建非常生动形象，“我要为大众生产一种汽车，不会有人因为薪水不高而无法拥有它，人们可以和家人一起在广阔无垠的大自然里陶醉快乐时光”。用户体验设计将用户未能充分表达的需求经过创新设计构建，进而借助情景进行输出，赋予其新的含义。

1. 情景构建关键

情景构建是以产品或系统服务为载体，通过场景搭建与用户建立情感连接，为用户输出价值。情景构建关键是活动和场景，以产品所处的情景为基点，进行用户需求信息获取和分析，并对情景要素进行分类，进一步明确与设计对象相关的问题情景，完成用户体验设计初步构建。

移动互联时代，用户活动多以碎片化场景居多，智能手机与通信软件、感官智能硬件相连，形成的体验由传统的功能载体产品变化为情景体验。因此，用户体验设计人员通过分析用户在情景体验中发生的交互过程，获取精准的情景需求要素并分类，再通过观察用户行为，汇总提炼用户真实需求，为后续设计工作提供精准的设计思路。

2. 情景化设计

情景化设计是以用户为中心的一套完整设计理论，旨在理解用户在特定情境中的需求和行为，强调将用户放置在具体的使用场景中，走到用户身边观察、发现用户的痛点和切实需求，并加以解决的过程。在用户体验设计研究中，了解用户的产品使用情景是很关键的。情景的映射可以使用户体验设计人员将抽象的事物变得具象，进行情景化设计时需要注意以下几方面内容：

（1）如何定义情景

在设计情境化产品设计之初，首先，要找出设计体验关联的所有情境。比如与咖啡相关的客厅、与图书相关的书店、与学生相关的学校场所、与烛光晚餐相关的西餐厅等；其次，选择最符合需求的情景，从产品设计模式的维度提升至情景化设计维度，并集中打磨和定义核心情景来突出设计重点。

（2）赋予情景价值空间

情境化产品设计时需要注意，产品可以有吸引用户关注甚至激发用户情绪的功能，但还需考虑用户留存的问题。需要为情景赋予实际意义，如迪士尼乐园的IP主题设计、故宫博物院的文创产品设计、星巴克咖啡的客厅延伸思维、天气预报数据实时更新服务和对天气情况的图标化形象表示（如图2-3所示）等，通过为情景赋予实际意义，提升用户体验感和价值感，进而增加用户体验的边际效应。

对于用户体验来说，情景体验是用户转化的入口，用户转化的触动点就可能发生在某一个情景触动的瞬间，也许是某个公司产品附带的家国情怀；也许是直播风格的率直爽朗；也许是感同身受的情怀等，都是情景化带入的基点。

面对大量同质化产品，希克定律指出：用户选择越多，决策难度越大。便利性和唯一性是情景化产品的核心价值，其独特性可以帮助用户节省选择成本，并能转移消费重心、高效率匹配用户需求，如B站的弹幕管理，只有通过答题测试的正式会员才能发弹幕和评论信息。B站的活跃和具有亲和力的社区氛围是其用户高黏度的主要因素，而B站能维持

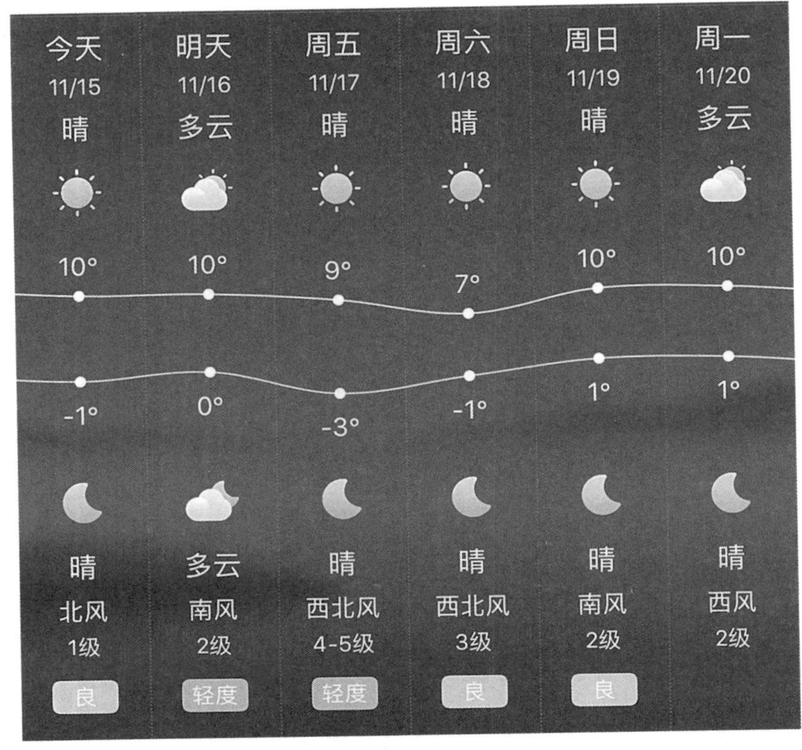

图 2-3 天气情况图标化形象展示图

用户体验良好的社区氛围得益于其精心搭建的社区情景，包括答题测试时的题目内容正确引导，促使用户能在后期的B站弹幕发送时保持善意的语言习惯，引导发出友好的弹幕，众多用户的规范行为最终形成其良好的社区氛围，又反过来吸引更多的用户留存、保持较高的用户黏性，形成良性循环。综上所述，B站实现了从内容体验到情景体验的转移，使得B站成为具有特色的弹幕视频网站。

3. 情感化设计

情感化设计是一种注重用户情感体验的设计方法，旨在通过设计元素和交互方式来激发用户的情感共鸣和情感连接，即从用户情感角度出发以期让用户和产品发生情感连接。情感化设计和情景化设计都以用户为中心，注重理解用户的需求、期望和行为，并根据这些理解进行设计。情感化设计在情景化设计的基础上强调情感因素的重要性，并提供了更加细致和深入的用户情感体验，以引发用户的情感反应、情感共鸣和情感参与，而情景化设计更注重于场景模拟和场景需求的满足。情感化设计可以在情景化设计中发挥作用，通过增加情感元素、交互方式和设计手段来丰富特定情境下的用户体验的深度和广度。

有温度的情景设计，更易于得到用户认可。唐纳德·诺曼认为："产品必须是吸引人的，令人快乐和有趣的，有效的和可理解的。"当产品触及用户内心时将产生情感的变化，产品变成有温度的东西，用户视角下的产品体验具有唯一性和量身定制感，用户体验性良好。产品也应带有人的温度和性格，如逗比的、软萌的、极客的、充满情怀的、触感、解压等产品成为有血有肉有温度有感情的产品，更能让用户产生情感上的共鸣。情感设计与IP内在价值关联紧密，一个爆款文化IP，既是好产品的同时又可以演变为一条生态链，增进用户的感性体验，在情境化体验中植入IP元素，就能实现其价值最大化。

如下图所示的打车软件页面设计，页面色彩采用极具辨识度的橙色，在等车过程中通过鲜艳饱满的色彩给用户传递积极、活力和友善的情感；界面设计中的图标、插画和背景图片等视觉元素通过形状、线条和表情等细节来表达传递温暖、亲和的情感；在叫车过程中，使用流畅的过渡效果和动画来展示车辆位置的更新、等待车辆的排队情况、平台给用户提供的呼叫车辆和车型情况显示、预计等待时间显示等，让用户感受到实时性和流畅性，提升使用的信任感和满意度；通过使用亲切、友好的语言和鼓励性的文案表达，塑造品牌的个性和特点，与用户建立情感连接；界面设计中提供明确的操作指引和状态提示，让用户知道他们的操作是否成功，同时通过友好和感谢的提示语言，让用户感受到被重视和关心，如图2–4（左）所示。

网上银行页面设计中适当运用动画效果和过渡提升用户体验的情感感受，当用户输入转账金额或选择收款账户时，可以使用流畅的过渡效果和动画来反馈用户的操作，并给予用户操作成功的提示，增加用户的满意度和信任感；在转账界面设计中，安全性是用户非常关注的问题，可以通过明确的安全保障提示，如转账异常情况确认、转账成功提醒、转账安全密钥输入、交易记录查看提醒等操作，向用户传递银行系统的安全性和保护用户隐

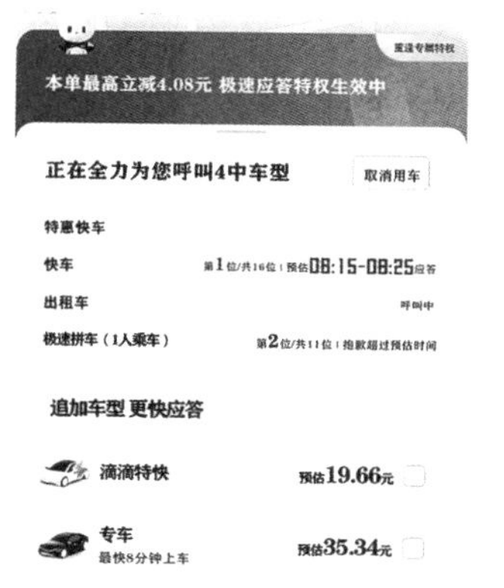

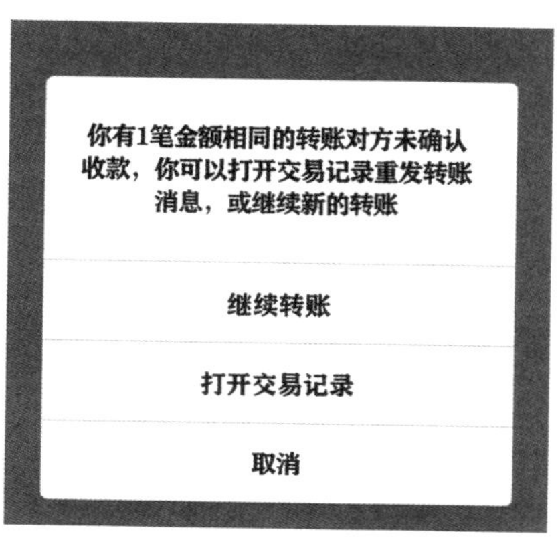

图2–4 打车软件页面、银行转账提醒页面

私的信息，增加用户的信任感和安全感；提供用户帮助和支持的功能也是情感化设计的一部分，在转账界面中可以提供常见问题解答、在线客服或联系方式，让用户感受到银行的关注和支持，提升用户体验的满意度，如图2–4（右）所示。

情感化设计分以下几部分进行，如图2–5所示，

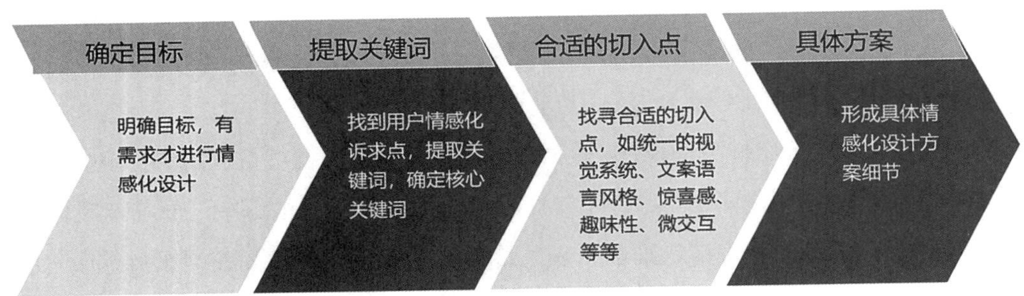

图2–5　情感化设计思路

（1）确定目标。

通过用户研究、用户调研和情感分析等方法深入了解目标用户的情感需求，包括喜好、价值观、情感状态等，理解用户的情感需求是情感化设计的基础。确定设计目标，设计目标可以是创造特定的情感体验，如愉悦、放松、紧张等，也可以是传递特定的情感信息，如创造品牌形象、表达个性等。

（2）提取关键词

根据用户情感诉求提取设计关键词和设计元素，如色彩可以传递情感和情绪，不同颜色具有不同的联想和感知；视觉元素通过视觉效果直接影响用户的情感体验，曲线可以传递柔和和温暖的感觉，尖锐的边角可以传递动感和锐利的感觉；流畅的过渡动画、微妙的交互反馈可以增加产品的交互性和生动性，同时也能够影响用户的情感体验；通过选择恰当的词语和表达方式，可以唤起用户的共鸣，激发他们的情感体验等，合理运用这些设计元素，可以在用户接触和使用产品时激发特定的情感共鸣。

（3）合适的切入点

将情感元素有机地融入设计中，创造出与用户情感相匹配的体验是情感化设计合适的切入点选择的关键，包括建立统一的视觉风格和设计语言，如色彩、字体、图标等，以营造出一致的情感氛围；选择与目标用户群体相匹配的语言风格，以传递出特定的情感体验；使用引人入胜的故事情节、角色塑造和情感化的元素，让用户能够产生情感连接和参

与感；将品牌的定位和价值观与用户情感相契合，以建立用户与品牌的情感共鸣等。

（4）具体方案

基于以上流程形成具体的设计方案，在设计过程中，情感化设计需要贯穿整个体验设计流程，从用户旅程的起点到终点，通过设计元素和交互方式，进行用户界面设计、交互设计等设计过程，营造出与用户情感需求相符合的体验。

四、以体验为核心

随着产品同质化现象的涌现，“体验经济”越来越受重视，用户体验将超越产品和价格，成为用户买单的主要因素。随着高质量经济增长的需求，企业经营方式也发生转变，由粗放式转变为精细运营，并将用户不断增长的体验需求作为产品设计过程中重点关注内容。所谓体验，就是以商品为载体、以服务为依托，以使用商品为媒介，创造出使用户记忆深刻的活动。此过程中，商品是有形的，服务是无形的，体验是深植内心的。商品、服务是外在的，而体验存在于用户内心，是个人在身体、情绪、认知等参与过程中所获得的。

（一）何为用户体验

顾客在与人们日常生活息息相关的超市是如何感受用户体验的？用户的需求满足度如何？思考一下，客户为什么选择来这家超市？是价格因素、服务因素、货品质量，还是距离等综合因素？其实，在客户购物过程中就蕴含着用户体验，且各家超市带给客户的体验都不尽相同。

“胖东来”是被用户推崇的有良好购物体验的超市，在经营中被客户高度认可的原因，除了价格、精细化服务外，更在于其将用户体验放在第一位。向客户提供精细化服务是“胖东来”的服务宗旨，除此之外，一条龙专业性的购物体验彰显其服务特色，“胖东来”重视消费者反馈和自身的短板改进，满足客户已有的需求和潜在的需求，与客户进行体验反馈的途径也持续改进，从早期的面对面访谈、留言板、客户满意度走访调查到互联网时代更高效便捷的NPS调研、满意度调查、基于人工智能自然语言处理技术的电话访谈等方式的使用，完成对客户体验从精确度量到及时优化的良性循环。

在日常体验方面，“胖东来”提供免费充电宝、直饮水、免费一次性杯子、宠物寄存、整洁便利的母婴室、无性别卫生间、专人服务用于搀扶楼梯电梯口的老人孩子、在商场问路会有人直接带你到目的地，等等；在满足客户专业化需求方面，“胖东来”为上百个岗位制定了详细的操作手册及视频，定期对各岗位进行专业知识培训，如客户维修扫地机，维修员不仅仅只是维修，可能从产品生产、使用方法等都能为顾客详尽讲述；有客户买水果遇到次品，“胖东来”直接退款送到家，并因为耽误客户时间送一袋价格更高的水果等。胖东来能够将用户体验放在第一位，用户体验被时刻关注，并最大限度得到满足，进而不断增强用户体验和黏性，再围绕商品和服务脚踏实地做到极致。这些以用户需求为中心的服务流程和服务理念的设计，正是重视用户体验的结果，如图2-6所示。

图2-6 “胖东来”超市购物体验

（二）用户体验层次

用户体验是基于用户视角的全方位感知、全过程和交叉感受的综合过程。情感化设计是用户体验设计的重要思想，美国认知心理学家唐纳德·诺曼的《情感化设计》提出情感设计三个层次，即本能层、行为层、反思层。基于马斯洛需求层次理论，结合情感化设计的三个层次，提出感官体验、交互体验、情感体验的用户体验三层次，同时，用户体验是基于用户的主观感受，任何产品均无法满足所有用户的需求，也无法满足用户的所有需求，为让用户得到好的用户体验，需要将服务体验纳入用户体验当中，服务体验是指用户在使用产品前、使用中、使用后的服务感受，与产品的用户体验密切相关，如图2-7所示。

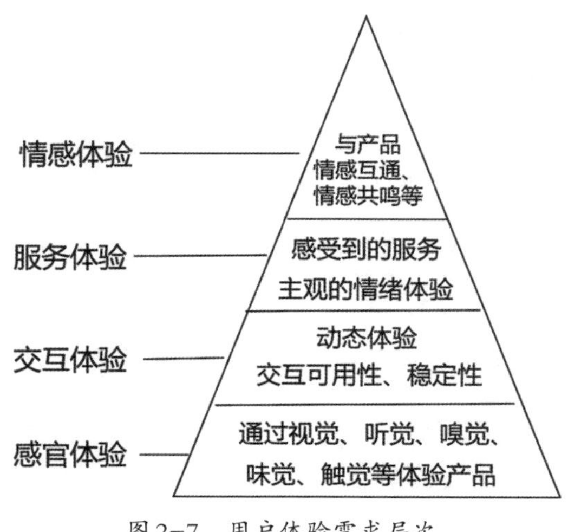

图2-7 用户体验需求层次

1. 感官体验

感官是指五官感觉（视觉、听觉、嗅觉、触觉、味觉等），是对系统或者产品的初始感觉，主要体现在造型设计、色彩变化、声音、材质纹理等多种产品属性从感官层面带给用户的感受，重点在美观性和舒适性。

该层面提升用户体验的方式是依据用户需求分析产品设计要素，加强对多维度体验载体的设计，使其形成可观、可听、可闻、可触、可想的感觉集合，易被感觉、感知甚至感动，以提升产品吸引力，满足用户来自感官体验最真的本原。不同用户通过感官体验通道对信息的接受方式和体验程度也不同，用户体验过程中需要综合考虑用户的感官接受能力、信息传递和重构方式，进而完成对实体产品3D感知和深层次意义的理解，是用户体验过程中与用户接触最早和持续时间最长的层次。

2. 交互体验

交互体验是在产品设计中由用户对产品了解、研究、获得、使用等接触点组成，是用户与产品交互过程中的动态体验，是对产品“稳定性、可用性”的考量。ISCO 9241 / 11将可用性定义为“在特定环境下，产品为特定用户用于特定目的时所具有的有效性、效率和主观满意度”。GB/T 3187–97对可用性的定义是：在要求的外部资源得到保证的前提下，产品在规定的条件下和规定的时刻或时间区间内处于可执行规定功能状态的能力，是产品可靠性、维修性和维修保障性的综合反映。

在交互体验层级以产品设计为目标导向时，分为两个主要分支：一是用户调研，通过该过程了解和整合用户需求，定义产品的目标用户，同时研究用户的特征，包括生理特征、心理特征、行为特征，研究用户对产品需求的功能和外观等内容，使研究成果成为产品设计导向。二是研究产品与用户需求的匹配问题，通过设计草图、原型设计等内容规划设计，在适当时候进行用户测试，获得用户反馈，根据此阶段的结果进行后续产品功能设计，同时注重交互方式、交互流程与用户已有习惯的匹配度，进而分析相关联技术以支撑产品的功能实现，并注重整个交互过程的质量和效率，保证产品能够满足各个层面使用者的需求，在满足用户需求的基础上提升用户使用体验，结合感官体验层次的设计要素，实现产品整体形象的全方位创造。

3. 服务体验

通过分析服务过程和相关文献资料，将用户服务体验定义为：服务消费者在与产品接触过程中感受到的服务以及由此产生的主观情绪体验。良好的服务体验与产品密切相关，

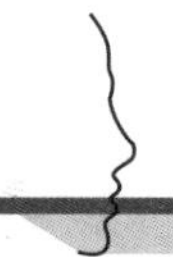

能让用户感受到被关注和良好的交互体验性，进而在用户心中树立产品正面形象；良好的用户体验可以使用户与产品方站在同一角度思考和对待问题，本着同理心可以减少公关危机、降低公关难度，同时，可以在与用户沟通的过程中获得更精准更全面的用户需求，为后期产品迭代提供可能的方向。

提升服务体验可以遵循以下原则：快速响应，用户在遇到操作壁垒时能在较短时间内找到解决入口，高效得到正确响应，可以抵消因产品问题造成的困惑，抵消不良情绪；适当的补偿，当遇到不能从操作层面或心理层面解决的问题，可以进行适当的补偿来平复用户情绪，抵消用户不满；重点用户重点关注，在条件有限情况下，必须优先保证核心用户的服务体验，如用户优先享受VIP服务或专享服务等。

4. 情感体验

情感体验是人在使用产品过程中产生的情感，如从接触产品到使用产品过程中感受到互动、乐趣、被重视等。情感体验重点在于产品的设计感、交互感、故事感、深层次的情感互通等，从产品功能、感官体验、使用便捷性、有用性等体验发展到更注重产品与用户间的情感共鸣。人与人之间的互动可以通过人的肢体动作、说话的语调、丰富的表情等方面来表达和感知情感，而产品给人的情感体验来自用户与产品的交互和使用过程中产生的情感、情绪和感受，以及在使用产品后产生的反馈与反思、产品给用户留下的印象，强调的是心理认可度。产品成为用户个性化、自我表现和群体归属的媒介，让用户能够通过使用产品认同、抒发自己的情感诉求。

通常来讲，用户从产品中获得的情感层面的体验主要为物体属性、行为活动和身份形象，相应地，用户对产品的关注方面则是产品目标、行为标准和心情态度。随着科技不断进步，新的产品、交互方式和服务模式层出不穷，用户心理也在不断变化，涵盖了更多的领域，它与信息、文化以及产品的含义和用途都紧密相关，情感体验的升华是口碑的传播，进而形成一种高度的情感认可效应。

用户体验过程中，以一位智能手机用户的使用过程为例来说明用户体验层次与操作流程间的对应关系：大卫是一个62岁退休老人，对智能手机界面操作不熟悉，现在因为网上填报养老信息，需要一款智能手机，之前用的是只能接打电话的老人手机，不熟悉智能手机的操作流程，经过销售人员介绍，决定学习使用智能手机，通过简单学习，对智能手机有了一定了解，这部分内容对应用户体验的感官层次。进而通过体验与操作，对智能手机的操作流程、带来的便捷性有了一定认知，对应用户体验层次中的交互体验。通过试用前、中、后的体验，对嵌入式图形用户界面系统和服务流程有了新的理解，可以对应到服务体验层级。经过此番操作，智能手机变成大卫生活中不可或缺的用品，对产品产生依赖性，对应用户体验层次中的情感体验。如图2-8所示。

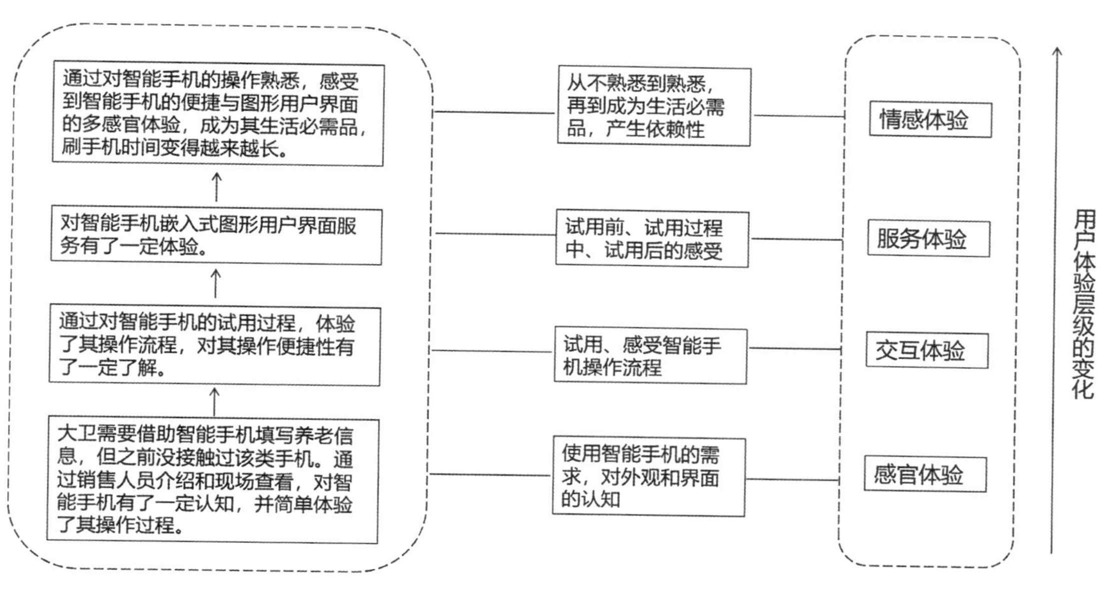

图2-8　用户体验层次与用户体验需求层级对应关系图

由上述分析可知，人与产品不是简单的使用和被使用的关系，用户体验层次一定程度上决定着产品的设计方向。设计人员作为用户体验的营造者，必须有效地结合心理学、艺术设计和工程学等领域，从感官体验、交互体验、服务体验以及情感体验方面充分调动用户的使用积极性，以求得人—产品—环境三者的协调发展。

五、用户体验要素间的辩证关系

以需求为导向、以用户为中心、以情景为坐标、以体验为核心是用户体验设计核心要素，各要素之间既相互关联又相互影响，共同构成综合的设计理念和方法。用户体验强调以需求为导向，即从用户的需求出发来设计和优化产品。设计师要深入了解用户的真实需求、期望和痛点，并将这些需求转化为具体的设计要求。通过关注用户的行为、态度和情感创造出符合用户期望、易于使用且令人满意的产品体验。

人机交互强调以用户为中心，将用户置于设计的核心位置，关注用户与产品之间的界

面设计、操作和信息交流方式，旨在创造出简单直观、易于操作的界面和交互方式，使用户能够高效与产品进行沟通，为用户提供更好的体验，满足用户的需求。

在用户体验和人机交互设计过程中，情景扮演着重要角色，情景是用户与产品或服务互动的具体背景和场景，包括时间、地点、社交环境等因素。设计师需要考虑用户在不同情景下的行为和需求，并根据情景设计用户界面、交互方式和功能。以情景为坐标，可以更好地理解用户的行为和体验，从而提供更贴合用户需求的设计解决方案。

用户体验是设计的核心，通过创造出令人愉悦、高效和有意义的使用体验，满足用户的情感和心理需求。用户体验设计要求关注产品的外观、交互、反馈和整体感受，从而打造出与用户产生共鸣的产品。

用户体验和人机交互相互促进、相辅相成，以需求为导向和以用户为中心确保设计的目标与用户需求相匹配，以情景为坐标提供了具体的背景和环境，以体验为核心将用户的感受和情感放在首位。将用户体验思想融入人机交互设计实践，以需求为导向、以用户为中心、以情景为坐标、以体验为核心的设计方法能够有效地提升产品的质量和用户满意度，为用户与产品交互带来更好的体验。

用户研究方法

一、理解用户需求

用户逛电器部，选中一款加湿器，与导购员沟通时，导购员留意该用户一直很在意加湿器的外观设计是否可爱，于是，导购员将几款不同外观的加湿器推荐给用户，并一直给用户介绍其外观设计的优势，有可爱卡通型、简约时尚型等，结果用户越听越感兴趣，与导购员交流好久，最后却选定一款造型常规普通、价格便宜的打折款。

从这个故事得出一个道理，用户有时不会按理出牌，不会清晰表达出自己真实的需求，但在项目实际操作中理解用户的真实需求是必要的。理解用户的需求就是从纷繁复杂、毫无逻辑的用户描述中理清用户的心理需求、理解其真实使用场景，从中挖掘用户深层次的需求，进而满足用户对产品设计的期望。

从不同维度理解用户需求有助于产品设计与用户需求满足的匹配，包括从人类学角度进行田野调查、跨文化比较研究、背景研究、主客位研究法等进行用户需求研究，能深层次挖掘用户需求背景数据；从认知心理学角度，研究人们如何获得外部世界信息、信息在人脑内如何表示和转化、储存，进而指导人类行为等；从人机工程学角度研究人、机、环境要素之间相互作用、相互依存的关系，以及利用三个要素间的有机联系来寻求系统设计最佳参数等，都是用户需求在不同研究维度的表现，为用户需求的提取拓展思路。

（一）真实的用户需求

需求对于产品设计来说是很常见的，但真正将需求转化为产品，就是需要严肃认真对待的事情了，对于产品设计来说，从纷繁复杂的需求中理清了用户需求的思路，但在该思路的指引下设计出的产品却不能满足用户需求的情况时有发生。这就是用户需求挖掘与设计产出可能会出现不匹配的情况，也凸显出如何理解真实的用户需求的问题。

在用户体验设计中，了解用户的本质需求是设计的关键。如：我需要能给鱼缸抽水的设备，换水的同时能吸取鱼粪，起到清洁鱼缸的作用；我需要购买一瓶气泡水；在家无聊时我需要宠物狗的陪伴；我要在麦当劳订汉堡套餐外卖，今天中午12点送到和平路110号门卫处等，这些功能需求描述得就很清楚，都是用户表述清晰的显性需求。但实际上存在某

些情况是仅仅满足用户的显性需求，可能无法帮助用户解决真正的问题或给用户提供有意义的体验。因此，设计师需要通过深入的用户研究和洞察来掌握用户的动机和背后的真正需求，即隐性需求。

隐性需求就是用户没有直接提出、不能清楚描述的需求，这些需求往往与用户的情感、心理和社会需求相关，不容易通过直接询问或观察得到，或者用户也不知道怎么描述，又或者只是有一个隐约的不成熟的念头，不能明确、直接转化为设计需求被列入设计要素中。隐性需求来源于显性需求，是显性需求的延续，两者需求的目的一致，但表现形式与具体内容有所不同。简而言之，显性需求容易被识别，隐性需求则表述较为隐蔽、难以识别。但在用户决策时，隐性需求是用户需求的本质，对用户体验感的好坏起到决定性的作用，如：对于高档包装的礼品而言，消费者的显性需求是送礼，隐性需求是尊重送礼的对象、通过礼品外包装提升档次、给自己长脸等；用户对一款产品要求是品质高、价格不在考虑范围，但其隐性需求是“既物美又价廉”。用户可能隐性地期望产品具有简洁、直观的界面设计，以提供良好的使用体验和用户友好性。这就对设计提出更高的要求，需要透过重重迷雾找到用户真实需求。

因此，显性需求通常是用户主动提出的，而隐性需求需要设计者通过深入的用户研究和洞察力来发现和理解。显性需求的获取可以通过询问、焦点小组形式；隐性需求则可以通过访谈、洞察、同理心等形式获取。设计师在满足用户的显性需求的同时，还应该通过用户研究和情感化设计等手段，挖掘并满足用户的隐性需求，以提供更完整和满意的用户体验。

用户的需求因人而异，同一用户也会因某个网站在用户心目中的定位不同而表现出不同的用户需求，同样是购买一款美妆商品，在京东上找的是有品质保证的店铺，在拼多多上找的是高性价比、打折的商品；同样是美食用户，年轻人可能搜索的是广告推广的爆款网红餐，而年长一点的用户会将经济实惠、食品安全置于考虑的第一位，对网红美食广告已经脱敏；有的用户去看电影，着重点不在电影内容与制作上，而在于打发无聊的时光；有的人买鱼缸养观赏鱼，并非热衷于养鱼这件事，而是考虑到空间整体布局设计或美观性的需要，等等。

从此类情景可以发现，对于消费而言，针对实物的消费是一种消费，可以满足日常生活的需求；从另一个角度来讲，还有一种消费是对精神的消费，为所谓的“感觉”买单，也成为重要的消费内容。用户需求是分层和多样化的，有时甚至是“奇特的”，想要迎合用户需求，理解用户真实需求对后续设计是必要的，也是重要的一环。做满足用户需求的产品就像是打仗，只有真实理解用户心理需求、了解用户使用场景，才能真正挖掘用户的深层需求，才能设计满足用户期望的产品。

（二）用户需求属性的变化

什么样的产品是“用户体验友好”型产品？

① 用户希望自主完成操作，机器适时协助就好。

② 不同用户的需求各不相同，系统针对不用用户的操作在交互时要有包容性和智能性。

如何理解产品的易用性？

① 操作简单、易上手。

② 不用费劲学习产品说明、学习成本降到最低。

如何理解“好的用户体验”？

① 一款产品能做到用户愿意用、使用类似产品时第一时间被想起，甚至产生依赖性。

② 一款产品不依靠外观的美观与多种功能的集合、也不靠明星效应吸引用户。

用户属性用来描述用户群体的共同特点和差异性，能帮助设计团队深入了解用户的期望、目标和问题。功能需求、性能需求、使用便捷性需求、可靠性、安全性等属于用户常规属性需求。除了常规属性外，用户体验大背景下的用户需求属性也在发生着以下变化。

1. 用户对产品或服务的功能、性能需求属性的变化，在移动设备普及和技术进步的背景下，用户对于移动应用的需求不再局限于基本的功能，更关注操作的便捷性、个性化的定制以及与其他设备和平台的无缝连接等方面；用户对产品性能如速度、稳定性、响应时间等方面的需求也在发生变化，期望产品能够快速加载页面、流畅地执行操作等。用户对智能手机的需求也在发生演变，用户对手机的需求从基本的通信功能，如拨打电话和发送短信等，发展到智能手机时代希望能够拍照、上网、玩游戏、使用应用程序、体验智能快捷服务、多种类交互方式的支持、智能唤醒服务等，体现了用户对产品功能性能属性需求的变化。

2. 用户对产品或服务的情感属性的变化，用户对个性化、情感化体验的需求方面更加关注产品或服务带来的情感体验，希望能够获得愉悦、满足和归属等情感体验。用户对社交媒体平台的需求从最初的与朋友、家人保持联系和分享信息为主，发展到开始追求更多的情感连接和社交体验，希望在社交媒体上找到归属感、获得赞同和支持，并与其他用户建立情感联系。

3. 用户对产品或服务使用环境属性的变化，用户使用场景和环境的多样化导致希望能够提供灵活、便捷和无缝的体验。随着智能家居的发展，用户对于智能家居系统的需求从最初的简单控制功能扩展到更多的智能化场景，如智能照明、智能安防、智能家电一体化控制等，以满足不同使用环境的需求。

4. 对产品可靠性安全性属性的变化，用户对产品或服务数据安全和隐私保护的意识越来越强烈。用户希望其个人信息得到保护，不会被泄露或滥用。如交易监控和风险防范，在线支付应用严格遵守数据隐私政策，明确说明数据收集和使用方式，不会未经授权地分享用户数据给第三方等都是用户数据安全需求属性的变化。

这些变化表明用户需求在不断变迁，用户对产品或服务的期望也在不断提升，设计师需要及时了解和适应这些变化，确保设计能够满足用户不断发展的需求。

二、用户研究方法

好的用户研究是设计输出的基础，设计师往往会扎进设计过程中，凭直觉和猜测进行设计，随着用户体验设计受到越来越多的重视，人们也更多体会到设计的本质。设计不只是给人们提供产品，更重要的是要提供用户需要的产品，设计需要在重视用户需求的前提下深入挖掘用户潜在需求，即不再是“用户想要什么就设计什么”，而是要深入挖掘用户需求后理清“用户真实的想法和潜在的想法”，这样设计的产品才能符合用户需求，问卷法、用户访谈、焦点小组、可用性测试等，都是可用的用户需求研究方法。

任何设计精良的产品都是进行用户调研和应用的结果，用户研究揭示了用户对产品设计趋势的纵深度和层次化需求信息，引发了对该领域的深入思考，通过深入了解用户的需求和期望，设计师能够超越预期，开发出具有创新性和高用户价值的产品。

用户研究主要是针对用户行为进行研究，观察用户行为的方式可以通过现场获得，也可以根据观察用户具体操作并分析其行为获得。通过对用户行为的研究能发现很多问题：“用户喜欢通过搜索框查找此项功能”“用户喜欢用这种方式登录”“用户喜欢阅读专题性报道”“用户更喜欢互动性高、充满激励感的弹幕”，等等。通过研究能发现用户无意识的行为偏好，了解这些用户需求，才能设计出符合用户需求的产品。

根据用户研究中获取的用户需求数据是主观性和质量性的数据，也是客观性和数量性的数据，可以将用户研究方法分为定性研究和定量研究两种。在做用户研究过程中，除了要收集用户对某个设计项目需求信息的语言描述，即显性需求，还要注意观察用户的行为细节，从中发掘用户的隐形需求。将用户研究方法与用户所说（用户目标观点）、用户所做（用户行为）相互关联形成用户研究二维分布，如图3-1所示。

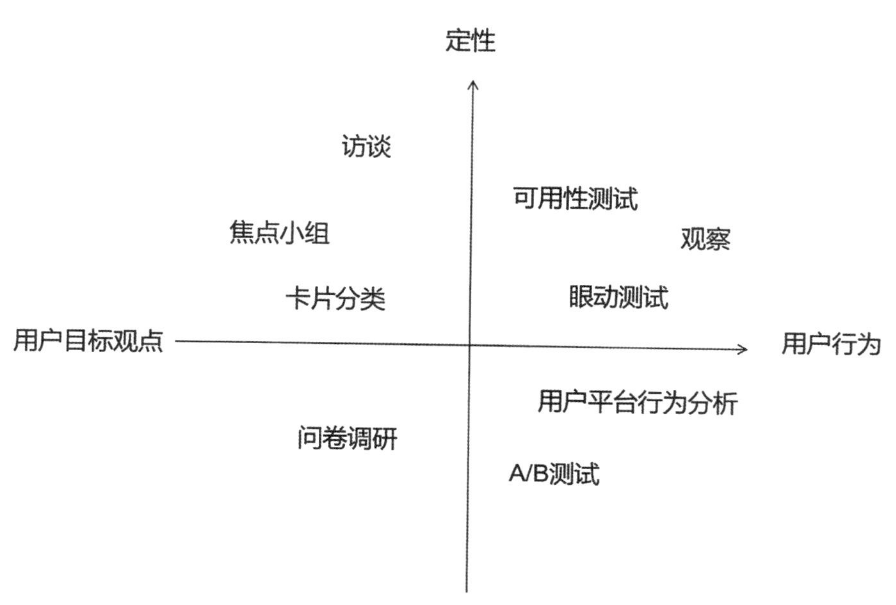

图3-1　用户研究二维分布图

定量研究是基于一定数量的用户行为或观点形成的数据进行研究的方法，通常采用数学分析的方法进行，可以利用平均数、最值、标准差、方差、频率、中位数等数据指标进行样本总体数据描述，也可以通过卡方检验、方差分析、T检验等方法从样本数据分析中进行总体数据特征的推断，在定量数据可视化表述时，可以借助SPSS、SAS、表格数据表示等方法进行，用图表化的数据呈现方式表达数据的发展趋势、大小对比、真实数据呈现等。定量研究包括问卷法、数据分析法等研究方法。

定性研究是一种相对开放性的研究方法，强调对社会现象进行深入了解和分析，关注研究对象在特定情形下某些行为背后的根源，并对其行为表现进行解读。该方法帮助研究人员理解潜在用户的行为、趋势、态度，根据研究者的观察、自身经验、对用户的分析来进行研究，参与研究的用户为少数个体，一般情况下选择10~20个典型用户进行。定性研究包括用户访谈、焦点小组、观察法、卡片分类法、可用性测试法、用户画像、用户旅程图、故事板、服务蓝图等研究方法。

（一）问卷法

问卷法（Questionnaire method）起源于心理学研究，通过向受访者提供一系列预设问题，并要求受访者选择或填写答案来收集数据。问卷可以是纸质形式的调查表格，也可以是在线调查或电子问卷的形式。电子问卷通过借助网络传播降低调研成本，并在短期内收到大量用户反馈信息，该方法解决"是什么"的问题，适用于确定性问题和有规范化答案的用户研究；不确定的、需要深层次阐述的问题不能用问卷法，问卷题目设置简洁、明确，态度中立、无诱导性。

问卷法分为结构问卷、无结构问卷、半结构问卷三种。

结构问卷，是一种限制性问卷。优点：便于大量样本研究；问卷的问题较为具体，回答简单、无阐述性和发挥性回答；问卷回收率和可信度较高；便于数据的分析、统计和对比。缺点：回答问题受限较多，参与者可自由发挥的余地小，收集回来的数据真实性存疑。

无结构问卷，适用于问题无法用固定选项或预设答案来限定的情况，尤其是主观性和复杂性较高的问题。优点：便于进行小样本研究，限制少，可进行深入阐述并回收丰富资料；受访者没有被限制在预设答案或选项中，能够自由表达更深层次的意见和观点。缺点：问卷回答无统一格式，对回收数据进行定量和对比分析操作较难；回收数据与研究主题的关联度可能存在不强的现象；受访者的回答可能受到个人主观意见和偏见的影响，存在一定的主观性和不一致性。

半结构问卷，介于结构问卷和无结构问卷之间，问题的答案既有事先预设答案和标准选项答案，也有让被调查者根据问卷主题自由阐述的部分。该问卷融合了结构问卷和无结构问卷的优点，合理设计问卷能提高数据回收的准确性，有助于后续研究的科学性。

问卷形式多样，可根据实际情况选择面对面提问、纸质问卷、电话问卷、网络问卷等形式。问卷题目应以具体项目问题为基础，题目可以是多种类型，如开放式问题、选择题、排序题、填空题等，编写较为自由。问卷结果取决于研究目的，问卷质量最终决定回收结果的可用性程度，如了解用户针对某种产品或系统的态度、体验、使用频率、设计期望等，问卷可以为用户研究人员提供目标用户群体需求相关信息，帮助找寻产品设计重要信息。

问卷是用户研究常用的用户需求挖掘方法，也用于用户满意度分析中。通过广泛发放问卷回收用户数据，从中抽取有代表性的用户进行深度访谈，时间控制在30分钟左右，将量化和质化结果进行分析，综合获取用户需求数据。在发放问卷时注意：回收300份左右有效问卷所获取的数据即具有一定参考价值,回收问卷多于600份时,回收信息统计数据即趋于稳定,数据挖掘信息可从问卷数据中获得有价值信息。

问卷调研案例:垃圾投放与分类问卷调查

环境问题是现在重大社会问题之一,垃圾的规范投放与环境有密切关联,垃圾合理分类投放就显得异常重要,直接关系到垃圾对环境的破坏程度。人们虽然能做到将垃圾扔进垃圾桶,但在垃圾分类方面依旧存在着许多问题,为此我们需要进行调查分析,问卷如表3-1所示。

表3-1　智能垃圾桶设计项目问卷调研

第一部分　个人信息	
1. 您的年龄[单选题]★ ◎18岁以下 ◎18岁—24岁 ◎25岁—40岁 ◎41岁—60岁 ◎60岁以上	2. 您的受教育程度[单选题]★ ◎高中以下 ◎高中 ◎专科 ◎本科 ◎本科以上
第二部分　垃圾分类信息调查	
3. 您是否注意过垃圾桶分类的标识? [单选题]★ ◎是 ◎否 ◎不会 ◎想,但不清楚如何分类	4. 您平时丢垃圾时会有意分类投放吗? [单选题]★ ◎会 ◎偶尔会
5. 您认为垃圾桶上的分类信息对您投放垃圾时有帮助吗?[单选题]★ ◎有 ◎没有,看不懂 ◎没有注意	6. 您认为垃圾桶的颜色区别是否有影响自己进行垃圾分类?[单选题]★ ◎是 ◎否
7. 您认为垃圾分类是否有必要?[单选题]★ ◎有 ◎没有	8. 您能清楚分辨可回收和不可回收垃圾吗? [单选题]★ ◎能,十分清楚 ◎能分辨一些 ◎不清楚

续表

第二部分 垃圾分类信息调查	
9. 玻璃属于哪类垃圾？［单选题］★ ◎可回收垃圾 ◎有害垃圾 ◎其他垃圾	10. 您通过何种途径了解过垃圾分类的知识？［多选题］★ □电视 □报纸书籍 □网络 □其他
11. 您愿意了解垃圾分类的相关知识吗？［单选题］★ ◎愿意 ◎视情况而定 ◎没兴趣	12. 您认为影响人们没有将垃圾进行分类的原因有哪些？［多选题］★ □时间匆忙 □不知如何分类 □设施不够完善 □环保意识淡薄 □相关部门规划不力 □其他 ________
13. 您在处理垃圾时遇到什么问题或者您对垃圾分类有什么建议？［填空题］ ________________________________	

本次问卷收回108份，有效107份。问卷主要包括：人们对垃圾分类的主观意识及认知；影响人们垃圾分类的客观条件；垃圾分类宣传的方式等，数据分析统计情况如图3-2、3-3、3-4所示。

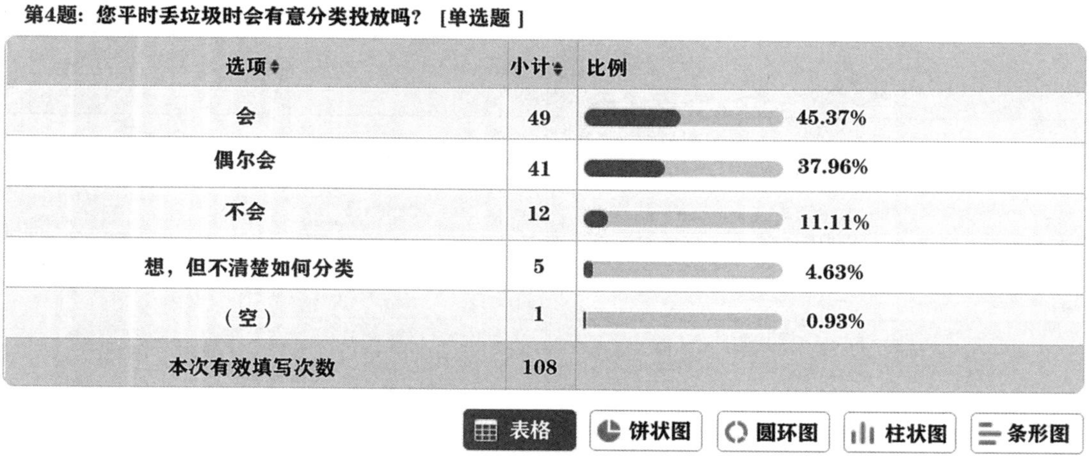

第4题：您平时丢垃圾时会有意分类投放吗？［单选题］

选项	小计	比例
会	49	45.37%
偶尔会	41	37.96%
不会	12	11.11%
想，但不清楚如何分类	5	4.63%
（空）	1	0.93%
本次有效填写次数	108	

表格 饼状图 圆环图 柱状图 条形图

图3-2 用户垃圾分类投放数据分析图

第11题：您认为影响人们没有将垃圾进行分类的原因有哪些？［多选题］

选项	小计	比例
时间匆忙	39	36.11%
不知如何分类	62	57.41%
设施不够完善	69	63.89%
环保意识淡薄	60	55.56%
相关部门规划不给力	51	47.22%
其他［详细］	3	2.78%
（空）	1	0.93%
本题有效填写人数	108	

查看多选题百分比计算方法

表格　饼状图　圆环图　柱状图　条形图

图3-3　用户垃圾分类投放原因数据分析图

序号	提交答卷时间	答案文本	查看答卷
1	6月17日15:58	垃圾箱容量太小，太容易满。	查看答卷
10	6月17日18:11	标志更简单明了。	查看答卷
13	6月17日23:32	加强宣传，合理规划，增强设施，物质奖励。	查看答卷
14	6月18日06:12	扩大宣传。	查看答卷
15	6月18日06:58	部分垃圾的可回收与不可回收，还是知道一些的，但也有好多垃圾分类不是很清楚，还有一些对环境有污染的，建议另外分类，合情处理，如废旧电池。	查看答卷
23	6月19日15:54	加强教育。	查看答卷
25	6月19日15:55	一定要分类。	查看答卷
31	6月19日16:09	就是方便一点。	查看答卷
32	6月19日16:10	没有。	查看答卷
33	6月19日16:15	希望分类明确。	查看答卷
35	6月19日16:30	没建议。	查看答卷
36	6月19日16:30	垃圾分类人人有责。	查看答卷
37	6月19日16:44	用不用颜色区分垃圾的类别。	查看答卷
38	6月19日16:48	保护环境。	查看答卷

图3-4　用户垃圾分类调研数据分析图

通过问卷调查分析得出，人们愿意进行垃圾分类，垃圾分类意识在大部分人心中已经形成，但是受很多外界因素的影响。现在街边的垃圾桶虽然有分类标识，但并不能高效正确地引导人们投放垃圾。大部分人都多少了解过如何进行垃圾分类和相关常识的知识储备，并能在实践中进行简单分类操作。在问卷中出了一道关于垃圾分类宣传的问题，有51%的人回答正确，70%的人愿意进一步了解垃圾分类相关的知识，24%的人表示视情况而定，说明垃圾分类宣传十分重要。83%的人有垃圾分类投放行为。在问卷的最后一道开放题中得到了用户反馈的有用信息：垃圾箱太小很容易填满、增大垃圾正确投放的奖励、分类标志要简单明了、更加方便、垃圾箱将分类品种进行简单陈列与指引、配套设施与服务的跟进等。经过以上问卷调研和数据回收分析，得出有参考性的数据信息，为后期设计工作的开展提供了方向指引和数据支撑。

（二）数据分析

数据分析（Data analysis）是指通过收集、整理、解释和展示数据，以揭示其中的模式、趋势、关联和洞察，从而支持决策制定和问题解决的过程，涉及使用统计学、数学、机器学习和数据可视化等方法来发现数据中的信息和价值。通过对收集来的数据用统计分析方法进行分析处理，并可加以汇总、理解和消化，可以最大化地开发数据功能、发挥数据作用，是通过提取有用信息和形成结论而对数据加以详细研究和概括总结的过程。

数据分析是了解用户使用行为最有效的途径之一，通过量化数据进而发现问题、验证问题、解决问题，可以对产品设计产生指导价值。

1. 数据分析的数据来源于对上线产品进行用户数据观察，如用户日活、流量、平均停留时间、转化率、趋势分析等，需要确保数据收集的准确性、一致性和完整性。通过该途径可快速掌握产品的总体状况，对数据波动能够及时做出反馈及应对，并得出该产品对用户产生的价值和用户的认可度。

2. 去除重复数据、处理缺失值、纠正错误、转换数据格式等操作，以确保数据的质量和可用性。通过可视化和统计方法，对数据进行探索和描述性分析，包括计算数据的统计指标、绘制图表和图形，以揭示数据的分布、关系和趋势。

3. 使用各种分析方法和技术对数据进行建模和分析，以发现数据中的模式、关联和趋势。通过后台数据分析可以检验用户体验历程与产品设计思路的一致性是否匹配，从而找出可以优化的方案，进而达到优化用户体验流程的效果。通过数据分析还可以证明产品设计思路的正确性、设计方案的合理性，如浏览深度分析、新用户分析、回访用户分析、流失率等，也可以从中找出设计中存在的问题，在测试阶段可用于验证设计存在的问题，优化并解决问题，达到以数据驱动设计的目的。

4. 将分析的结果进行解释和展示，以便于理解和决策，可以通过可视化工具、报告和演示等形式来呈现，以确保结果的清晰和易于理解。

数据分析在用户体验设计中通过跟踪用户在产品或服务中的行为，了解用户的使用习惯、喜好和痛点；通过对用户旅程的数据分析，识别出用户在不同阶段遇到的问题和障碍，并为设计团队提供改进的方向和机会；帮助设计团队做出基于客观数据的决策。通过数据分析结果的支持，设计团队可以更准确地了解用户需求和行为，提高用户体验质量。

数据分析案例：社交媒体应用数据分析

为了更好地了解用户需求和行为，对社交媒体应用软件进行了用户数据分析。

1. 数据收集与整理。通过应用分析工具和数据跟踪功能收集了大量的用户数据，包括用户行为、使用时长、互动频率、点赞和评论等数据。去除重复、缺失或异常数据，并对数据进行标准化和统一化处理，以确保数据的准确性和可靠性。

2. 在进行数据分析之前明确数据分析的目标，如了解用户的活跃程度、喜好偏好、互动行为、用户消费增量变化情况等，以便更好地满足用户需求和改进产品设计，如图3-5所示。

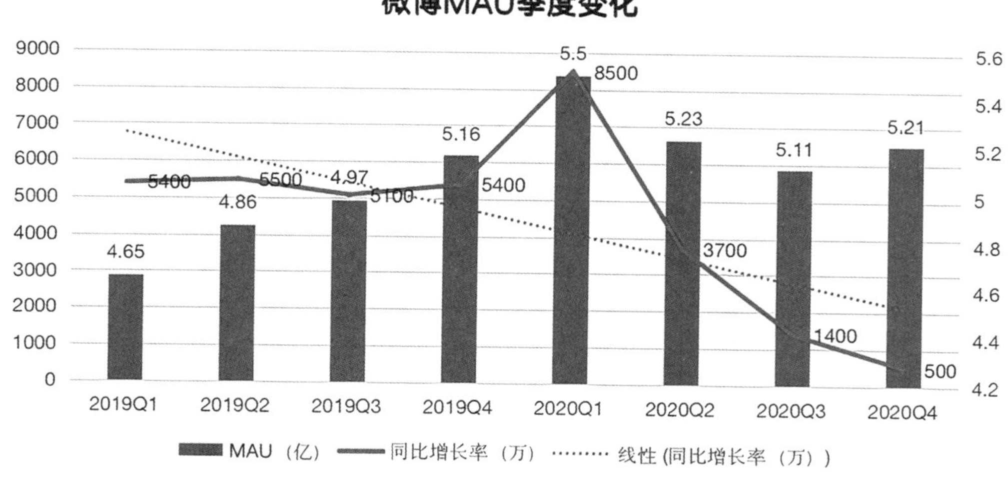

图3-5　月活跃用户数量变化情况

3. 为更好地展示数据，将图表、表格和仪表盘等数据转化为可视化的图形和图表形式，进行可视化分析与解读，数据更易于理解和分析，在分析基础上进行数据解读，发现数据中的模式和发展趋势，如通过分析用户活跃时间段来确定最佳推送时机；通过分析用户喜好来个性化推荐内容；通过分析互动行为来改进用户体验等，如图3–6所示。

中国知识付费用户集中在30岁以上

2020年中国知识付费用户年龄分布情况
Age Distribution of Paid Knowledge Users in China in 2020

2020年中国知识付费用户月收入分布情况
Monthly Income Distribution of Paid Knowledge Users in China in 2020

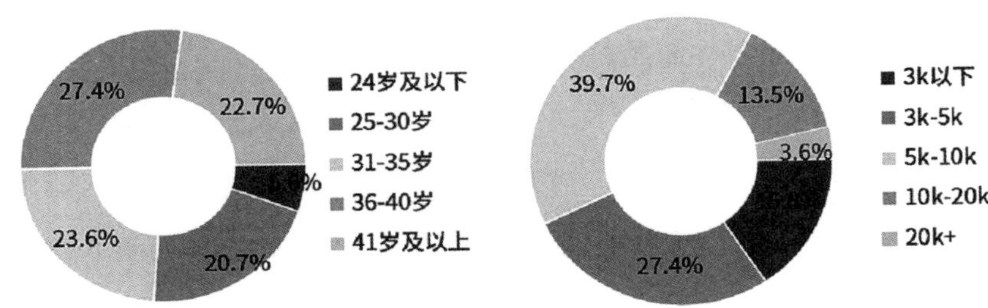

图3–6　用户数据信息分析

4. 通过数据分析，发现了一些洞察和趋势，如用户在周末更活跃、偏好特定类型的内容、喜欢与好友互动等。基于这些洞察制定相应策略，如增加周末活动、提供个性化推荐和加强社交功能等，以改进用户体验和提升用户参与度。

5. 产品发布上线后持续监测和分析用户数据，并根据反馈和趋势进行优化和改进，不断满足用户需求，提升产品质量和用户体验。

（三）用户访谈

用户访谈（User interview）采用面对面交谈的形式直接获取用户需求，也是心理学研究的常用方法，常与用户观察法结合使用，通过深度访谈用户，研究员能获得确切的文本内容和其他有价值的信息，如用户在访谈过程中的语调、语速变化、面部表情、情绪变化、肢体动作等均是表达其情绪的过程，并能为研究人员传递信息，能增长用户研究人员的同理心，有助于提高产品设计决策的可信度。用户访谈法通过受访者的阐述、肢体动作、表情变化、语言等深度挖掘用户的潜在动机，并可将交叉分析中的可能性在此环节通过访谈进行验证。

访谈法用于解决“为什么”的问题，是与定量研究相对的概念。通过发掘问题、理解事件现象、分析人类的行为与观点，以及回答提问等了解用户，通过深度访谈揭示用户对某一问题的潜在动机、信念、态度和感情，此方法表现为没有确切的量化分析、数字分析，结果是无序的特点。

在访谈前需要确定访谈流程，包括访谈目的、需要熟悉体验的产品、访谈提纲的制定、邀约用户（可通过发卷和网络邀约、中介邀约、内部邀约）、用户访谈过程的把控、内容整理几部分。将问卷回收数据进行用户分类（按照年龄、地域、行业、性别、受教育程度等），并抽取一定数据分布比例的受访者进行基础访谈；对于非问卷访谈则需要进行以目标用户特征覆盖为目的的用户招募。访谈内容设置重点为问卷中未能深入涉及的问题、需要用户阐述想法的问题等。同时制定访谈提纲，包括访谈主题、对象、问题等内容，访谈问题设置可以是结构化的，即列举整个访谈过程的问题，便于对想要了解的内容有全盘的把握；也可以是半结构化的，即罗列出访谈关键点，访谈过程中根据用户的访谈情况现场进行问题发散和延伸，进而深度挖掘信息。

访谈过程中注意访谈时机把控、现场主导性把控；访谈提纲由简到难，设计5~10个问题为宜，时间为1~2小时；用户选择6~8个，覆盖核心、边缘和潜在用户，性别、年龄、职业等均衡；访谈过程中不可针对问题进行主观引导；访谈结束要注意对访谈资料及时整理，输出报告。

用户访谈法的优点是灵活，可及时了解、调整不明确的信息，适用范围广，访谈用户覆盖面宽，没有特别的限制，访谈过程可根据受访者的反应及时调整访谈深度，通过与受访者建立良好的互动关系，便于受访者畅所欲言，收集真实信息。缺点表现在访谈结果的整理、分析过程复杂，对用户研究人员专业素养要求较高；访谈者的价值观、喜好可能会影响受访者的真实反馈；用户访谈需要花费时间、精力成本较高，不适合大范围进行，导致信息收集全面性不足。用户访谈流程如图3-7所示。

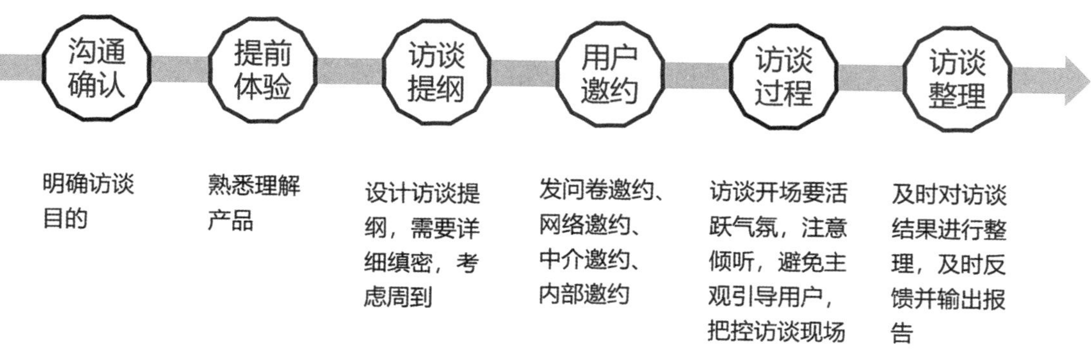

图3-7 用户访谈流程

用户访谈案例："携程"App在线旅行服务访谈

基于用户在"携程"App在线旅行服务软件旅游前期规划功能时的体验进行用户体验及改良项目研究，目标用户为"携程"App中间用户，关注用户在使用"携程"App进行旅游前期规划功能时的体验，改进用户使用"携程"App旅游前期规划的功能，提升用户体验，达到增强"携程"App用户黏性目的，进行有针对性的用户访谈，挖掘用户群体对旅行需求、体验在线服务软件时的痛点，以及其潜在因素。

访谈提纲包括软件使用情况、旅行前、旅行中、旅行后各阶段，了解用户的旅行偏好、软件使用情况、体验感、痛点、激励机制等方面内容，具体访谈大纲如表3-2所示。

表3-2　用户访谈提纲

一级问题	二级问题	三级问题	目的
基本信息	访谈介绍、自我介绍、用户介绍		明确访谈基本信息
携程使用情况	使用频率	旅行频率	了解用户旅行和软件使用频率
		使用软件频率	
	使用体验	使用哪些功能，体验如何	了解用户的体验总体感受
		采用何种方式旅游，跟团、自由行等，简述理由	了解用户出行偏好
		平均完成1次旅游前期安排需要多久，不喜欢哪些环节？谈谈感受	了解用户旅行安排
		旅游前是否会预算花费，是否能在预定范围内完成本次旅行？哪些原因导致超出预算？	了解用户对旅行花费的控制在意程度
旅行前	如何挑选旅行目的地，选择因素有哪些？		了解用户旅行区域偏好
	是否使用过携程"自定义行程"功能	用过：谈谈体验	了解用户对自定义携程功能的熟悉度，用户对新事物的接受度
		未用过：有无意愿尝试新功能，愿意学习新功能到什么程度？	
	是否留意过携程中地图功能？使用地图功能时喜欢列表方式还是直接点击目标，说说原因		了解用户对地图功能的认知度、使用偏好

续表

一级问题	二级问题	三级问题	目的
旅行中	希望主页有什么功能，是否喜欢简单明了主页，还是喜欢功能多的主页		了解用户对界面设计信息呈现的偏好
	注重旅行中哪些方面的体验？住所、美食……		收集用户旅行体验偏好
	旅行中如何选择餐食，是否愿意查询当地美食？说明原因和查询渠道		了解用户餐食消费情况
	旅行时通过哪种渠道确定住所？选择住所考虑因素的排序有哪些？如环境、价格、交通、服务等		了解用户住宿需求信息、体验偏好、消费预期
旅行后	旅行结束会分享感受吗？通过什么平台和形式分享		了解用户分享欲望和分享档次
	愿意在携程社区分享旅行感受吗？喜欢分享的形式和品质有要求吗？说说感受		携程社区是否收到用户关注和喜欢，了解用户使用痛点
	使用过携程社区功能吗	使用过：使用过程中遇到什么困难？达到预期效果了吗？请描述理想的社区	了解用户对携程社区功能的接受度和用户预期差距
		未使用过：理想社区的设想，期望具备什么功能	
	平台怎么能驱使您的分享欲望	当有人愿意查看您分享的旅行感受，希望能从中获得经验和知识，是否将促使您更新分享？	了解用户使用分享功能的驱动力，是物质奖励驱动，还是精神被需求驱动？
		发布优质分享能获得优惠券的形式能促使您提高更新分享频率吗？说说缘由	

访谈采用面对面形式，每次访谈平均时长控制在30分钟左右，男女比例 4∶3，选取7名用户作为访谈对象，包括3名中间用户，2名高级用户，2名新手用户，用户1、2为专家用户，用户3、4为新手用户，用户5、6、7为中间用户，通过访谈整理和提取用户需求，分为旅行前、中、后、体验过程的用户需求，如表3-3所示：

表3-3 访谈用户基本情况表

变量	访谈用户类别	人数	百分比
用户	新手用户	2	28.6
	中间用户	3	42.8
	专家用户	2	28.6
总数		7	100

基于用户访谈整理用户需求，如图3-8所示：

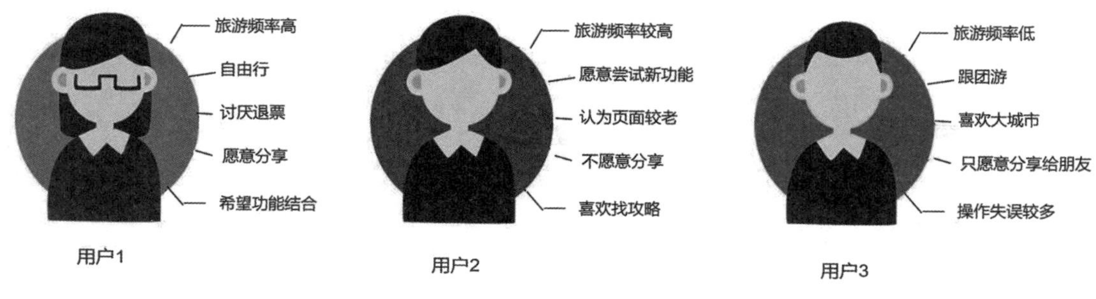

图3-8 部分用户访谈信息提炼

用户1：平均每周出行1次，周边游，用携程订票；不喜欢携程退票功能，会损失优惠；喜欢卡片与电子地图结合方式；喜欢旅途中在平台查找美食；喜欢分享，感觉携程分享较乱。

用户2：每年出行4~5次，喜欢使用携程订票；携程界面交互方式不喜欢，在软件花费时间少；喜欢软件新功能，视软件更新程度定；不喜欢分享旅游；喜欢在网站查找旅游攻略，感觉携程有揽客嫌疑，较少使用该功能。

用户3：5天以上旅游每年一次，5天以下旅游经常发生；旅游地点选择陌生城市；较少使用旅游软件，跟团游，相信推荐信息；旅游分享倾向于私密性高的平台，喜欢有个性的平台；实际操作熟练程度低，地图功能喜欢专业地图，不相信旅游软件附带功能。

用户4：每年旅游1次，旅游欲望不强；购票通常用支付宝等自带的购票支付功能，订酒店使用旅游类软件购买；挑选美食倾向于推荐类，喜欢品尝各地美食；不喜欢携程自带的直播，不喜欢强行推荐；发现首页中一般定位周边；不喜欢定团游，不喜欢强制购物，较少做攻略，喜欢看推荐。

用户5：每年大概旅游1~2次，经常打开软件查看相关信息；喜欢图片，认为功能多是好事，但需要突出主要功能；注重软件功能实用性，基础功能需要方便成熟；进行过图片分享，自身不喜欢在平台分享，但喜欢打分性质的评论；使用软件目的性明确，新功能愿意尝试。

用户6：喜欢丰富的功能，间隙性点击感兴趣功能，喜欢图片；定期会旅游，经常点击旅游软件查看信息；长时间旅游选择自我定制，短期旅游选择跟团，喜欢查看攻略；会使用专业相机拍照，通过短视频、图片分享旅游感受，感觉携程反馈不好；喜欢旅游，会提前做好规划。

用户7：喜欢旅游，频率为平均每年1~2次；喜欢查看旅游攻略，但认为推荐与个人需求匹配度不高；倾向于通过平台查看周边游；喜欢分享旅游感悟，喜欢文字优美的旅游分享；感觉携程界面美感偏低。

研究分析

通过访谈将用户的访谈数据（包括音频数据、记录内容等）进行内容归纳整理、定性分析，提取用户在使用前、中、后、体验各方面的需求信息，使用主题分析法（thematic analysis）提炼出相关主题。并总结如下：

其一，将访谈数据梳理、转化为文字，筛选并进行初级编码，形成与研究问题相关的编码。其二，对现有的编码进行整理和归纳，把不同的编码归纳到不同的潜在主题下，注意主题形成的支撑数据，进而囊括不同类别的编码，包括形成主主题、子主题和杂项主题，有些编码可能会形成主主题，有些形成子主题，有些不能较好归类，就创建杂项主题。此过程中确保每个主题的数据与研究内容相关，并将其整理和组织成连贯数据，使其能完整呈现主题。其三，提炼主题的中心内容，形成简洁概要，展示主题中心，通过画图将不同的主题、子主题、杂项主题间的逻辑关系画出来，便于理清其关系。其四，选择核心主题进行分析，将数据内容嵌入分析性阐述中，撰写分析报告。

根据用户访谈和数据整理与分类处理，将用户在旅行各阶段的需求信息归纳至不同阶段主题，经过提炼主题间的逻辑关系，将用户需求信息表述如图3-9所示。

①使用订票功能最多
②很少使用其他功能
③推荐较为商业化

①更信任专业地图
②较少人发现地图功能
③希望添加对比功能
④渴望直观地按选项分类

①第一时间分享
②没有动机分享到网络平台
③社区质量层次不齐
④难以找到感兴趣内容

①页面功能和分区花哨
②寻找目标功能较难
③基础功能指示不明
④专有功能缺少充足教程

图3-9　用户访谈总结

访谈法通过了解用户需求、探索用户行为和动机、发现痛点，进而生成设计洞察和灵感，在此基础上与用户进行密切合作和互动，让用户发表意见、提出建议和参与决策，从而指导设计决策，优化产品和服务体验。

（四）观察法

观察法（Observational method）是研究者根据一定研究目的、研究提纲或观察表，用自己的感官和辅助工具去直接观察和记录现象、行为或事件来获取数据和信息。研究者通过观察目标的实际行为、交互或环境，收集数据以了解现象的特征、模式和变化，从而获得资料的一种方法。观察法一般用在调研、设计早期，用于创新设计点寻找。

优点：过程完整、细致。通过直接观察实际行为或事件发展过程，可以直接获得真实、客观的数据，不需其他中间环节；观察法适用于各种研究场景，可以观察个体、群体、环境，涉及各种行为、交互和现象，及时性观察能捕捉到正在发生的现象；观察过程不需要干预或打扰被观察对象的行为，可以让被观察者保持自然状态，能搜集到一些无法言表的材料。

缺点：观察受事件发生时间限制；受观察对象限制，需要观察者具备敏锐的观察力和记录能力，对细节进行准确的观察和记录；受观察者本身感官、主观意识的限制，主观偏见可能影响数据的收集和解释；观察法可能需要大量的时间和资源，特别是在长期观察和大样本观察时，需要耐心和投入；只能观察外表现象，不便于事物本质的观察；不适应于大面积调查。如儿童等特殊人群在用户研究中会出现表述不清的情况，只能用观察法。观察法在所有方法中耗时最长、人力物力成本最高。以超市自助结账区域顾客行为研究为例，现场观察自助结账引导流程，如图3-10所示。

图3-10　顾客自助结账流程引导观察

观察法案例：沃尔玛超市食品区购物体验与改进

用户目标：沃尔玛超市的食品区购物顾客

研究目标：了解沃尔玛超市食品区顾客的购物体验，包括其行为、需求和满意度，以便改进食品区的布局、产品陈列和服务，提供更好的用户体验。

执行概要：

选择沃尔玛超市食品区作为观察对象，包括生鲜、袋装食品和酒水饮料等部分。观察顾客在食品区的购物行为，包括顾客进入区域的路径选择、浏览商品的方式、选择商品的决策过程等。记录顾客的行为特征、选择所花费的时间、关注的食品的属性与顾客选择的关联性。观察食品区的产品陈列方式，包括商品的分类、摆放位置、标识和展示方式。记录不同陈列方式下顾客的注意力和购买偏好。观察顾客与食品区员工之间的互动，包括员工的接待态度、咨询服务、支付结账过程等。记录员工的反应和服务质量。观察顾客的面部表情、肢体语言以及与他人的交流，注意捕捉顾客的满意度、困惑、兴奋等情绪。

使用笔记本和表格记录相关信息、观察对象的行为与表情、感受，可以使用拍摄设备进行过程记录，便于后续分析所用。记录的内容包括观察对象的性别、年龄段、购买行为、所花费的时间、产品偏好、与工作人员的互动。顾客购物行为观察图如图3-11所示。

通过实地观察得出关于沃尔玛超市食品区用户体验的结果，包括发现冷冻区食品陈列整齐，包装袋上配以简短的烹饪方法介绍，但是该地区不常见的食品介绍和展示方式方面做得不够，对该食品感兴趣的顾客在选择上表现出困惑。通过观察发现有位老年女性

不拆分售卖的盒装食品

狭窄的食品过道区

只有价签的冷冻食品展示

指示引导不清的自助结账区

不利于轮椅残障人士购物的货物展台

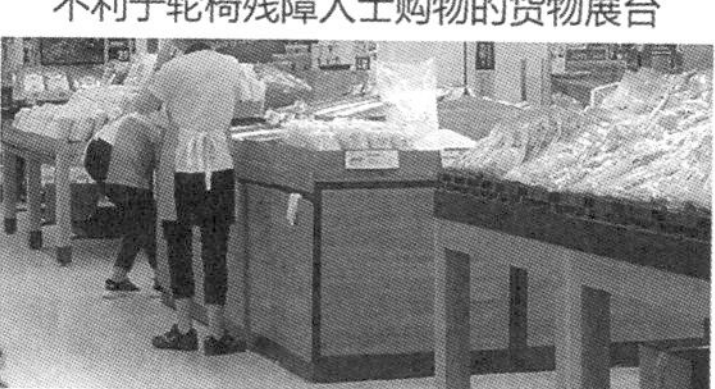

自助称重的果蔬区

图3-11　沃尔玛超市食品区购物行为观察图

在冷冻区来来回回出现了3次，而且都是在同一食品面前停留，并仔细查看价格、货物，表现出感兴趣和带有疑惑的表情；一位青年男性在熟食区的凉菜展位前表现出偏高的兴趣点，仔细查看了凉菜的品类，但通过与售卖人员沟通，发现如需购买，将会是各种凉菜拼凑购买形式，并且每种凉菜不是单独包装，是混合在一起售卖的形式，给该男性青年带来购买体验差的感觉。

在蔬菜打包区，发现沃尔玛超市现在倾向于自助购物与打包的售卖模式，顾客自行选择蔬果，通过蔬果的智能识别区域自助称重和打印价格标签，对于老年群体和残障人士来说，这种服务模式的接受度偏低，该类群体在购物时表现出无所适从的行为。另外，蔬果区预留的购物选择通道宽度仅仅够购物车通过，残疾人士的轮椅勉强可以通过，但选择购物时可供轮椅自由转动方向的空间预留不够，而且货物的展台高度普遍适合正常人，对残障坐轮椅的人士来说展台的高度太高，不利于自由选择蔬果，且蔬果易于掉落被砸中。

在糕点区，发现该区域的食品普遍采用简易塑料盒提前包装进而售卖的形式，每盒包含数量不等的糕点，不能单个购买，发现有顾客咨询服务人员是否可以拆盒购买，每盒内包含若干数量的糕点，回答是按盒购买，顾客表现为失望，没有完成购买就离开；熟食区的展示围绕着制作区周围展开，是一个占地较大的区域，顾客需要环绕一个较大的区域才能寻找到所需的商品，而且该区域偏向自助购物模式，服务人员偏少，能够在顾客遇到购物阻碍时提供的解决方案不够及时和精准，造成该区域顾客出现反反复复来回查看与比较的情况，较为浪费时间。

在自助结账区域，没有结账流程引导，对于不熟悉流程的顾客来说是很不方便的，尤其是自助结账机不提供打印购物小票的服务，导致后期需要退换货服务的顾客服务体验不畅，后经询问才得知还需关注网络公众号才能实现退换货行为，给很多老年顾客和不熟悉智能手机购物的顾客带来购物障碍；该超市员工的服务态度普遍偏好，有问必答，但购物服务人员整体偏少，在自助购物流程的引导上不够全面，出现顾客需要询问服务时四处张望、来回徘徊寻找服务人员的情况。

经过本次对沃尔玛超市的食品区顾客购物行为和体验的观察，深入了解了顾客的行为、需求和满意度。在对残障人士的购物服务关注方面还需开展细致化服务探索；对于蔬果区的自助打包服务流程细节引导上还需进一步加强；因该超市位置在成熟的居民区，不太适合食品以大包装整体对外销售的现状，对于盒装糕点可以提供拆分服务或者单位个体更小的包装服务；对于自助结账系统的服务引导和购物小票无纸化服务方面的引导还需加强，需要重点考虑老年群体、特殊购物群体等。这些观察结果和结论可以给沃尔玛超市提供关于食品区顾客需求的重要洞察，帮助沃尔玛超市优化食品区的布局和服务，提供更好的用户体验，增加顾客的满意度和忠诚度。

（五）焦点小组

焦点小组（Focus group）是经过长期实践而稳定的用户体验研究方法，在有限的时间内面对多名用户，获得第一手资料。采用集体访谈的形式，由主持人以半结构形式与小组的受访者讨论关于某产品或服务设计相关话题的讨论。受访者主要为某产品或服务的目标用户群，对用户进行分类，鼓励焦点小组内受访群体之间充分表达思想，特别适合挖掘用户的愿望、动机、态度和理由。可在产品设计不同阶段多次进行，用于收集用户使用场景相关信息、对现有产品或服务的反馈意见、设计理念的检测等内容，都可以使用焦点小组的形式进行，大概6~8个被访者，时长控制在1.5~2个小时。

焦点小组中主持人起到至关重要的作用，将引导受访者就预定话题展开讨论，确保访谈顺利进行，控场能力要强，实时启发受访者阐述和回答问题，保证每位受访者都能充分表述观点，还需要组织活跃访谈现场气氛，激发大家发言积极性，注意给受访者留足思考时间；同时，因具有一定领袖特质的主持人可能将影响组内人员赞同其观点，导致受访者意见真实性受到质疑，因此，应避免访谈过程中做出导向性暗示。当谈话内容偏离主题时要及时纠正，访谈内容需要及时记录，如图3-12所示。

特点：

1. 焦点小组善于发现用户的愿望、态度、动机，是群体性行为，小组成员可能是同类用

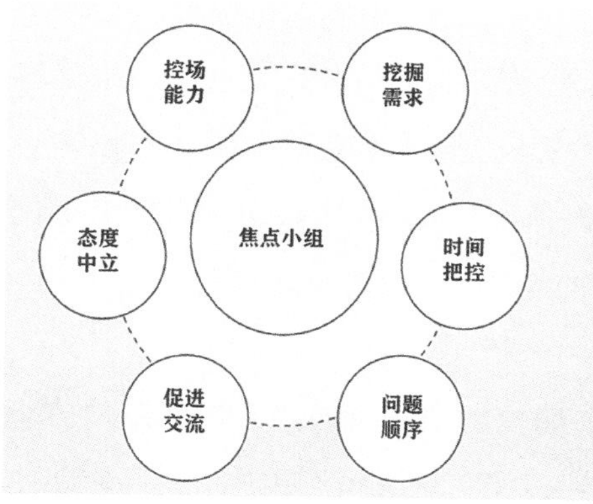

图3-12 焦点小组主持人特征及现场图

户，当发生意见相左时可以相互补充和解读；也可能是对立型用户，当意见、观点立场不同时可以各抒己见，表达多样化的见解。同时，也可以附加问卷等定量研究，用户可阐述定量研究中对某问题的思考和补充想法，可以帮助研究人员通过不同用户间的对比了解用户想法、理解不同类型的用户。

2. 可在设计各阶段进行。进行焦点小组的时段性灵活，阶段不同，焦点小组的讨论内容不同，可在用户需求信息收集阶段用于收集用户对产品潜在需求时进行；概念设计阶段用于了解用户对构思中的产品设计的建议和感受时进行；也可在验证设计阶段、测试阶段用于了解受访者对产品和功能的接受度方面时进行。

3. 焦点小组进行中可以使用多样化的辅助工具。焦点小组进行环境可以选择较为宽敞的场所进行，可借助电视、白板等用来展示图文和视频等内容，并将内容列出供深入讨论；也可中间穿插受访者用图画或语言表述其观点时进行。

4. 焦点小组适合参与者对产品或服务有一定了解或熟悉的基础上进行，不适用于对产品或服务一无所知的情况，过程中注意对问题提问技巧的运用，问题的顺序应该先易后难，先问行为后问态度。使用该方法能快速搜集目标用户群对某一问题的大致观点和态度，并挖掘出其背后的深层含义和潜在需求，半结构化的自由讨论形式能最大限度地发挥受访者的参与热情，进而催生出令人欣喜的、有价值的发现。

不足：

1. 焦点小组参与人员有限，不能按照定量分析进行讨论结果推广。焦点小组人员选择上存在分布不均的情况，且其目标是探求用户的需求、态度、倾向为主，收集的信息多为用户的看法和感受，没有统一量化指标来衡量，不能作为定量研究看待并推广至整个用户群体，尚需与问卷等定量研究相结合使用。

2. 受访者观点表述不全面。焦点小组讨论时对体验的产品或服务在某些关键点上态度模糊的受访者将出现观点表述不清或受其他受访者影响，导致不能清晰阐述自己观点或者直接推翻自己的观点，转而支持其他受访者意见的情况；也有受访者出于其他考虑阐述观点时有所保留，导致用户研究人员捕捉用户意见时或许会错过重要观点。

焦点小组案例：“携程”App在线旅游服务用户需求分析

基于用户在“携程”App在线旅行服务软件旅游前期规划功能时的体验进行用户体验及改良项目研究，目标用户为“携程”App 中间用户，通过了解“携程”用户在旅行前期使用软件的体验和预期，收集用户对该软件的改版意见。通过焦点小组挖掘用户群体使用软件时的痛点，以及其潜在因素，关注用户对软件功能的需求。

目标用户：通过招募形式召集旅行群体用户，为保证用户样本的多样性，用户选择来自热爱旅行的年轻人、带娃出行的妈妈用户、空闲时间较多的老年人等不同群体，每位研究对象都对软件有一定的预期体验。

执行概要：

焦点小组通过“在线腾讯会议”的形式，组织了3场焦点小组座谈，每组参与座谈的人员6名，共18名，座谈时长控制在1.5小时左右。讨论目的是针对用户的旅行信息、软件体验、优化建议收集用户的意见和态度，焦点小组设置11个话题，3个针对旅行信息、5个针对软件体验、3个针对设计改良，话题的设计均有不同目的。焦点小组讨论大纲如表3–4所示。

表3–4　焦点小组讨论大纲

讨论维度	话题	设置目的
旅行信息	①谈谈旅行频率和目的，如家庭团建、采风摄影、欣赏风景等。 ②旅行准备需要哪些？如查看天气、订酒店、查路线、出行方式等。 ③对旅行的预期，通过查看平台的旅行分享产生的旅行期望与真实感受间的差距	了解用户旅行的基本信息。 了解用户需要在旅行前通过软件查找信息的情况。 了解用户通过平台查看的旅行分享与真实感受间的差别
软件体验	④软件体验渠道来源，如：平台推荐、亲友推荐等。 ⑤对软件的体验感，订票系统的服务体验、价格优势感受、票源情况感受等。 ⑥软件外观视觉感受、功能体验情况，交互界面的响应情况、功能查找便捷度与需求匹配情况、推荐实用性。 ⑦携程游记社区的分享真实度和目的性，用户的分享感受、用户参与度与参与持久度体验如何？是否愿意持续关注该平台并作为旅行分享的首选，为什么？ ⑧功能使用感受如何？是否能快速找到想要的功能？哪些功能在使用时有障碍？	了解用户体验软件的来源。 了解用户对软件的总体体验感。 了解用户在使用软件时软件功能的设置是否符合用户对软件的主功能期待。 了解用户体验软件的细节感受，对携程游记功能的体验情况。 了解用户对具体功能的设置排序与重要程度是否满足用户期待
优化意见	⑨旅行地点信息与票价信息的展示是否便于用户清晰了解？ ⑩是否需要添加好友共同定制线上线下结合的云旅行，与未能实地旅行的好友共同感受旅行？ ⑪自定义行程功能的体现是否能在页面中明显被注意到？是否吸引到你？说说理由	了解用户是否有对旅行地点与票价展示的同步性需求。 了解在网络时代用户是否期待与好友能实现线上线下同感受的云旅行。 了解用户对自定义行程功能的需求度和对用户的吸引度

整个焦点小组过程如下:

第一,让受访者再次熟悉和感受软件,唤起受访者对软件的体验感。

第二,就话题①-⑧进行讨论,分享想法与他人交流。

第三,针对软件体验的优先级进行重要度评级打分,1~5分代表其重要程度为特别不重要、不重要、一般重要、比较重要、很重要,如表3-5所示:

表3-5 软件功能重要性评分表

序号	问题/用户	用户1	用户2	用户3	用户4	用户5	用户6
1	使用软件的容易程度	4	4	5	5	3	4
2	软件的视觉外观	4	2	0	2	5	4
3	搜索引擎的质量	3	5	4	5	5	5
4	推荐功能的真实性	3	5	5	4	3	3
5	票源的多少	4	3	5	5	5	5
6	价格的优惠	3	4	5	5	5	5
7	社区的互动强度	3	2	0	1	1	3
重要度评级,分数越高越重要(分值1-5)							

通过以上优先级打分情况,得出以下结论:

(1)用户非常在意票源是否充足、价格的优惠力度以及搜索引擎的质量。

(2)用户很关注软件是否易上手。

(3)部分用户很在意软件的视觉外观是否有吸引性、推荐功能的真实性。

(4)用户对社区的互动强度需求度不高。

第四,研究人员就话题⑨-⑪进行讨论,对软件优化意见进行阐述。

第五,焦点小组进行过程资料整理和结果分析。

整个焦点小组过程需要被记录下来,也可以将过程进行录制和录音,对后续记录的提取起到重要作用,同时,访谈结束时,如果观摩人员还有问题或有就某个问题未能理解清楚的情况,可以让主持人追加提问。

分析

焦点小组对访谈数据进行分析,如图3-13所示。

第一,梳理转化。将访谈数据进行理解、梳理,在保证其中心思想不变的前提下将内容转化为简洁的文字,筛选形成与研究问题相关的编码。

第二,聚类分析。对现有的编码按照内容相近性进行聚类分析,把不同编码的内容信息分类至不同主题。

第三，类别关系提炼。提炼展示主题中心信息，画出不同主题间的逻辑关系，并理清其相互关系。

第四，挖掘用户需求。根据主题聚类分析结果，挖掘整理用户需求。

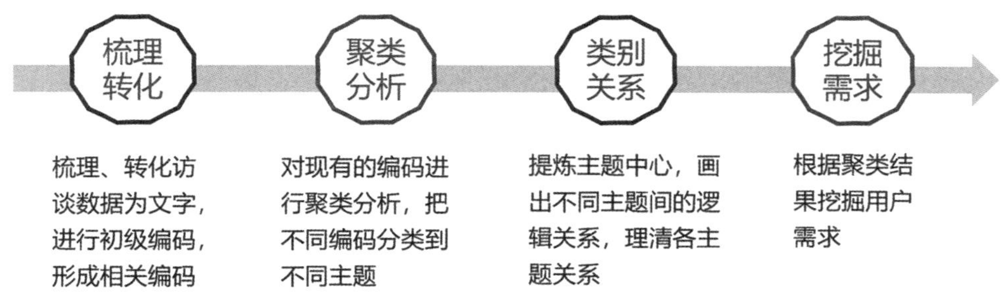

图 3-13　焦点小组数据分析

综合焦点小组数据分析结果发现，用户注重旅行软件的功能操控性难易程度，对于其附属功能期待性不高；该软件的自定义行程功能的推广度偏差，较多的中间型用户都不了解该功能；用户对该软件的功能使用集中在少数具体功能上，其余功能使用性偏少。

（六）卡片分类法

卡片分类法（Card sorting method）是将信息或概念写在卡片上，并通过用户参与的方式进行分类和组织的方法，适用于收集大量信息并将其分类整理的场景，可用于网站或应用的导航、信息架构；文档、电子书籍的结构整理；文件的分类管理；用户痛点分析等需要将用户信息按照某种规则进行分类和归档的项目。卡片分类法的流程如图 3-14 所示。

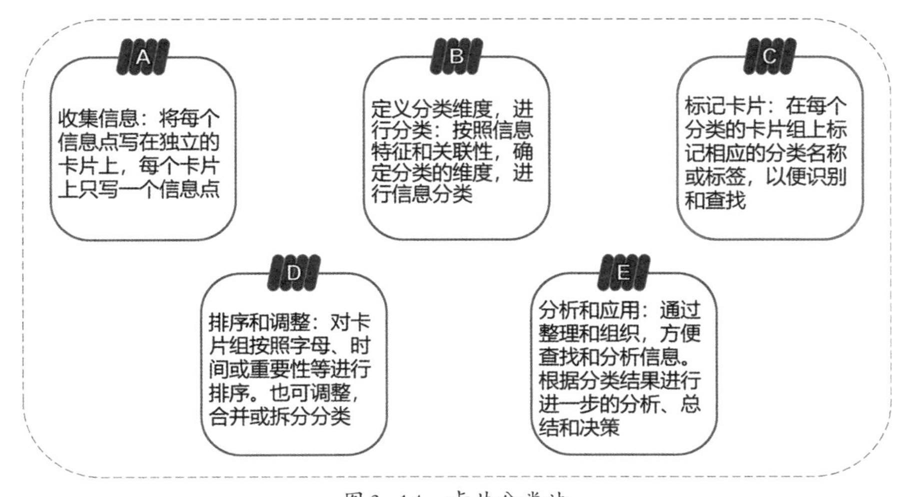

图 3-14　卡片分类法

卡片分类法在用户体验设计中的应用表现在以下方面:

信息架构方面,卡片分类法通过编写不同主题或功能的信息卡片来帮助设计团队组织和规划产品或服务的信息架构,并由用户进行分类和组织。

需求挖掘方面,通过将不同类型或主题的内容写在卡片上,并让用户参与分类和组织,能快速了解用户需求。

流程设计方面,将不同任务或步骤写在卡片上,并由用户参与排序和组织,可以了解用户在完成特定任务时的行为模式,进而设计出更符合用户认知和行为习惯的任务流程。

交互设计方面,编写具有交互功能或界面元素的卡片,由用户参与分类和排序,可以了解用户对不同交互方式的偏好和习惯,从而达到优化交互设计的目标。

卡片分类法提供了一种直观和互动的方法,帮助设计团队更好地理解用户需求,并设计出更符合用户期望的产品或服务。

卡片分类法案例:学龄前儿童趣味识字游戏玩具需求分析

目标用户:3~6岁学龄前儿童、幼师、家长。

执行概要:

项目组进行学龄前儿童趣味识字游戏玩具设计的用户研究,收集了大量关于3~6岁的儿童用户喜好和认知能力的信息,在对信息进行收集、分类、排序基础上进行了分析和应用,制定相应的产品设计策略,具体如下。

1. 收集信息。在用户研究过程中采用了与幼师、家长面对面访谈、问卷调查和对3~6岁儿童用户实地观察等方法来收集儿童喜好和认知能力方面的信息,观察儿童在游戏中的行为和反应,了解儿童对颜色、图案、形状的认知水平,包括识字能力、形状和图案辨识能力、空间认知能力等,以及在游戏中解决问题和处理信息的能力。通过观察和访谈,了解儿童在玩游戏时的体验和反应。观察儿童的参与程度、专注度和表情变化等,以及对游戏规则、挑战和反馈的理解和回应。将每个收集到的信息点写在独立的卡片上,每个卡片上只写一个信息点,如3岁、男童、会跟唱儿歌、喜欢摆简单造型的积木等。

2. 定义分类的维度并进行分类。在进行用户需求分析时,数据收集结果显示儿童对图案类和卡通类、启发和仿生类玩具兴趣点偏高,对启发探索、游戏激发类的益智互动类玩具形式感兴趣,因此,项目组可以确定儿童用户喜欢有识别度的颜色类积木、对仿生类字体感兴趣、可以自己搭建简易图形、喜欢动手探索等一些重要的分类维度,并将卡片按照不同的维度进行分类，如将简单文字图形化表示的用户卡片放在一起，将喜欢带有欢快音乐的用户卡片放在另一组。

3. 标记分类。通过在卡片上添加标记或标签，将相似的信息归为一类，实现整理和组织的目的。在每个分类卡片组上标记相应的分类名称或标签，如“鸟类字形”“野兽类名字字形”“植物类字形”“自然类”等，以便儿童用户识别和查找。如图3-15所示。

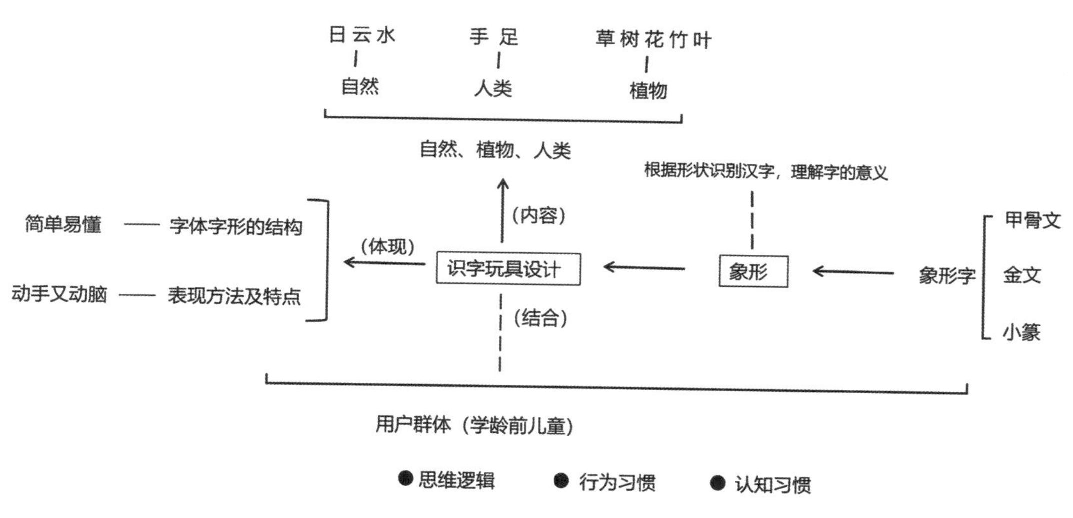

图3-15　趣味儿童识字玩具设计卡片分类图

4. 排序和调整。根据需要对卡片组进行排序，如按照用户在不同年龄对识字的要求进行排序，或者按照用户重要性或优先级排序如数字字形、字母字形、简易文字字形等。同时，排序时发现某些分类不够准确或需要进一步细分时可以进行调整和重新分类。

5. 分析和应用。通过对卡片分类的整理和组织，可以更方便地查找和分析用户需求，对每个分类进行进一步的分析和总结，发现用户之间的共性和差异，并据此制定相应的产品策略和设计决策。

在对3~6岁儿童及其家长、幼师进行需求调研的基础上进行儿童趣味识字信息分类处理和相关设计，利用自然图形与简单汉字间的转化向儿童展示象形文字的来由，并制定相应的游戏卡片强化对汉字的认知，为儿童提供有趣味的汉字识别游戏，并在此基础上进行汉字展示的归类处理，如图3-16所示。

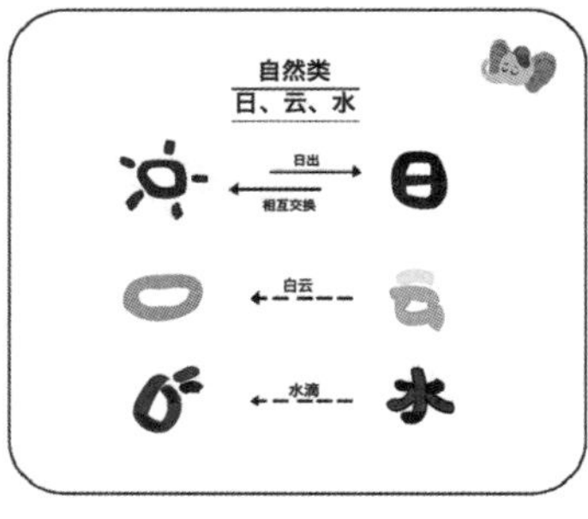

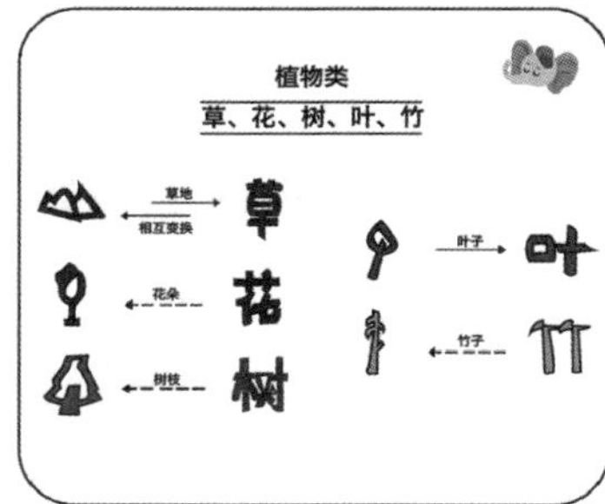

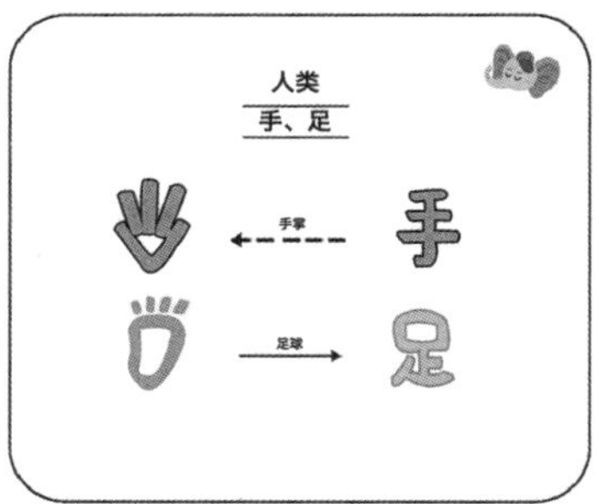

图3-16　儿童识字卡片分类展示图

识字玩具在操作中能锻炼儿童的手脑灵活和互相配合的能力，通过“选”“辨”“拼”“认”四个步骤锻炼相对应的能力；通过游戏化、自助参与、趣味性的方式向儿童用户展示汉字字形与图形的变换过程，帮助儿童用户理解汉字结构，加深对汉字的认知和记忆，达到学习能力提升、趣味游戏体验的双同步性。如图3-17、3-18、3-19所示。

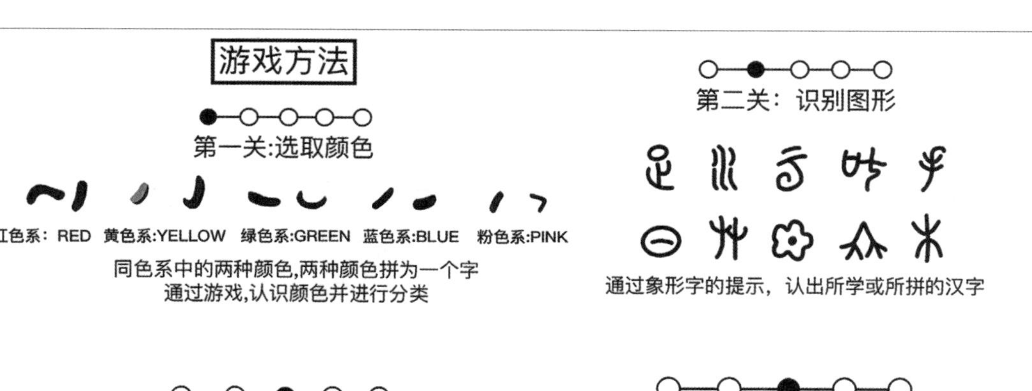

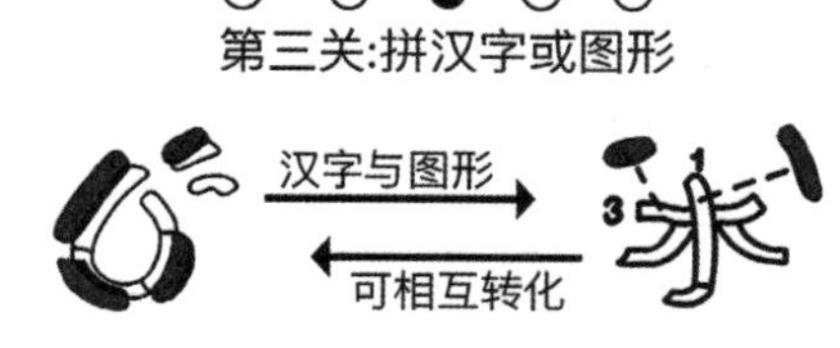

图3-17　趣味化识字游戏

图 3-18　趣味化汉字展示卡片

图 3-19　趣味化汉字展示图

通过卡片分类法的应用，设计人员可以更好地了解儿童用户的需求和兴趣，提供有趣、具有教育价值的识字玩具，提升儿童的学习和参与体验。设计人员可以将儿童的需求和兴趣作为主题，将不同的学习内容、词汇和概念作为卡片，根据其关联性和难易程度进行分类。帮助设计人员更系统地整理和组织信息，同时也能够快速浏览和理解儿童的学习需求。通过不断更新和维护此分类系统，设计人员可以及时了解和应对儿童的兴趣变化，为他们提供更具吸引力和针对性的识字玩具。为儿童的学习旅程增添乐趣和启发。

（七）可用性测试法

可用性测试（Usability testing）是特定用户在特定使用场景下，为了达到预定目标而在使用某些产品过程中所感受到的有效性、效率及满意度，是反证式测试，目的是找出产品设计缺陷、了解真实场景下的用户互动。通过观察用户行为的方式进行测试，并获得用户使用产品或模型的主观感受和存在的问题，将产品的使用感受更好作为最终目标，并对产品提供创新或改进思路，可用性测试流程如图3-20所示。

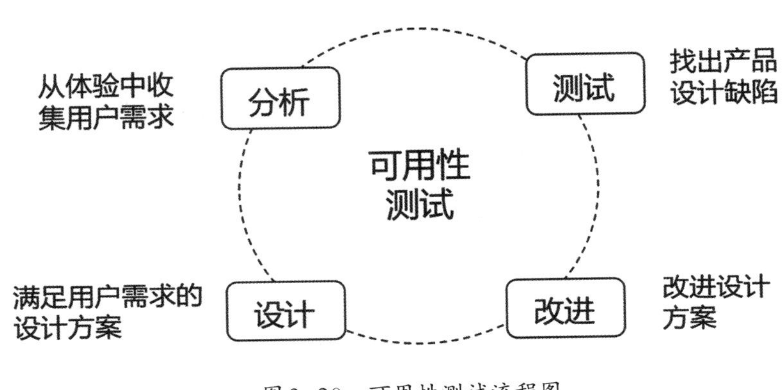

图3-20　可用性测试流程图

1. 测试节点

可用性测试流程与访谈类似，分为形成性可用性测试和综合性可用性测试两种，形成性可用性测试可用于产品开发的各个环节，特点即为快速、简易，能紧密贴合产品迭代周期。在产品开发前进行可用性测试，可对用户体验方案进行预判和调整，避免开发过程中不必要的成本浪费；在设计创意阶段，通过可用性测试可以较快产出覆盖设计测试点的原型设计；可用性测试也可在开发过程中产品测试、兼容性测试等环节使用。总结性测试在做了很多的产品优化设计后使用，其综合测试结果将对产品设计提供指导性意见。

2. 测试功能点

测试任务是参照用户心理过程或目标设定的，将一个或几个功能点组合让用户完成，测试过程中测试功能点的选择是测试是否成功的关键，测试主要任务是编辑功能点和制作功能点任务，即测试准备阶段必须有明确的测试功能列表，包括测试涵盖哪些功能、明确每个功能的操作步骤等。

功能无大小之分，每个功能的详细步骤都需要分解到一次完整的操控动作，步骤间可能连续或跳跃，用户操作时可能连贯进行，也可能操作间隙打断、跳出、再返回等情况均有可能发生，此时就需要做好用户操作引导工作，且需要注意分析用户未按规定完成操控的缘由，可便于产品操作的流程更替。如用户在操作手机微信留言功能时，先打开微信，找到联系人，编辑文本信息或复制粘贴在留言栏，点击发送，但由于别的原因未完成发送功能就跳出执行其他操作，此时需要了解用户终止该功能的理由，以及用户希望的信息发送模式（如语音、添加图片等即自动发送）。

3. 测试过程

测试时由主试鼓励和引导参与者自由探索，主试和参与者在整个测试过程中要保持良好沟通，当参与者遇到问题或错误操作要及时询问缘由，但注意不要直接告知参与者答案，主试在测试过程中需要联合观察员及时做好过程记录；测试结束要及时询问参与者的体验感，阐述其在整个测试过程中对哪些功能满意，哪些功能需要改进，并启发参与者提出改进意见或思路；保存测试过程记录，便于后期调取。可用性测试流程如图3-21所示。

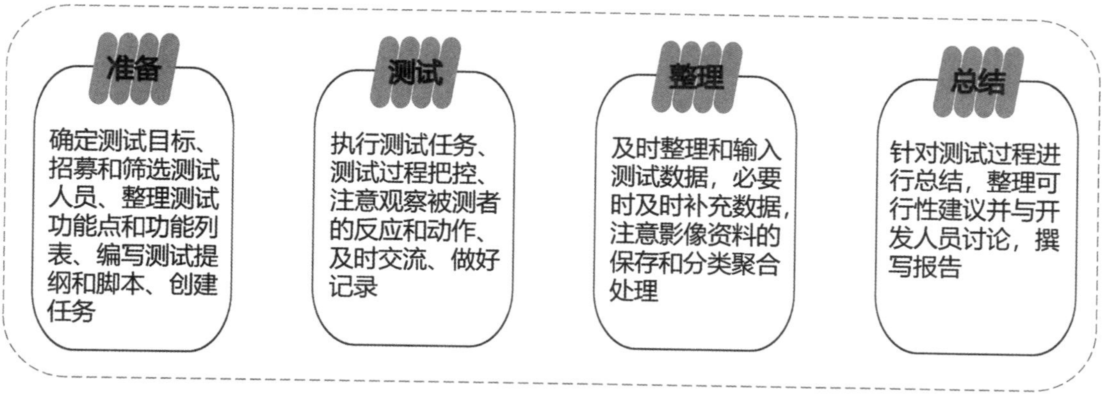

图3-21 可用性测试一般流程

数据整理

将可用性测试过程中记录的数据进行整理，包括描述性数据和数据性数据，所谓描述性数据就是指文字性数据，与受测者交谈的语言记录、用户描述的操作过程中的内容；数据性数据是指受测者在测试过程中可以计数的内容，包括操作次数、频率、时间长短等。此类内容均需要汇总整理，并形成规范的整理格式。在此基础上进行问题的分类和详细描述，必要时可以建立问题描述卡片，以表格的形式将测试问题的描述更加规范和有条理，并根据需要给予问题适当的评级，可以给出A~F的评级，形象表述问题的严重程度、紧急程度、重要程度等，便于后期快速翻阅、查找。

定性研究实施难度较小，研究者面对的是真实的用户，通过此环节更容易理解和梳理出用户需求，但定性研究对研究者分析和总结能力要求较高，为不影响研究结果，在研究过程中要尽量避免因为自身态度而过于主观地分析用户行为和观点。

可用性测试案例："携程"用户可用性测试

为了发现"携程"的可用性问题，收集定性和定量的数据，评估用户对产品的满意度。

执行概要：

邀请5位具有代表性的真实用户进行现场可用性测试。让用户对5个"携程"的典型操作任务进行抽签，再按照抽签顺序在"携程"上操作，尝试完成这5个任务。观察员在一旁观察、聆听、做记录，发现"携程"中存在的效率与用户满意度相关问题。

1. 测试用户信息数据

受测用户的信息数据按照用户特征进行划分，包括年龄、性别、使用的设备、产品的使用习惯描述等。如表3-6所示。

表3-6 测试用户信息数据表

	性别	年龄	设备类型	产品使用习惯	测试现场照片
用户1	男	20	PC	经常使用各种订票软件 节假日还会出去玩 使用携程频率不高	
用户2	男	21	PC	宅在家，偶尔出去玩 出去频率不高 喜欢去各个网络平台闲逛	
用户3	女	23	PC	没有使用订票软件的经历 甚少使用PC端网页 使用网络平台经验不足	
用户4	男	20	PC	属于资深电脑用户 没有使用携程经验，但有使用相关软件的经历 有一定的网络购票经验	
用户5	女	21	PC	熟悉电脑操作 日常闲暇时间会出游 有丰富的出游购票经验	

2. 测试任务

按照预定任务进行受测用户任务的描述，包括任务名称、测试场景的描绘、在测试场景中的任务内容，如表3-7所示。

表3-7 测试任务表

任务序号	任务简称	场景	任务内容
任务1	订车票	你与室友相约去故宫游玩，计划5月5日早上出发，5月8日返回	浏览网站，预订本次行程所需的火车票
任务2	评论游记	计划有时间去游玩，想要先浏览网友发布的游记做攻略	浏览网站，寻找一篇感兴趣的游记并发表评论
任务3	跟团游	你与室友打算报一个5月3日出发，5月7日返回的跟团游	浏览网站，报一个感兴趣的2人跟团游
任务4	订酒店	你与室友准备去北戴河游玩，准备订一家经济实惠的酒店	浏览网站，预订一间房间，5月1日入住，5月4日退房，适合两人居住并舒适实惠的房间
任务5	查攻略	你和家人共3人计划旅行，6月10日出发，6月20日返回，准备去云南大理游玩和体验当地生活	利用网站预订3个重要景点的门票和预约1辆车

3. 测试记录

每位测试用户将要完成5个任务，将用户测试过程进行详细记录，包括受测过程中的用户关键行为、用户的语言描述、操作时长、任务完成程度、用户针对具体任务的观点、其他重要参数等。部分用户测试情况如表3-8、3-9所示。

表3-8 用户1测试记录

任务序号	任务	用户关键行为	用户语言	操作时长	任务完成度	用户观点	其他重要参数
任务1	跟团游	① 找不到最便宜的票价 ② 反复多次点击同一价格 ③ 在不同票价间犹豫	① 票价好贵啊 ② 好贵啊，买不起了	3分50秒	80%	① 步骤较为烦琐 ② 不喜欢这种方式	① 会横向对比价格 ② 认为最佳性价比才会决定
任务2	评论游记	① 会用手指点击屏幕 ② 如果去过此地会评论感受 ③ 看到不喜欢的广告就会关闭网页	① 羡慕写游记的人 ② 给我机会我也可以，相信我	2分15秒	90%	① 感觉都是请的托儿 ② 数据太假，不真实	讨厌将很美好的游记变成商业化操作和广告
任务3	订车票	① 会将自己以前跟团游的经验用于本次任务中 ② 对宣传不信任	① 会不会有额外消费 ② 以前被骗过，强制消费了两千多	3分55秒	60%	① 便宜没好货，好货又贵 ② 要是能看到导游资质和评价就好了	① 不信任跟团游 ② 一般不会选择 ③ 会根据以往经营判断
任务4	订酒店	① 在网页上展示的当地风景停留 ② 花较多时间浏览风景图	要是有一天能实现旅游自由就好了	3分12秒	72%	挑剔酒店设施	喜欢个人最中意的景点
任务5	看攻略，订门票	① 鼠标会上下翻动 ② 浏览完一个信息会翻到上一个信息处再查看	① 票最近好贵 ② 今年涨价了	1分25秒	80%	认为看攻略不如自己做攻略感觉更好	① 看攻略表现出明显的不满 ② 认为真正的游客写的攻略不多，都是托儿

表3-9　用户2测试记录

任务序号	任务	用户关键行为	用户语言	操作时长	任务完成度	用户观点	其他重要参数
任务1	跟团游	①反复对比价格 ②在选择适当乘车时间上花费时间长	高铁快，价格高，火车经济实惠，但时间长	3分20秒	90%	①体验流畅度还行 ②车票间对比有点麻烦	在票价页面反复对比价格
任务2	评论游记	①寻找游记花费时间长 ②容易点到酒店广告，影响浏览	以前没看过这功能，今天才发现的	5分15秒	70%	①游记太长 ②侧面的目录表不明显 ③平时没有太关注游记	第一时间找不到游记所在位置
任务3	订车票	①在筛选条件上容易点错 ②在日期选择上出现问题	日期选择功能不好用	10分25秒	60%	①团购界面很详细，有些功能不会用 ②日期只能选择，不能输入	界面部分功能很便捷，但有人不知怎么用
任务4	订酒店	①选择时间段时操作失误 ②对比酒店是反复比较	酒店对比功能差	8分12秒	70%	要是有对比酒店功能就好了	很在意他人对这个酒店的评价
任务5	看攻略，订门票	①在侧面选择栏看了很久 ②最后选择输入目的地	景点还行，从推荐内容中选择就行了	2分27秒	81%	看其他人的评论比看攻略完整多了	看攻略时选择了几个认为不错的参考

（4）任务完成情况

将受测用户在测试过程中的任务执行情况分为三类，分别为：用户不能执行任务；可以执行任务，但有难度；可以快速高效地执行任务。将三类任务用1分、2分、3分的不同分值来区分，根据受测用户的任务完成情况进行打分和分数汇总。如表3-10所示。

表3-10　测试用户任务完成表

	订车票	评论游记	跟团游	订酒店	查攻略、订门票
测试者序号	任务1	任务2	任务3	任务4	任务5
测试者1	3	3	2	2	3
测试者2	3	2	2	2	3
测试者3	1	3	2	3	3
测试者4	2	2	3	3	3
测试者5	1	3	2	3	2
总分	10	13	11	13	14
3：用户可以快速执行任务，执行过程无障碍					
2：用户可以执行任务，但会遇到麻烦					
1：用户无法执行任务					

5. 结论分析

依照可用性测试结果进行汇总整理，将问题进行分类和描述，用A~F表示测试结果问题从大到小的等级描述，并建立问题卡片，如表3-11所示。

表3-11 测试结果问题卡片

问题：购票界面	问题所在位置：各购票页面
问题描述： 购票界面跳转，导致体验流程断层，用户操作易出错	建议： 购票跳转界面添加提示缓冲链接，加强网站稳固性
问题类型：网站链接易断开	问题重要程度等级：B级
改进措施： 提交网站技术及维护部门	

问题：存在误操作	问题所在位置：具体景点介绍界面
问题描述： 受测者在软件界面查询信息时存在误操作情况	建议： 系统需明确提醒用户
问题类型：系统流程设计类	问题重要程度等级：C级
改进措施： 提交网站规划设计部门	

用户没有完成任务的原因：

① 用户存在误操作的现象。

② 系统提醒不明确，订票信息不全面。

“携程”三个最大的问题：

① 跟团游信息不明确，误操作情况多。

② 购买门票会跳转到官网处，导致用户不知如何订票。

③ 订票时易直接点往返车票，但是通常往返车票无票，导致用户放弃操作，其实单程依然有票。

（八）用户画像

用户画像（User persona）是根据一类用户群体的社会属性、生活习惯和消费行为、价值观等信息而抽象出的一个标签化的用户模型，是建立在对真实用户深刻理解和对相关数据高精准概况之上虚构的人物形象。用户画像是在前期对定量研究、用户访谈、焦点小

组等定性研究所收集的用户信息的基础上刻画的，并不是真实存在的个体，却具备一类真实用户的需求、行为、态度等典型特征。构建用户画像的核心是给用户一个具有代表性的、用户数据信息分析而来的、高度精炼的、具有特征标识的人物标签。

用户画像的构建是为了满足具有特定需要的特定个体，如：当用户行为习惯发生变化，企业无法直接获取用户需求；或者用户需求出现分化现象，设计者需要将用户进行细分，从而更好地为用户提供设计服务，以上用户群体性行为发生变化时，均需要重新构建用户画像。因此，用户画像是设计者触达用户的必要手段。

1. 用户画像在用户体验设计中的必要性

用户画像可以有效帮助设计者从设计惯性思维中跳转出来，在设计过程中，设计师往往会将自己置身其中，对自己设计的产品情有独钟，会出现诸如“我就是用户，我的需求就代表用户需求”等观念，并将其带入设计过程中，类似观点的存在阻碍了产品设计需求的定位，构建用户画像的目的是帮助设计师理清思路，明确“自己只是用户中的微小部分，不足以代表广大用户”“用户真正的需求是好用、易用和体验”等内容，对设计背后的技术和程序不感兴趣。创建用户画像可以减少设计师主观臆想，客观对待用户需求，更好为用户服务。具体体现在以下几方面：

用户需求理解方面，通过用户画像可以深入了解目标用户的需求、偏好和行为模式，便于在用户体验设计过程中将用户的需求融入产品或服务的细节。

设计决策方面，通过了解用户画像中的特征和偏好，可以有针对性地选择恰当的交互方式、界面设计和功能设置，为满足用户的良好体验提供准确的设计决策。

满足用户个性化体验需求方面，通过对用户画像的分析了解不同用户群体的差异，根据用户需求进行个性化定制。

测试与优化阶段，将用户画像与用户测试数据结合，分析用户的行为和反馈，发现问题和改进空间，实现有针对性的用户体验优化。

设计持续改进方面，用户画像是动态概念，会随着用户需求和市场的变化而变化，用户体验设计也应随之发生相应变化，以保持产品、服务的竞争力和用户满意度。

用户画像和用户体验设计相互依赖，用户画像提供了对用户需求和行为的理解，用户体验设计则将用户画像转化为具体的设计决策和体验，

2. 包含内容

人物画像所包含的内容根据行业和产品属性的不同而不同，如：社交类产品人物画像

将关注用户社交行为、兴趣爱好、习惯与需求等内容，以及不同内容模块间的关系；电商类产品人物画像关注用户兴趣和消费能力、购买渠道与使用设备、用户评价与口碑、购物目的与需求等；金融行业产品用户画像除了常规内容，更关注征信、违约、还款能力、信用与投资偏好、交易习惯与行为等内容，为用户提供量身定制的金融产品和服务；视频类产品用户画像关注用户观看习惯、互动行为、网络设备情况、广告偏好、群体特征等，还应关注用户画像的变化趋势，为用户提供更加个性化和优质的视频内容和体验。人物画像的构建包括获取用户数据、数据清洗与挖掘、细分用户群体、构建用户画像几个步骤。

用户数据获取包括动态数据采集和静态数据采集两种。静态数据是用户不会经常改变的数据，数据采集可通过电话访谈、问卷、网络数据分析等方式获得，在这方面互联网企业比传统企业有优势，像京东、B站、微信等大平台是通过用户注册、完善会员信息等方式来完成数据积累。动态数据是不断变化的数据，可以通过访问、使用该产品的数据统计记录数据信息，但要注意数据的埋点情况要足够完善，后续即可从数据库查找相应的数据，如表3–12、3–13所示。

表3–12　静态数据表

人口属性	职业属性	消费意愿	生活习性
年龄	行业	美妆	出行方式
性别	职业	书籍	娱乐爱好
地域	收入	旅游	社交方式

表3–13　动态数据表

访问场景		访问路径		用户情况			访问行为		
设备属性	访问时段	流量来源	流量去向	老用户人数	新用户人数	新用户转化	访问页面	访问频率	访问时长

用户数据的清洗与挖掘，对收集到的用户数据进行清洗和整理，去除重复、不完整或不准确的数据，并将数据按照一定的结构进行组织与分类。使用统计分析、机器学习、数据挖掘等方法来发现用户之间的相似性和差异性，寻找数据间的关联和模式。

细分用户群体通过权重、排列等方法，对用户特征、行为、兴趣等方面来进行用户群体细分，可以得到很多用户细分类别，让设计人员更能理解和快速聚焦某个分类用户的需求，也有助于更精细化地对数据进行运营管理。但用户分类不是越细越好，由此产生的太多用户分类将会在用户画像使用过程中陷入困境，如一个产品存在25~30个用户画像，用户的特征表现将不再突出，使用过程中的选择也是问题，在工作中使用更是难题，不利于后续工作的开展。

构建用户画像将依据用户数据获取和用户群体细分进行，分为定性和定量。定性就是去了解和分析，而定量则是去验证。一般而言，定量分析的成本较高、相对更加专业，而定性研究则相对节省成本。因此创建用户画像的方法并不是固定的，而是需要根据实际项目的需求和时间以及成本而定。创建用户画像的方法，并没有严格意义的最专业和最科学，但是有最适合某个团队和项目需求的用户画像。

用户画像有多种业务属性，如人口属性（年龄、性别、区域、教育背景、职业行业等）、消费属性（消费记录、消费能力、消费习惯等）、用户行为属性（活跃度、忠诚度等）、用户兴趣属性（生活品质、爱好）等，并在此基础上进行用户价值提取和模块化处理，如图3-22所示。

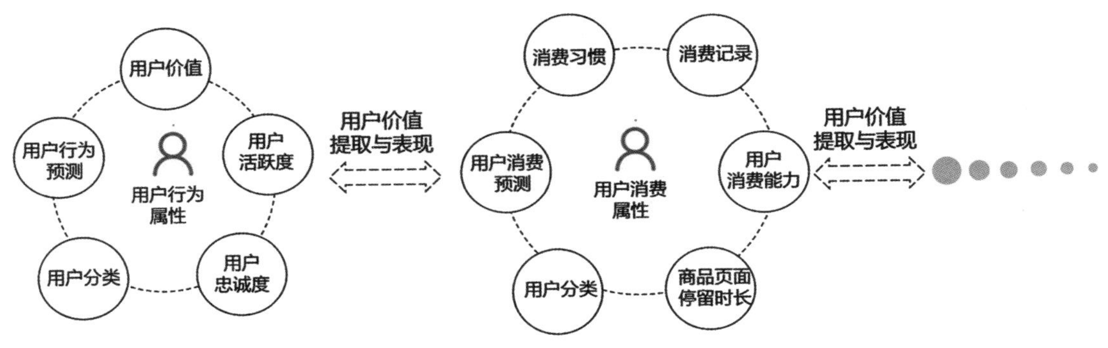

图3-22　用户画像业务属性

按业务属性将用户信息划分为多个模块类别。

基本信息模块，包括用户的年龄、性别、地理位置、教育背景、职业等基本信息，提供一般性的用户背景和特征信息。

行为模块，包括用户的购买行为、浏览行为、搜索行为等，揭示用户的偏好、兴趣、消费习惯等，对于产品推荐、个性化定制等方面具有参考价值。

偏好模块，包括用户的喜好、兴趣、爱好等，帮助企业理解用户需求和期望，进而为用户提供符合其偏好的产品和服务。

心理模块，包括用户的态度、情感、价值观等心理层面的特征，帮助为用户设计更具吸引力和情感连接的产品与服务。

社交模块，包括用户在社交媒体平台上的活动、社交关系等，揭示用户社交、影响力以及对于社交化产品的需求和行为等信息。

设备模块，包括用户使用的设备类型、操作系统、网络环境等，帮助优化产品的响应性能和界面适配问题，为用户体验良好提供设备保障。

用户画像在构建时还将根据项目设计需求在模块化构建上有所变化和偏重，以便为后续的设计工作搭建基础。

3. 用户画像模型卡

人物画像的用户需求信息将以用户画像模型卡的形式输出，包括统计学、心理学、行为、与产品有关档案等信息，统计学档案包括年龄、性别、职业、受教育背景等；心理学档案包括日常风格、社交、观点、性格等；行为档案包括使用同类产品的熟练程度、偏好等；与产品相关联档案包括品牌忠诚度、使用频率、使用层级、购买潜力等。

确定用户层级。分为特殊用户、主要用户、次级用户等。

确定用户体验目标，体验中存在的障碍。

用户掌握的技能。需要表述清楚用户在操作产品过程中需要的技能，如计算机操控方面、网络操作、软件操作、移动端操作等方面的能力。

了解用户使用的平台和设备的经历。

用户的使用习惯和期望。用户对产品的使用惯性、操作的流程等预期。

用户与产品、技术等的接口。

记录用户需求原始资料。

4. 用户画像步骤

用户画像是建立在大量真实用户数据基础上虚拟构建的、包含典型用户特征形象、描绘用户行为、需求、态度等信息，起到给用户研究人员提供项目研究过程中的融入用户角色、摆脱自己原有思维模式的作用。用户画像包含用户数据收集、关键信息点提取、核心变量聚合、人物形象刻画几个步骤。

① 用户数据收集

在项目目标任务指导下用户研究员收集用户特征数据、用户状态、动机、需求、态度、期望等信息，对用户基础信息有前期准备。

② 关键信息点提取

通过用户数据收集，用户研究员将用户信息（包括常规数据，如年龄、性别、教育背景、家庭背景、收入情况、性格、兴趣爱好、消费层级、价值观等）进行筛选，提取出用户对目标产品或系统服务的行为产生差异的原因，如将“空巢青年”的居住现状和生活需求作为目标用户群体进行研究时，用户的居住生活需求不同导致其生活必需品的智能程度需求不同，基本不会家务的青年对生活需求的产品与有一定生活自理能力的青年的需求将有很大区别。基于以上情况，生活自理能力的分级成为该类青年人对家居产品需求的关键信息点。如研究婴幼儿手推车设计项目时，将宝妈出行需求与婴幼儿手推车设计相结合，宝妈是需要外出时作为解放双手抱孩子的需求，还是逛街、买菜、遛娃合一的功能需求？梳理宝妈的婴儿手推车使用场景需求，手推车功能设计就成为该项目的关键信息点。在此基础上将关键信息点作为设计重要思考维度进行数据分析，将重要信息进行层次分解，分别对每层级的分解信息进行定义，使得其具有具体的可操作性。

③ 核心变量聚类分析

在重要思考维度层级分化基础上统计每个层级用户数据中相关行为特征的频次，进而推算该类用户群体的覆盖面大小，再将每个层级串联，突出可以代表该层级群体的用户典型特征，完成用户层级信息数据的合理聚类。

④ 人物形象刻画

在人物数据信息聚合的基础上进行用户类型的细化描绘，丰富人物形象，使人物画像变得更加立体。可包括符合人物设定形象类型的照片、人物基本信息、代表人物特色的语言、需求描述、现状描述、对产品或系统服务的使用现状等内容描述，并将上述内容整合在一张表格中，作为人物形象的传播载体，如图3-23所示。

用户画像案例：空巢青年智能家居产品设计

目标用户：在外居住、尚未成家的单身青年群体，有居住生活用品的需求，但要注意该类用户群体的特征，如能否做家务的情况、是否有情感陪伴的需求、是否有辅助料理家务的需求等。

执行概要：

探索“空巢青年”的生活需求、情感需求等，汲取家居设计的优点，从情感体验的角度分析该群体用户需求，通过收集到的“空巢青年”的特征，生活状态以及日常习惯

90后年轻白领

"业余时间喜欢网上逛，网购频率偏高，喜欢品质较高的网购平台，且对信赖的平台有较高的复购率，每个月会有一段时间在亚马逊平台选购商品。"

个人简介：

小静是一名普通银行职员，工作时间固定，年龄23岁，经常网购，主要购买服饰和生活用品，喜欢设计感较强、有一定个性表现的物品，有一定消费能力。

有相处的对象，自己无经济压力，现处在约会状态，有时需要参加聚会，现需要了解时尚物品和穿搭，要求具有设计感，能体现气质和品位。

个人基本信息：
职业：银行工作人员
住址：杭州市
年龄：23岁
爱好：时尚，购物，阅读
性格：偏急躁，对事情高要求，不喜欢购物流程冗长的平台
家庭情况：独生女，经济无压力

工作信息：
职业：银行小职员
工作年限：3年
工作情况描述：成熟企业，发展前景一般，压力中等。

动机：
网络平台存在商品描述不清情况，希望改善，商品细节图表现不佳；客服回复体验不好

电子产品使用情况：
常用设备：办公软件，银行金融软件，购物软件。
使用情况：QQ，办公软件，购物软件，分享平台软件，视频。

需求：客服回复要快，专业。
商品细节描述要到位，客服要有商品未能展示出来的细节图

图3-23　人物画像示例

的特征，构建出"空巢青年"人物画像，模拟"空巢青年"日常行为，探索"空巢青年"的需求与喜好。将用户信息划分为基本信息、行为、偏好、心理和设备模块，结合问卷调查法、用户访谈法、网络大数据调研，将空巢青年生活中、工作中、心理上的具体信息抽象成一些标签，将易清洗、尺寸小、颜值高、好操作、产品外观佳作为"空巢青年"用户群体的关键信息进行提取，并进行关键信息层级划分，统计每个层级用户数据中相关行为特征的频次，再将层级联结和核心变量聚类分析，勾画出产品外观形象佳、操控难度小、易清洗好打理三个典型维度的男、女用户对产品的需求，并进行男性、女性用户画像的绘制。如图所示：

人物1为青年女性，担任某培训机构英语老师，独居，喜欢逛商场、撸猫、绘画，宅在家里喜欢放音乐大扫除，喜欢小众的设计品牌，具有小资情怀，对生活品质有一定要求，对智能家居用户的接受度偏高，其人物画像如图3-24所示。

人物2为青年男性，在互联网公司做程序员工作。租住过地下室，无抽烟喝酒的不良嗜好，随着工资慢慢上涨，选择了更好的房子，工作辛苦没时间谈恋爱。喜欢看经管、文学类书籍，偶尔会和朋友聚一聚，平时会自己研究做一些好吃的，很少感觉孤独，只会感到无聊。其人物画像如图3-25所示。

<table>
<tr><td></td><td rowspan="2">兴趣爱好：追剧、撸猫、化妆、绘画
居住情况：租住30㎡单身公寓，距离上班的地方较远，家里养宠物猫。
动机：教了一天学生后，下班还要坐一个小时公交车回家感觉很累，有的时候撸猫，有的时候看着猫自己玩，然后叫个外卖吃，居家以用电为主，想做饭，水平不高，喜欢网络生活分享。
智能产品使用情况：能熟练使用网络、智能产品等，对智能产品系统流程理解能力较强。
需求：比较喜欢小众的设计产品，看起来舒适养眼、使用起来质量好的宠物产品，智能化的宠物产品（喂食看护），最好能节省点空间。
用户层级：主要用户群体
用户使用产品情况：使用智能家电、居住在有一定智能化的家居环境中。</td></tr>
<tr><td>基本信息：
姓名：小王
性别：女
年龄：25
职业：机构美术老师
家庭成员：小黑（猫）</td></tr>
</table>

图3-24 “空巢青年”女性用户画像

<table>
<tr><td></td><td rowspan="2">兴趣爱好：看书、打游戏、烹饪
居住情况：单身，租住市区40㎡单身公寓，距离上班地点很近。
动机：下班后偶尔会买菜自己做好吃的，吃完饭不喜欢刷碗，但为了整洁还是刷干净，然后打游戏。周末有时会买一瓶啤酒再去外面买点烧烤一边吃一边看体育比赛。
需求：喜欢易清洗的厨房产品，希望厨房产品便于清理，有时会有朋友来家聚餐；用具的可操控性要好；产品最好兼顾颜值。
智能产品使用情况：能熟练使用网络、常见智能产品、对功能系统体系感兴趣等，喜欢发掘智能产品的新功能，对智能产品系统流程理解能力、动手能力较强。
社交、休闲情况：有一定的社交圈子，喜欢加入兴趣团体并参加团体活动，愿意联合团体成员开展休闲活动，喜欢交朋友。
智能产品使用愿景：希望能有适合单身男性使用的家庭智能产品作为生活帮手。</td></tr>
<tr><td>基本信息：
姓名：大壮
性别：男
年龄：27
职业：程序员

“青年人不能被生活所束缚，要解放出来，体验多姿多彩的生活。”</td></tr>
</table>

图3-25 “空巢青年”男性用户画像

（九）用户旅程图

用户旅程图（User journey map）是以叙事方式将用户在完成目标、使用产品或接受服务的过程中所经历的行为、感受、想法等视觉过程化，是一定周期内的接触点状态下用户与产品之间关系的视觉化表现。能帮助用户设计师深入了解用户在使用产品的各个阶段的体验感，包含了用户体验中的目的、障碍、情感、交互过程等。用户体验者可以通过绘制用户旅程图梳理用户体验中的行为，记录用户在使用过程中与场景等触达点交互时的情感变化，从而发现用户使用的痛点和满意之处，进而提取功能需求、挖掘商业潜力。

主要包含几点内容，如图3-26所示：

① 一定时间周期内的时间线。

② 用户与产品互动过程中的触点与频道。

③ 用视觉化的方法表达用户与触点间的相互关系。

在项目设计过程中，以下情形将用到用户旅程图，一种是在产品创新设计时，在规划用户画像的基础上结合目标场景下的目标用户具体行为分析用户需求和痛点，寻找设计创新机会点。一种是对现有产品和服务体验过程进行优化。绘制用户旅程图首先需要确

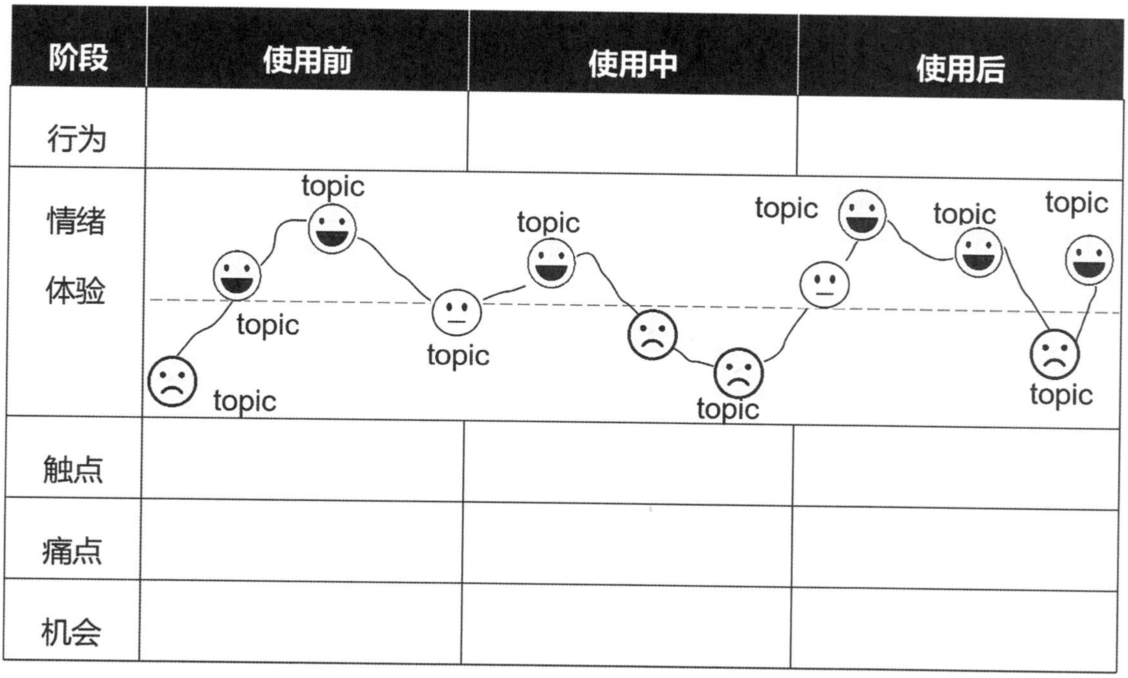

阶段	使用前	使用中	使用后
行为			
情绪体验	topic topic topic topic	topic topic topic	topic topic topic topic
触点			
痛点			
机会			

图3-26　用户旅程图

定用户体验的角色，以及了解和掌握角色的行为、情感、想法，通过用户分析的目标挖掘设计需求和痛点，进而寻求机会点，用户旅程图关注点如图3-27所示。

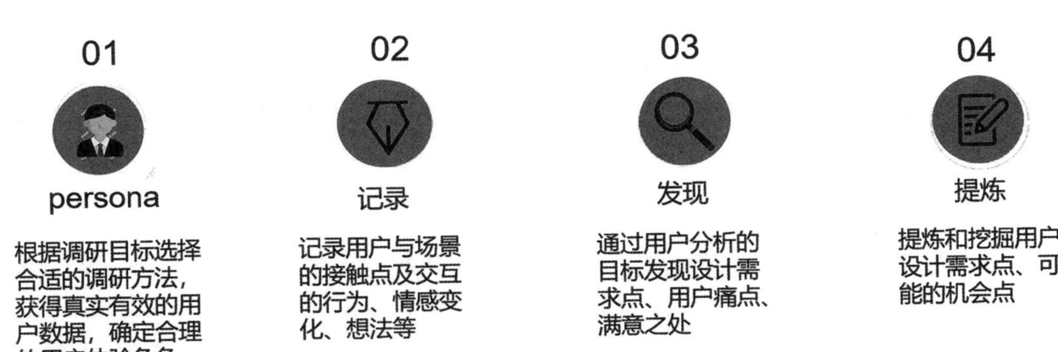

图3-27　用户旅程图关注点

1. 用户旅程图特点

用户旅程图也叫情景地图，用户体验设计师在项目设计过程中都会用到旅程图。在项目开始之初就开始研究用户的分阶段体验，并绘制用户旅程图来展示产品在使用各阶段的可视化表达，通过绘制过程可以帮助用户体验研究人员在细化分阶段中发现不足之处，并在后续持续补充缺失的内容。用户旅程图也可以帮助用户体验设计师设计出与用户体验预期效果一致的产品。

① 视觉性美观

以视觉化的形式将用户与产品互动时的体验分阶段呈现，并将每个阶段的节点更为直观地进行识别、改善、评估，比纯文字和图片的表达更加形象，表现形式多样化，视觉效果上符合一定的形式美法则，美观性较好。

② 全流程评估

产品设计研究团队聚焦产品在与用户互动时产生强烈情绪反应的细节点，帮助用户旅程研究人员深入细节中挖掘切合实际的设计，同时改进旅程图的节点，在流程各阶段对用户需求进行评估、记录细节、改进，并与竞品体验进行对比，发现和保持项目设计特色。

③ 多角色参与和梳理产品流程

用户旅程图的绘制是多人参与共同完成，用户体验设计师将重点思考产品流程细节，多人协助完成，在绘制中发现流程中的设计漏洞需要及时修正，以便流程更加合理。

用户旅程图不仅能帮助体验设计师深入分析用户，还可以辅助进行产品、服务重构、流程改进等，其强大的视觉化展现与叙事性呈现方式是团队进行设计讨论的常用工具。对于设计师来说，可以针对用户体验进行有针对性的产品设计和方案迭代；对开发人员来说，可以基于用户反馈进行合理的技术调整，实现技术在产品设计中的重要作用；对于测试员来说，可以掌握用户真实体验情况，了解用户对产品设计的满意之处和不足之处，为产品改良提供真实数据。

2. 用户体验地图功能

用户旅程图在绘制时会因场景不同而不同，大致包含用户角色、流程体验、发现机会点几个模块。用户角色模块包括用户人物画像、产品体验场景，是用户旅程图必需的人物和情景设定区域；流程体验是用户旅程图的重要部分，由用户体验的各个阶段组成，包括用户的行为、感受、服务愿景、触点、痛点等内容；发现机会点会根据项目目标来定，包括商业机会点、服务体验改进点、服务多元化等方面。如图3–28所示。

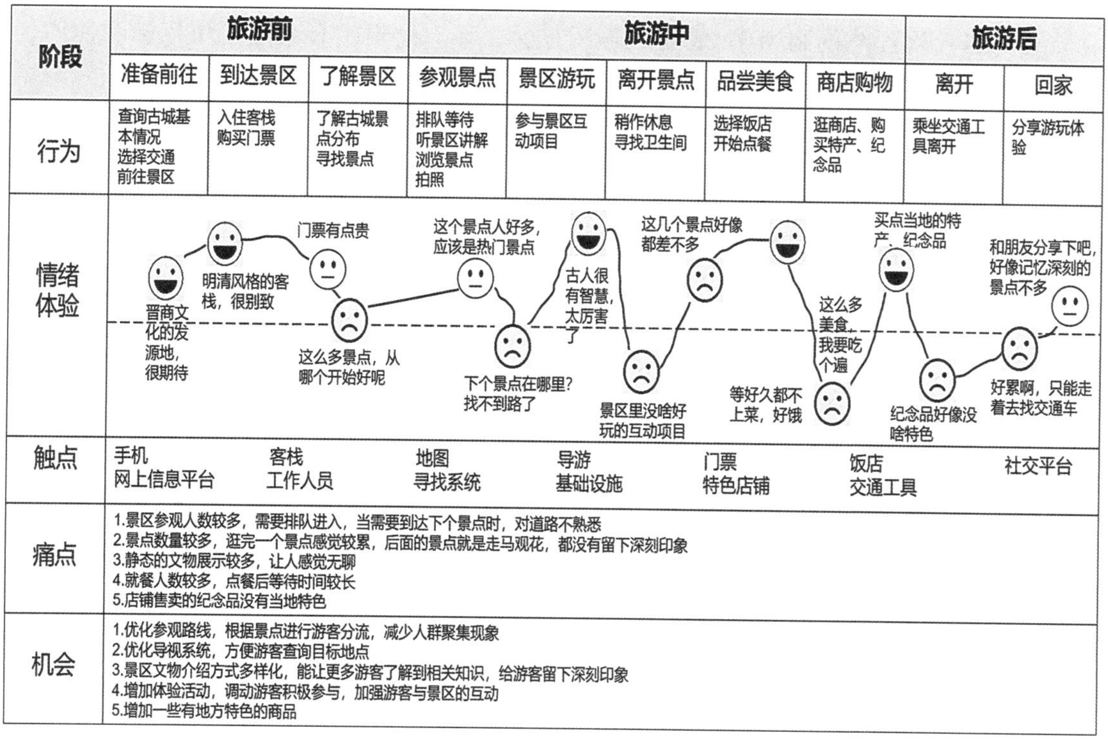

阶段	旅游前			旅游中					旅游后	
	准备前往	到达景区	了解景区	参观景点	景区游玩	离开景点	品尝美食	商店购物	离开	回家
行为	查询古城基本情况 选择交通前往景区	入住客栈 购买门票	了解古城景点分布 寻找景点	排队等待 听景区讲解 浏览景点 拍照	参与景区互动项目	稍作休息 寻找卫生间	选择饭店 开始点餐	逛商店、购买特产、纪念品	乘坐交通工具离开	分享游玩体验
情绪体验	晋商文化的发源地，很期待	明清风格的客栈，很别致	门票有点贵 这么多景点，从哪个开始好呢	这个景点人好多，应该是热门景点 下个景点在哪里？找不到路了	古人很有智慧，太厉害了	景区里没啥好玩的互动项目 这几个景点好像都差不多	等好久都不上菜，好饿 这么多美食，我要吃个遍	买点当地的特产、纪念品 纪念品好像没啥特色	好累啊，只能走着去找交通车	和朋友分享下吧，好像记忆深刻的景点不多
触点	手机 网上信息平台	客栈 工作人员		地图 寻找系统	导游 基础设施		门票 特色店铺	饭店 交通工具		社交平台
痛点	1.景区参观人数较多，需要排队进入，当需要到达下个景点时，对道路不熟悉 2.景点数量较多，逛完一个景点感觉较累，后面的景点就是走马观花，都没有留下深刻印象 3.静态的文物展示较多，让人感觉无聊 4.就餐人数较多，点餐后等待时间较长 5.店铺售卖的纪念品没有当地特色									
机会	1.优化参观路线，根据景点进行游客分流，减少人群聚集现象 2.优化导视系统，方便游客查询目标地点 3.景区文物介绍方式多样化，能让更多游客了解到相关知识，给游客留下深刻印象 4.增加体验活动，调动游客积极参与，加强游客与景区的互动 5.增加一些有地方特色的商品									

图3–28 旅游景区用户旅程图

用户旅程图在项目过程中可被分割为定位触点、关键环节和数据梳理、绘制用户旅程图、洞察旅程图、推动落地几个环节。定位触点是指产品与用户互动的接触点，如共享单车App中取车、换车、存车时的规定停车点等都是触点；电商平台中的搜索关键词、访问网站、查看产品详情、添加到购物车、下单支付、收到商品等都是关键触点。关键环节和数据梳理时注意保留主线，非必需的环节一概不要，将类似环节进行合并处理，对用户流进行梳理。如将前期记录数据作为绘制用户体验地图的数据来源；洞察旅程图阶段挖掘产品和服务提升的机会点；根据问题验证情况、用户满意度对设计问题进行优先级排序，并推动设计落地。

3. 用户旅程图绘制

用户旅程图在项目中是用户需求视觉化呈现的表现形式，是在前期其他设计研究方法综合数据准备的基础上完成的，绘制用户旅程图是产品设计前期用户研究的重要组成部分。

在绘制前需要确定好用户角色、用户行为研究、用户调研、问卷、观察、竞品分析等，通过一系列的研究工作获取大量真实、有效的原始数据，合理的用户旅程图会将用户角色和情景故事纳入旅程图绘制当中，成为旅程图重要一环。呈现带有明确使用目标和使用任务的用户在特定产品使用过程中的真实特性。用户旅程图上的每个节点的内容都是经过长期研究汇总而来，可以帮助用户体验设计师有效梳理用户使用过程中出现的问题。

在绘制用户旅程图前的准备工作包括构建用户画像、对用户进行分类等，如果产品用户层分属于不同层级，且无法归纳为一类，则需要对不同类型的用户分别制作体验地图。

用户旅程图绘制分为明确用户目标、提炼用户体验感受、画情感坐标、绘制情绪曲线、归纳痛点和机会点几部分。

明确用户目标需要考虑用户在每个环节真正需要什么，即掌握用户的需求。可以将用户需求分解为几个阶段，对应明确的目标，如旅游前、旅游中、旅游后，旅游前的目标就是用户旅游前需要的准备工作和服务需求，如获取旅游信息、行程安排、装备等；旅游中的目标是享受旅行过程和良好的体验，如文化、景点、就餐、住宿等体验；旅游后的目标是反馈与评价、回忆与分享、后续需求与服务等。将旅游目标与具体的用户需求联系起来，提炼用户体验感受，将用户在使用产品时所采取的行为、实施的操作细节根据用户调研和行为分析等进行收集整理，帮助设计团队更好地理解用户在旅行中的关注点和服务期望，从而提供相应的设计解决方案，满足用户的需求。

画情感坐标是将用户情感按照满意、不满意、表情平静等形式划分，将任务中的各个触点放置在情感中性线。绘制情绪曲线是一个人的情绪变化的曲线，当各触点铺开后，用户体验研究者结合自身专业特色和需求对每个触点的情感进行判断，根据对应阶段的用户行为，还原当时用户的思考和想法，然后提炼用户每个节点的情绪，分别给出各触点的情感表现，根据用户情感点绘制用户旅程图。归纳痛点和机会点，痛点是指阻碍目标用户行动的障碍；机会点是指思考每个关键环节可以改变的方向，用以满足用户的目标，提升用户的体验。

绘制完成用户旅程图和用户情感曲线后需要重点关注情感曲线的低点和高点，思考用户体验痛点背后的深层次背景，为后续产品开发提供设计参考；对于用户旅程图高点，可以思考其背后带来可能的商业机会点。

用户旅程图案例1：当代人社交情绪脸谱化设计

本案例以当代人在社交中为了伪装自身情绪而带有的“情绪面具”作为研究的出发点，从多角度分析现代人在面向外界时刻意隐藏自己的情绪变化、用“脸谱化”的形象面对外界、压抑真实的自我情感、扮演“完美人设”的现状，通过趣味性的游戏体验与互动，让用户感受面具下真实的人的情绪变换，并以人的情绪变化为切入点，与中国戏曲脸谱化特征表现形式相结合，在设计中加入趣味性的视觉元素，帮助人们调节日常生活中遇到困难时的不良情绪、实现张弛有度的情绪变化。进而进行多种类情绪变化的拓展设计，满足用户各种类型的情绪体验，使人们在面对不良情绪时能通过有趣的方式体验情绪的转换，借此改善用户的心情，促进用户身心健康的发展。

前期通过访谈等形式获取用户需求信息，构建用户模型，包括用户描述、用户语言、用户目标和需求。将零散的数据集中到一个人身上，建立一个有代表性或特征明显的用户，准确地定位用户的需求和使用场景，进而辅助最终的设计流程以及功能决策，结合网络数据和专业数据，建立了一个针对情绪“脸谱化”问题的用户旅程图，包括用户行为、用户想法、情绪曲线以及用户痛点，并将信息整理和归纳，如图3-29所示。

从中得出设计需求：用户需要通过其他方式来分散或者缓解不良情绪，并通过体验建立同理心。通过用户行为流程的结合和对用户思想波动的了解，可以绘制用户情绪曲线，并在关键节点上表明用户情绪的状态，更好地理解用户体验中的挑战和机会，从中挖掘用户在行为流程中的痛点和需求，寻找设计方向的切入点，为其提供相应的解决方案和设计实现。

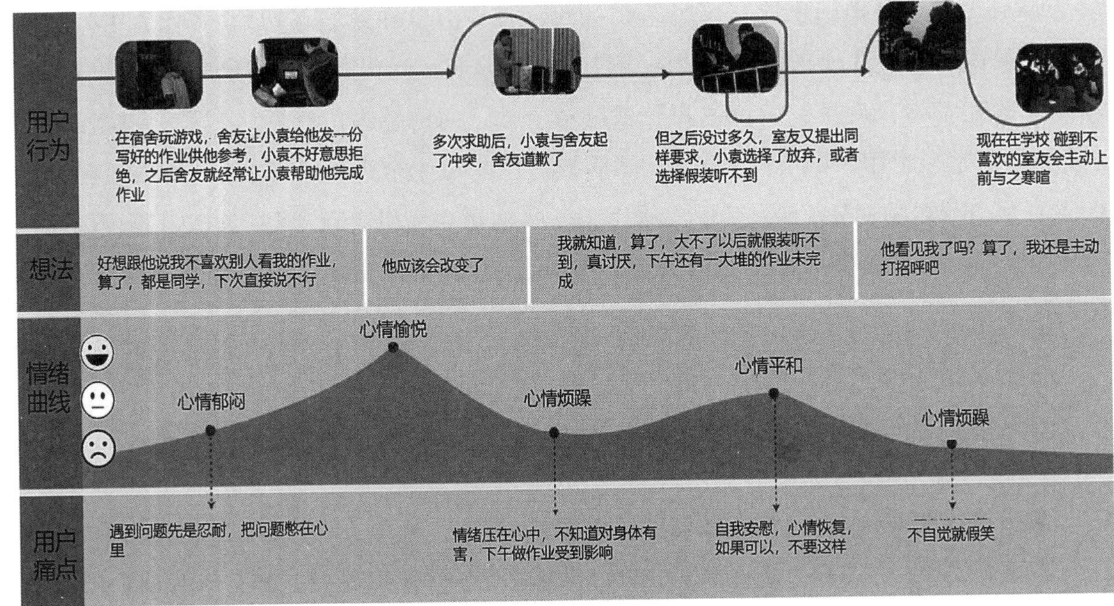

图 3-29　社交情况脸谱化用户旅程图

用户旅程图案例 2：智能烟头回收系统用户旅程图

用户旅程图是完整的视图，通过特定用户的一系列行为，发现用户在体验过程中的情感变化，进而挖掘用户痛点，为改善用户体验创造可能的机会点。本案例以公众场合智能烟头回收系统设计为基点，通过特定用户行为分析，发现用户的情感变化、痛点，本着改善用户体验的目的，将用户群体细分为普通体验用户和管理者用户，通过对用户行为习惯的调研和整理，获取目标用户体验产品和服务的目标、行为与痛点，建立用户旅程图，将有效信息进行分解与整合，对用户行为进行重新排序、定义和注解，将用户在体验过程中的触点进行可视化表达，表现用户的主观感受和情绪变化，便于从用户视角出发理解用户需求和机会点的信息提炼，筛选出有价值的需求，即初步的机会点，如图 3-30 所示。

该案例针对核心用户在准备投放、使用系统、对用户的激励；管理者用户在准备、使用、垃圾清运与管理等流程中绘制用户与系统交互过程中的关键触点，通过用户行为流程确定用户在操作过程中的关键节点；通过体验流程中的人物表情分类图描绘用户在不同节点的体验情况，并将体验人物表情进行连线处理，清晰表达出用户使用过程中与场景等触达点的情感体验变化情况；在此基础上进行用户体验痛点挖掘与分析，并结合项目定位、目标等从中理清设计方向与机会点。

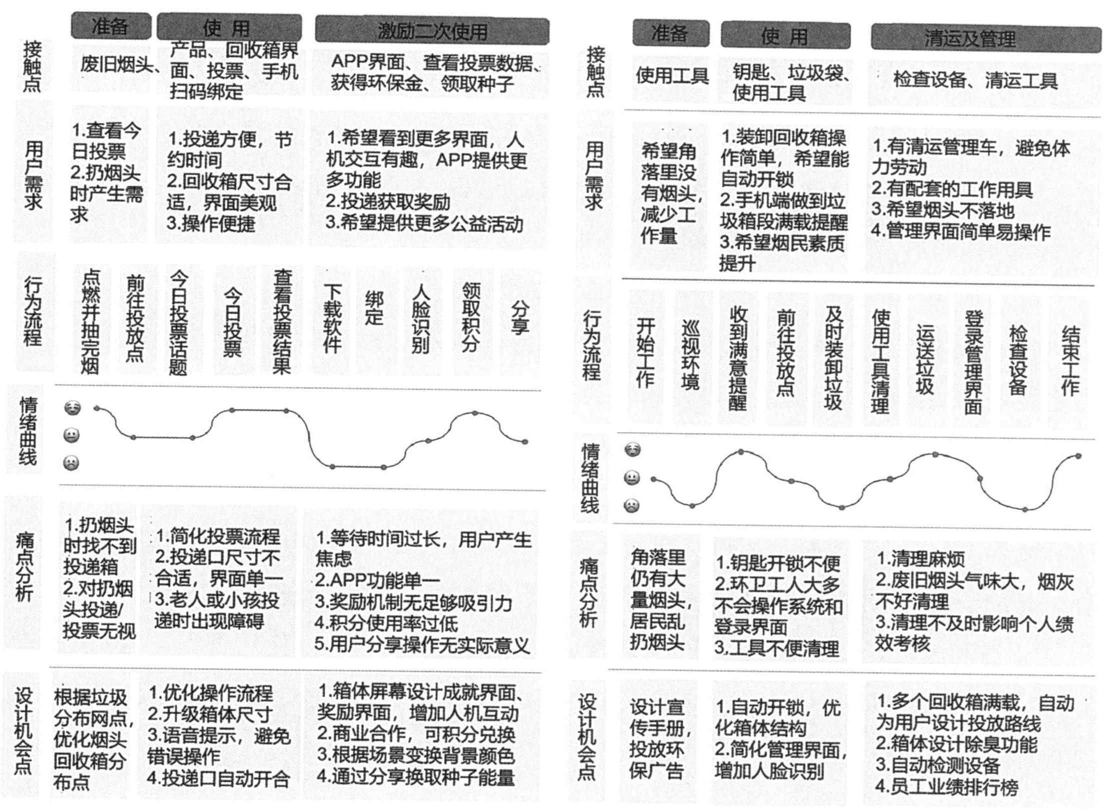

图 3-30　核心用户旅程图（左）、管理者用户旅程图（右）

总之，在用户体验设计中，用户旅程图用于描述用户与产品或服务交互整个过程的关键阶段、动作和情感体验，并对用户体验进行可视化和系统化的表示，有助于设计团队深入理解用户的需求、期望，发现设计的痛点和机会点，从而指导设计和优化产品或服务，以提供更好的用户体验。

（十）故事板

故事板（Storyboards）在用户体验设计中扮演着重要的角色，是一种以图像和文本的形式来展示故事情节或场景的工具，通常用于电影、动画和用户体验设计等领域，以帮助团队理解、呈现产品或服务的流程与细节。

故事板的创建过程包括：第一，明确故事的目标和主题等想要传达的核心信息。第二，将整个故事划分为不同的场景和序列，每个场景代表一个具体的时间和地点，序列表示场景间的连续性和逻辑关系。第三，在每个场景中以简洁的草图形式绘制关键帧，即故事板的每个画面，每个帧应该捕捉到故事中的重要时刻或情节，包含必要的细节和动作。第四，在每个帧下方或旁边，添加文本和说明来解释画面中发生的事件或传达的情感，可以是对话、解释、动作指示或任何相关信息。第五，根据需要进一步完善故事板的细节，包括改进草图的可读性、增加背景元素、调整布局等，以确保故事板能够清晰地传达故事情节。第六，与团队成员或利益相关者一起审查故事板，并收集反馈，有助于检查故事流程的连贯性和效果，并进行必要的修改和改进。

故事板在用户体验设计的各个环节都发挥着重要作用。

1. 在故事叙述与情境展示方面，通过连续的画面和文本，以故事化的方式展示用户在特定情境下的体验。可以帮助设计团队和利益相关者更好地理解用户在使用产品或服务时所处的情境，更好地把握用户需求和期望。

2. 在用户旅程展示方面，用于展示用户在整个使用过程中的体验，通过划分的不同阶段和画面，可以清晰地展示用户与产品或服务的互动过程，包括情境、行为、情感等交互过程。有助于设计团队识别用户的关键触点、痛点和机会点，进而改进用户体验。

3. 在问题的识别与解决方面，可以帮助设计团队识别用户在使用过程中遇到的问题和挑战，通过绘制问题情景和用户的反应更好地理解用户的困惑，进而提出解决方案和改进设计的建议。

4. 对于各方利益相关者而言，故事板是提供沟通与共享的工具，可以帮助设计团队与利益相关者共同参与用户体验设计过程，通过具体的情境和画面，让利益相关者更好地理解产品或服务的设计理念，促进各利益相关者达成合作和共识。

5. 在快速迭代和验证设计方案环节，通过将设计想法以简化的形式呈现在故事板上，可以迅速收集用户反馈和意见，通过反复迭代和改进设计，确保产品或服务最终的用户体验与用户期望之间无限接近。

在名为“移动支付”应用的项目设计中，可以通过展示用户在商店结账时使用移动支付应用的场景来描绘用户打开应用、选择支付方式、扫描二维码等操作。通过故事板连续帧展示用户在支付过程中遇到的问题，如支付界面设计不直观、支付流程复杂、支付界面间跳转出现错误等，并根据这些问题提出改进方案，如简化支付界面、优化支付流程等；通过连续场景描绘用户在不同情境下的情绪和反馈，如用户成功完成支付时的愉悦表情、用户在支付过程中遇到障碍时的疑惑表情等，帮助设计团队更好地理解用户的情感体验。在快速迭代和验证设计方案阶段，设计团队将故事板展示给用户，并收集用户对支付应用体验的反馈和意见，通过迭代和改进故事板中的设计，确保最终的用户体验符合用户期望。

总之，故事板是一个强大的工具，在用户体验设计中可以帮助团队更好地理解用户需求、识别问题，以及提出解决方案，为设计团队创建共同的视觉化语言，提升用户体验设计的效果和成功率。

故事板案例1：智能烟头回收设计

智能烟头回收项目设计中，利用故事板对烟头产生的各环节进行场景描绘，包括烟头产生、被丢弃、收集、智能回收系统操作等过程进行情景描述，如图3-31所示。

通过故事板的连续帧描绘了完整的烟头产生、打扫收集模式，反映了大多数地区的卫生环境现状，也通过图形化形式向相关人员做了情况展示，引出用户对于烟头回收问题需求的认同，也对如何解决该问题开始思考。后续的情景中以智能装置回收烟头的方式向人们展示了烟头投放的新型模式，作为烟头投放的解决方案引起团队的思考和讨论。利用故事板的展示和讨论实现快速收集用户意见的目的，再经过迭代与改进设计不断完善设计流程与方案，最终在团队内达成设计思路上的共识，为后续的设计工作快速展开提供准备。

图3-31 智能烟头回收设计故事板

故事板案例2：智能婴儿床概念设计

婴儿床是婴幼儿家庭常见的家具，床体用被固定的木板制成，常规的功能表现为婴儿睡觉、玩耍等，但婴儿的需求是多方面的，还需要情感互动、安抚、哄睡、多感官体验等，这是传统的床体不具备的，就需要照看者付出大量的时间和精力去完成婴幼儿的多样化需求，为照看者带来极大的不便与体力精力的耗费，尤其是晚上的起夜，更是让照看者苦不堪言。除此之外，婴幼儿照看者也有自己的需求，如希望在照看之余有属于自己支配的时间，用于自身多维度的需求；可以减少晚上起夜照看婴幼儿的次数；婴幼儿需要更换纸尿裤的智能提醒；远程遥控满足婴幼儿多感官互动的需求，如播放音乐等；模拟母体哄睡摇晃功能等。通过多样化的服务功能为照看者减轻部分负担。

智能婴儿床设计项目中通过描绘用户在照看婴幼儿过程中的场景来展示用户的需求变化。根据婴幼儿家庭使用婴儿床的情景，将分为使用前、使用中、使用结束等过程的相关操作，对使用场景和用户行为、需求等进行场景描绘，如图3-32所示。

使用前：使用传统婴儿床，照看者每天需要多次哄睡，讲故事、放音乐、怀抱安抚与互动等，十分劳累，对婴儿健康状态、是否需要更换尿不湿、是否需要调节温度等也了解不及

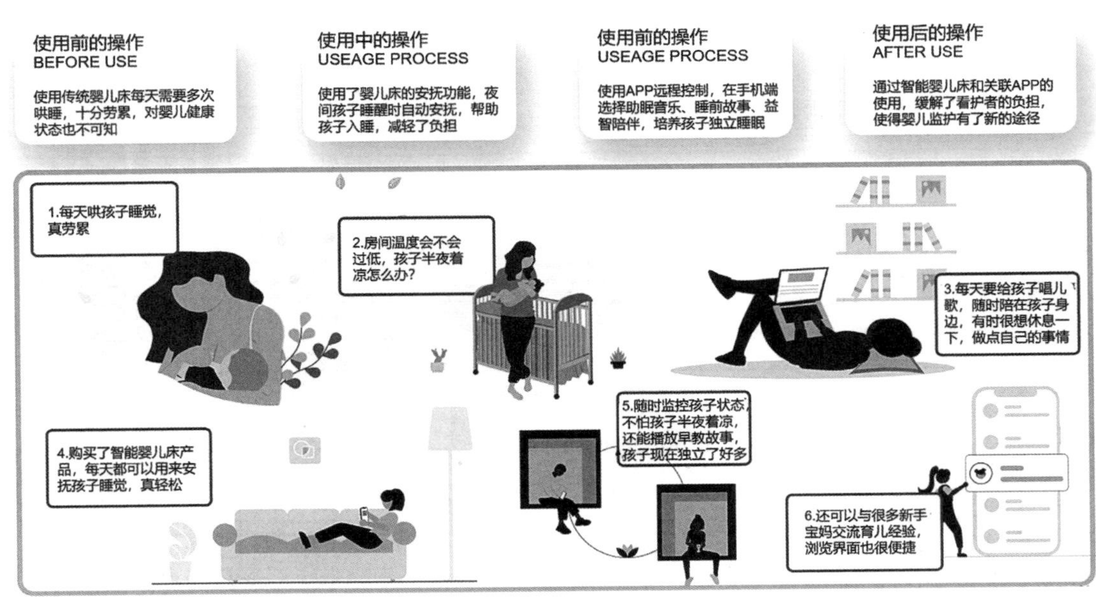

图3-32　智能婴儿床故事板

时、不全面。

使用中：使用了婴儿床的安抚功能，夜间孩子觉醒时自动安抚，帮助孩子入睡，缓解了负担。使用App远程控制，在手机上选择助眠音乐、睡前故事、益智陪伴等，为婴幼儿提供睡眠场景的搭建、睡眠习惯的培育，进而培养孩子养成独立睡眠的惯性。

使用体验：通过智能婴儿床和关联App的使用，极大缓解了父母和其他照看者的负担，使得婴儿监护照顾又有了多种实现的可能。

通过以上故事板的连续帧画面，向项目设计团队描绘了婴幼儿家庭看护中面临的问题与可能的设计解决途径。对团队成员思想认识的统一、设计方向与风格的大致确定起到关键性作用，在时间把控、设计方案讨论等方面都能缩减探索过程，同时，该故事板作为智能婴儿床设计项目的解决方案引起团队的思考和讨论。利用故事板的展示和讨论实现快速收集用户反馈的目的，再经过迭代与改进设计不断完善设计流程、功能、技术准备等相关内容，最终在团队内达成共识，为后续设计工作的快速展开打好基础。

（十一）服务蓝图

服务蓝图（Blueprinting）是一种以图表形式展示服务过程的环节，参与者、接触点和体验的可视化信息展示工具。旨在帮助团队全面理解设计服务体验，给用户提供高质量的服务。包括明确所要设计的服务范围和目标，确定服务的起始点和终点，以及所涉及的关键环节和参与者；绘制顾客在服务过程中的旅程地图，从接触服务到完成服务，并标记关键的触点、交互和决策点；绘制用户在服务过程中的旅程地图，包括角色、任务和交互，标记行动和决策点；标记出与用户互动的触点，例如线上渠道、搜索浏览商品页面、购物车、结算页面、订单确认等；标记出支持服务的各种资源、系统和流程，如后台、数据管理、技术支持等；识别出潜在的问题和改进机会，包括瓶颈、冲突、信息断层等方面，以及提升用户体验、增加效率等方面的机会。

服务蓝图在用户体验设计各环节中起到指导、分析和改进的作用。

1. 服务过程展示方面，服务蓝图全面展示用户在服务过程中的各个环节和互动步骤，帮助设计团队了解整个服务过程的流程和细节，引导团队成员从用户的角度看待服务的全貌。

2. 关键触点识别方面，服务蓝图可以帮助设计团队识别用户与服务系统交互过程中的关键接触点，分析用户在每个接触点的需求、期望和体验，进而有针对性地对接触点进行改进和优化。

3. 潜在问题和痛点挖掘方面，通过服务蓝图便于发现服务过程中潜在的问题与用户痛点，如流程不顺畅、信息不清晰、服务层次出现断层等。

4. 团队内部协调方面，服务蓝图清晰地展示了各参与方在服务过程中的角色和责任，可以帮助协调成员间的互动和配合，促进各方的协作和沟通。

5. 服务体验改进方面，利用服务蓝图分析服务过程中的痛点和改进建议，设计团队可以提出创新解决方案，改进服务体验。

以垃圾回收智能服务为例，通过服务蓝图确定服务过程中的节点和互动流程，如从用户产生垃圾开始到投放结束、完成线上环保积分、获得环保奖励等，旨在将垃圾定点投放与用户环保行为相联系，通过环保积分和线上商城鼓励用户积极参与，提升环保信念，为用户提供便捷、智能、有成就感的体验目标；通过分析用户在垃圾回收流程中的需求、体验，识别与确定垃圾与烟头投放过程产生的关键服务触点，如查找垃圾回收点、信息识别、人脸识别、投放、环保积分页面、公益活动、线上兑换商城等；描述服务流程与交互，投放流程中投放垃圾、选择种类、语音提示、完成投放、反馈、获得环保积分等。通过服务蓝图可以识别潜在的服务瓶颈和改良之处，如使用环保积分在线上商城进行消费、领取环保种子，通过参加公益活动获取收益的交互流程等，存在可简化的必要等；服务蓝图可以帮助各利益相关者了解自身在整个服务过程中的角色、责任，实现全面协调成员间配合与互动的作用。通过对服务蓝图的详细分析，设计师可以更全面地了解用户在垃圾投放过程中的体验和需求，发现问题并提出改进措施，为优化用户体验提供参考和指导，如图3-33所示。

三、综合案例

（一）情感化齿科服务系统设计

目前，我国对于儿童的齿科医疗服务系统设计发展处于初级阶段，与庞大的市场需求相比，发展空间较大。本研究将重点放在“儿童”用户主体上，儿童畏惧齿科治疗的主要原因是对齿科治疗不了解、对齿科治疗疼痛畏惧，以及对就诊环境、牙医以及医疗器械不熟悉。很多公立、私立医院均设有齿科，但没有专门针对儿童就医的服务环境、器材，使得儿童患者被迫使用与成人同样的就医流程和就医体验，年龄段的差异、就医心理接受度的不同、认知的不足与需求不对等更加重了儿童就医的畏惧情绪，该问题应得到广泛关注与改善。

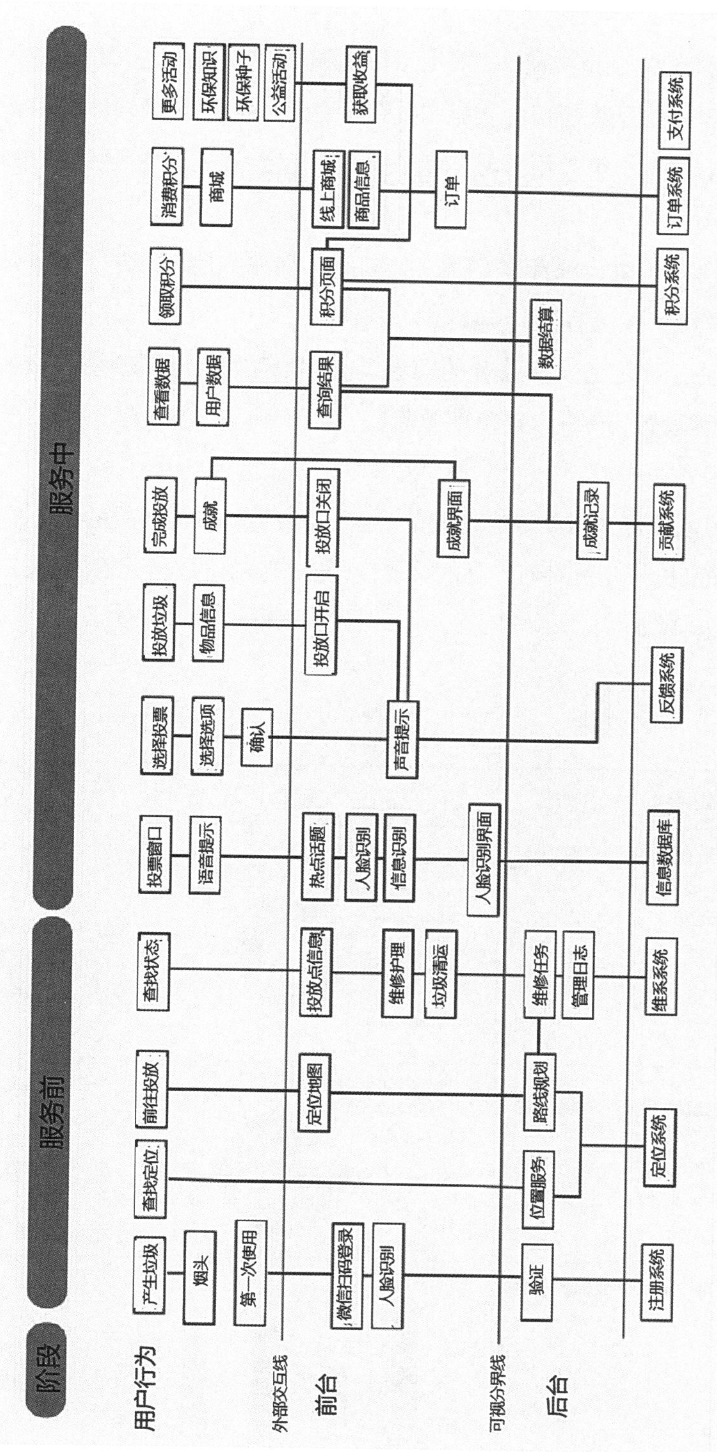

图3-33　智能垃圾回收系统服务蓝图

1. 儿童齿科现状

在本次儿童齿科服务设计调研中，采用了以下研究方法：

书面资料收集法：查阅课题相关文献，以及有关齿科服务流程设计的书籍、杂志，收集儿童情感化服务设计内容，参考并学习儿童心理学、儿童行为方式、认知等书籍资料，作归纳总结。

市场调研法：收集儿童齿科相关信息，找出目前存在的问题，结合现有技术与市场现状探索创新点，同时对就医流程进行调整。

问卷调查法：通过对儿童齿科服务的问卷调查、角色构建、市场调查、市场情景模拟与实践等不断完善流程设计，最终达到预期效果。

（1）问卷调研及数据分析

调查目的：了解家长带儿童就诊时遇到的问题，以及当前齿科医院的服务痛点，调查儿童牙具使用情况，了解家长与儿童对新产品的接受度，并进行调研数据分析，如表3-14所示。

调查对象：儿童、家长

表3-14 调研数据分析表

序号	题目	数据	分析
1	出现儿童口腔问题选择就医医院时关注因素有哪些？ □医生资质 □报道 □距离 □规模 □技术专长 □评价 □环境 □价格 □其他	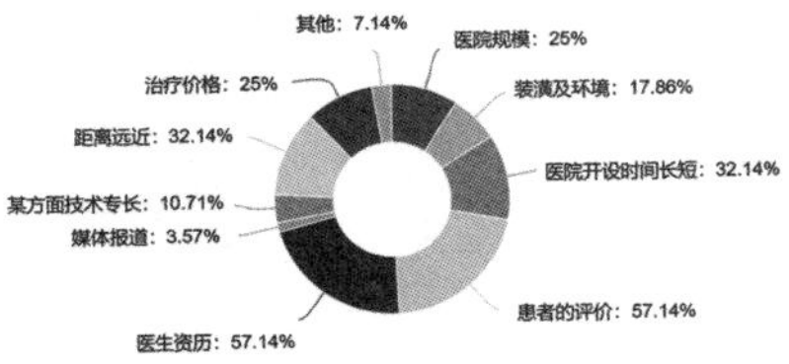 其他：7.14% 医院规模：25% 治疗价格：25% 装潢及环境：17.86% 距离远近：32.14% 医院开设时间长短：32.14% 某方面技术专长：10.71% 媒体报道：3.57% 患者的评价：57.14% 医生资历：57.14%	在家长选择医院的重视度调查中显示，最主要的三个因素是医生资历、他人评价、距离远近
2	您认为哪些问题造成儿童口腔就医畏惧心理？ □声音 □空间环境 □灯光 □医护人员 □医疗设备 □其他	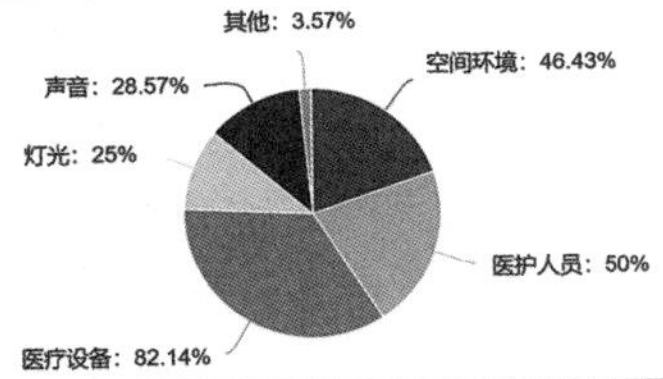 其他：3.57% 空间环境：46.43% 声音：28.57% 灯光：25% 医护人员：50% 医疗设备：82.14%	在儿童畏惧心理调查中显示，最令儿童畏惧齿科医院的是医疗设备、医护人员、空间环境等因素，说明其改善空间较大
3	在儿童畏惧治疗时，您采用最多的是哪方面行为？ □言语安抚 □转移注意力 □实施奖励 □给予玩具陪伴	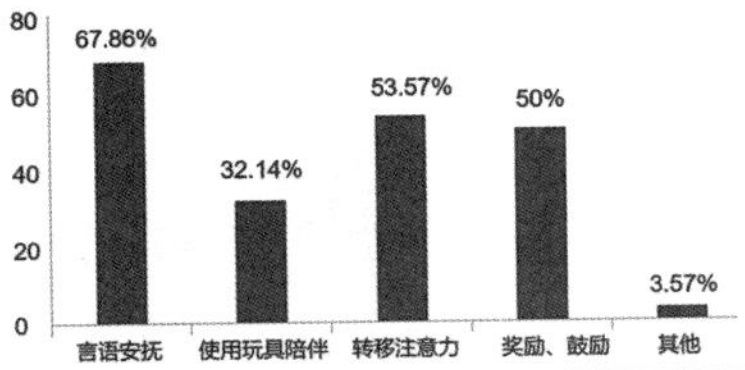 80 60 40 20 0 67.86% 32.14% 53.57% 50% 3.57% 言语安抚 使用玩具陪伴 转移注意力 奖励、鼓励 其他	在儿童畏惧治疗时，家长采用最多的是言语安抚、转移注意力、实行奖励、鼓励三种方法

续表

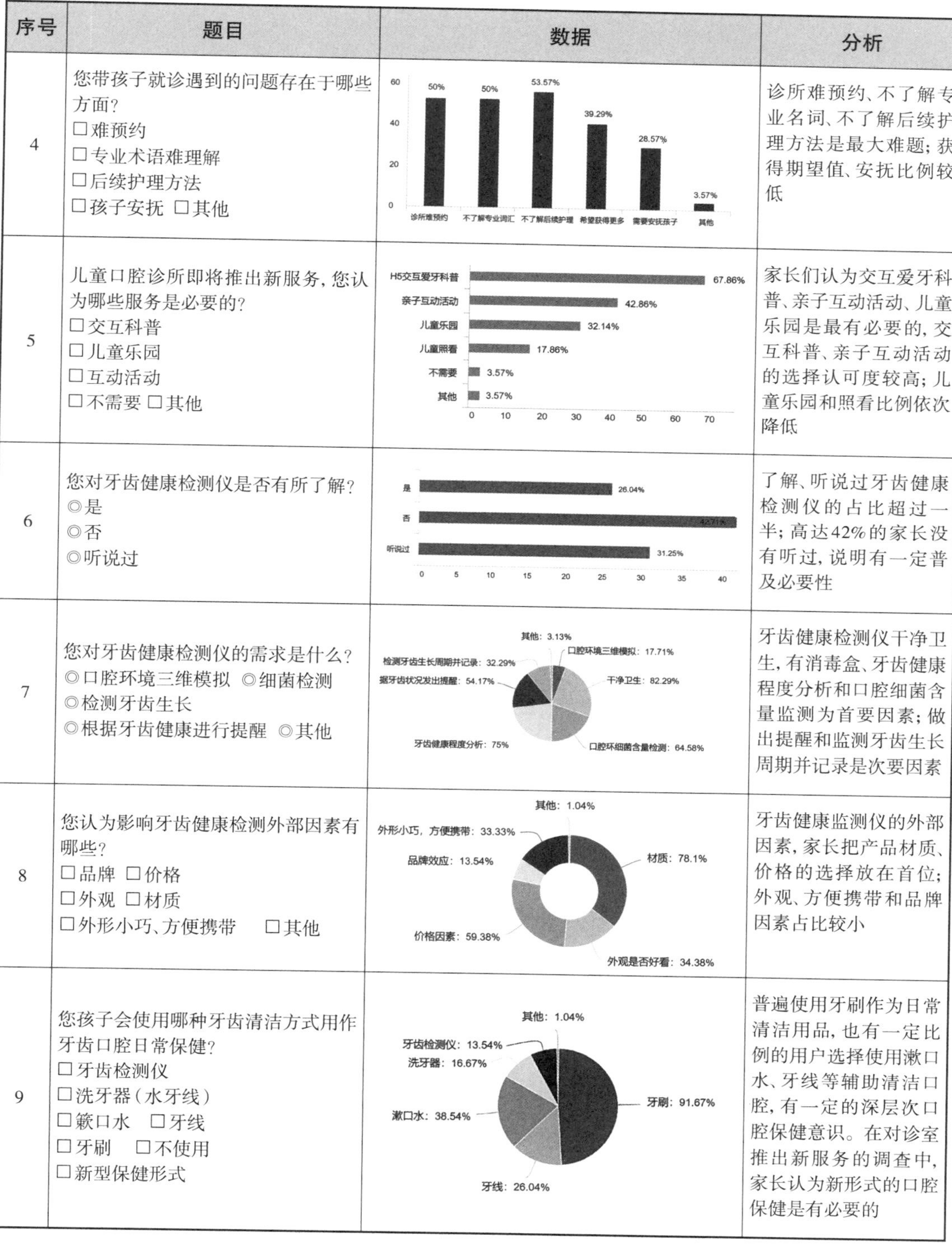

序号	题目	数据	分析
4	您带孩子就诊遇到的问题存在于哪些方面? □难预约 □专业术语难理解 □后续护理方法 □孩子安抚 □其他	诊所难预约 50% 不了解专业词汇 50% 不了解后续护理 53.57% 希望获得更多 39.29% 需要安抚孩子 28.57% 其他 3.57%	诊所难预约、不了解专业名词、不了解后续护理方法是最大难题;获得期望值、安抚比例较低
5	儿童口腔诊所即将推出新服务,您认为哪些服务是必要的? □交互科普 □儿童乐园 □互动活动 □不需要 □其他	H5交互爱牙科普 67.86% 亲子互动活动 42.86% 儿童乐园 32.14% 儿童照看 17.86% 不需要 3.57% 其他 3.57%	家长们认为交互爱牙科普、亲子互动活动、儿童乐园是最有必要的,交互科普、亲子互动活动的选择认可度较高;儿童乐园和照看比例依次降低
6	您对牙齿健康检测仪是否有所了解? ◎是 ◎否 ◎听说过	是 26.04% 否 42.71% 听说过 31.25%	了解、听说过牙齿健康检测仪的占比超过一半;高达42%的家长没有听过,说明有一定普及必要性
7	您对牙齿健康检测仪的需求是什么? ◎口腔环境三维模拟 ◎细菌检测 ◎检测牙齿生长 ◎根据牙齿健康进行提醒 ◎其他	其他: 3.13% 口腔环境三维模拟: 17.71% 干净卫生: 82.29% 口腔环细菌含量检测: 64.58% 牙齿健康程度分析: 75% 据牙齿状况发出提醒: 54.17% 检测牙齿生长周期并记录: 32.29%	牙齿健康检测仪干净卫生,有消毒盒、牙齿健康程度分析和口腔细菌含量监测为首要因素;做出提醒和监测牙齿生长周期并记录是次要因素
8	您认为影响牙齿健康检测外部因素有哪些? □品牌 □价格 □外观 □材质 □外形小巧、方便携带 □其他	其他: 1.04% 外形小巧，方便携带: 33.33% 品牌效应: 13.54% 价格因素: 59.38% 外观是否好看: 34.38% 材质: 78.1%	牙齿健康监测仪的外部因素,家长把产品材质、价格的选择放在首位;外观、方便携带和品牌因素占比较小
9	您孩子会使用哪种牙齿清洁方式用作牙齿口腔日常保健? □牙齿检测仪 □洗牙器(水牙线) □簌口水 □牙线 □牙刷 □不使用 □新型保健形式	其他: 1.04% 牙齿检测仪: 13.54% 洗牙器: 16.67% 漱口水: 38.54% 牙线: 26.04% 牙刷: 91.67%	普遍使用牙刷作为日常清洁用品,也有一定比例的用户选择使用漱口水、牙线等辅助清洁口腔,有一定的深层次口腔保健意识。在对诊室推出新服务的调查中,家长认为新形式的口腔保健是有必要的

（2）实地调研流程

为了全面了解现有的儿童齿科服务现状，本次用户体验历程调研使用市场调研法，通过实地走访对儿童齿科医院的整个服务流程进行了梳理与分析，通过观察、记录、挖掘用户在进行服务体验过程中的痛点，如挂号、就诊、治疗等过程的体验与期望；将用户的目的、行为、想法、体验等感受进行记录，汇总并绘制出用户体验历程模拟图，如图3-34所示。

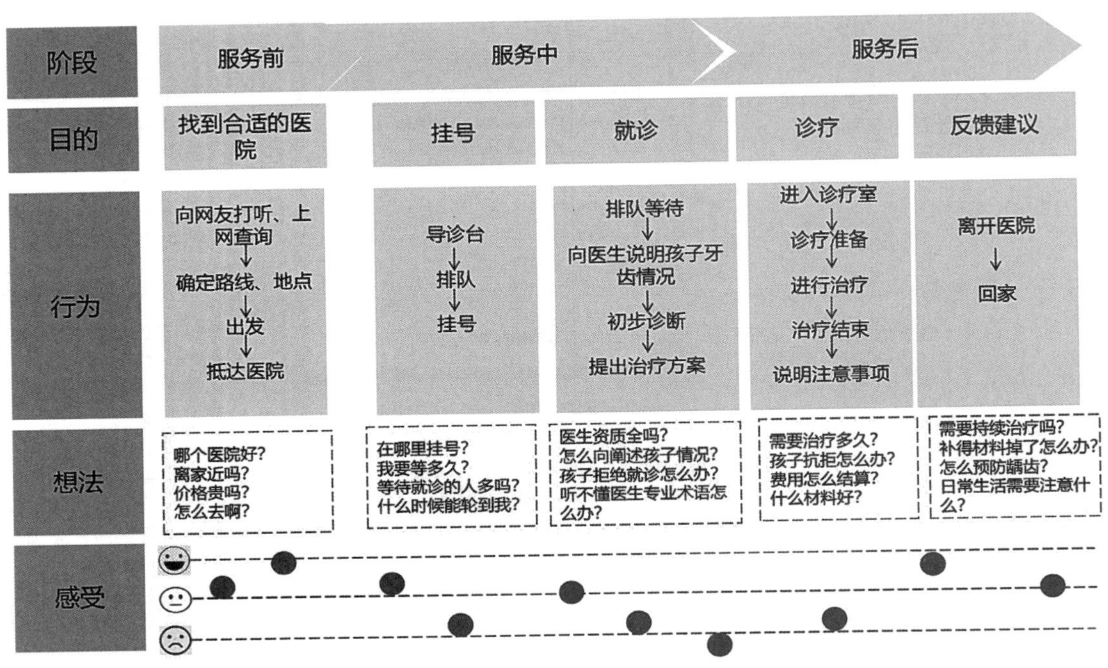

图3-34　实地调研模拟流程图

（3）利益相关者分析

儿童齿科利益相关者主要分为两部分：一部分是服务接受者，如儿童、儿童父母、亲戚、朋友、社交圈、媒体以及公众平台；一部分为服务提供者，如医生、前台、护士、助理、医院管理者、药品供应商、保安、保洁、市场、投资商（合作机构）、卫生管理部门（政府）等。

家长与儿童前往诊所就诊，诊所医护人员为其提供治疗与服务，患者为诊所带来收益；齿科诊所靠媒体打广告为诊所进行宣传推广，媒体为诊所打广告获得收益；诊所为了经营正规化，需要卫生部门监管，卫生部门对其提供政策支持；诊所需要药品供应商供应药品器材，药品供应商从而获得收益；齿科诊所与其他医疗机构之间相互学习、相互竞争等，其相互之间存在利益关联性，如图3-35所示。

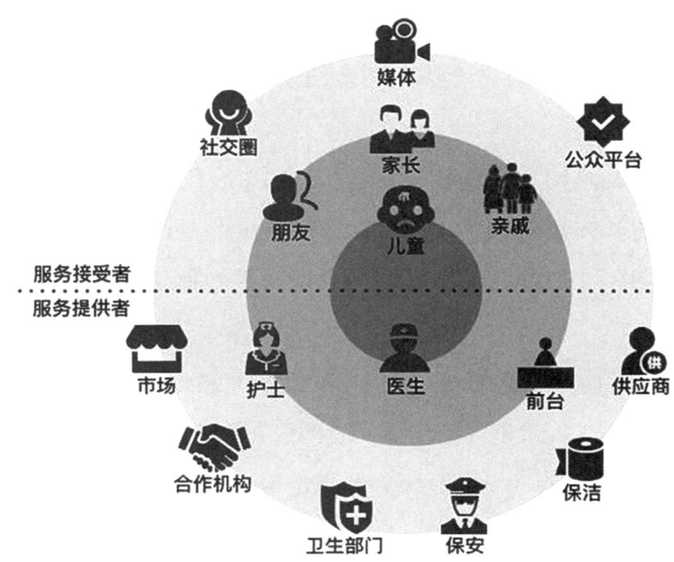

图3-35　利益相关者分析图

(4)用户痛点分析

经过分析与汇总,将用户体验过程中的痛点提取如下:

1)儿童用户对口腔检测抱有抗拒心理,原因在于口腔检测仪器是成人适用的,儿童用户体验时产生不适应感,对适合儿童口腔检测的产品有所期待。

2)儿童口腔产品设计需注重产品本身的功能,性价比是第一位的;牙齿健康检测仪使用频率不高,但产品质量、是否能满足儿童患者的情感需求与检测效果是用户考虑的重点;其次,价格定位也是用户考虑购买与否的关键因素,其关系到牙齿健康检测仪市场认可程度的高低。

3)用户对牙齿状况、口腔检测有一定需求,但对其产品的认知情况较低,需要加大宣传和科普力度;家长对儿童的口腔卫生情况及时了解与提醒有一定需求,降低儿童口腔就医的畏难情绪也是家长关注的重点。

4)儿童口腔就医环境、医疗设备更新程度、与儿童在就医过程中的互动程度、相关口腔诊疗过程的科普宣传与心理安抚都是家长关注度较高的部分。

(5)设计需求分析

在满足用户需求的基础上将设计需求划分为三个部分,即可以使用、乐于使用和便于使用。设计的首要目标是确保产品或服务可以使用,意味着设计要满足用户基本的功能需求，使用户能顺利完成任务并达到预期目标。从这个层面上来说，设计要注重产品的可靠性、稳定性和易操作性，确保用户能够顺利地使用产品或服务，避免出现系统崩溃、功能失效或操作困难等问题。

设计要便于使用，关注用户的使用便捷性和效率，简化操作流程，提供清晰的指引和帮助信息，减少用户的认知负担和学习成本。因此，设计要注重信息的组织和呈现方式、交互的直观性和可预测性，使用户能够轻松地掌握产品的使用方法，提高工作效率和用户满意度。

设计还应追求乐于使用，要考虑用户的情感需求和体验感受，让用户在使用产品或服务的过程中感到愉悦和满足。设计要关注用户的情感连接和情感共鸣，通过提供美观的界面、引人入胜的交互体验和个性化的定制功能，来增强用户的使用欲望和忠诚度。

通过分析，将该项目的功能设计进行归类，以满足用户的分层需求。

1）可以使用

携带需求：产品轻巧便携，可随时携带。

移动需求：不用固定，可以随意移动。

安全需求：配有平台医生，为保证用户安全。

宣传需求：App会上架各大应用市场，产品会在App内宣传。

2）便于使用

聚焦需求：可以让用户在平台上讨论，加好友。

求导向需求：用户可以根据科普知识学习牙科知识等。

监督需求：平台会对用户的牙齿情况进行监督，会提醒刷牙时间。

认知需求：平台会为用户科普牙科知识，提升用户认知。

3）乐于使用

审美需求：平台有专业的UI设计师，产品由专业产品设计师设计。

交流需求：用户之间可以互相交流、互相帮助、互相监督。

记录需求：平台会根据用户监测情况，对用户健康状况进行记录。

展示需求：平台内用户可以分享治疗过程及经验。

激励需求：平台对参与互动、有良好清洁习惯的儿童进行奖励。

娱乐需求：App配有娱乐交互科普小游戏。

2. 设计研究内容

（1）儿童齿科服务新模式

儿童成长过程中家长需要时刻关注儿童牙齿生长情况，因此，高质量的家庭化监测是方便和必要的。本次齿科服务设计改良旨在建立儿童齿科服务新模式，通过加入齿科App、使用智能牙刷和智能牙齿检测仪、参与交互小游戏等帮助医生与家长沟通及科普宣传，为儿童打造更童趣化、情感化的服务体验，抵消儿童用户就医时的畏难情绪，让儿童从拒绝就医变成乐于就医，进而开展智能化的齿科服务系统设计，如图3-36所示。

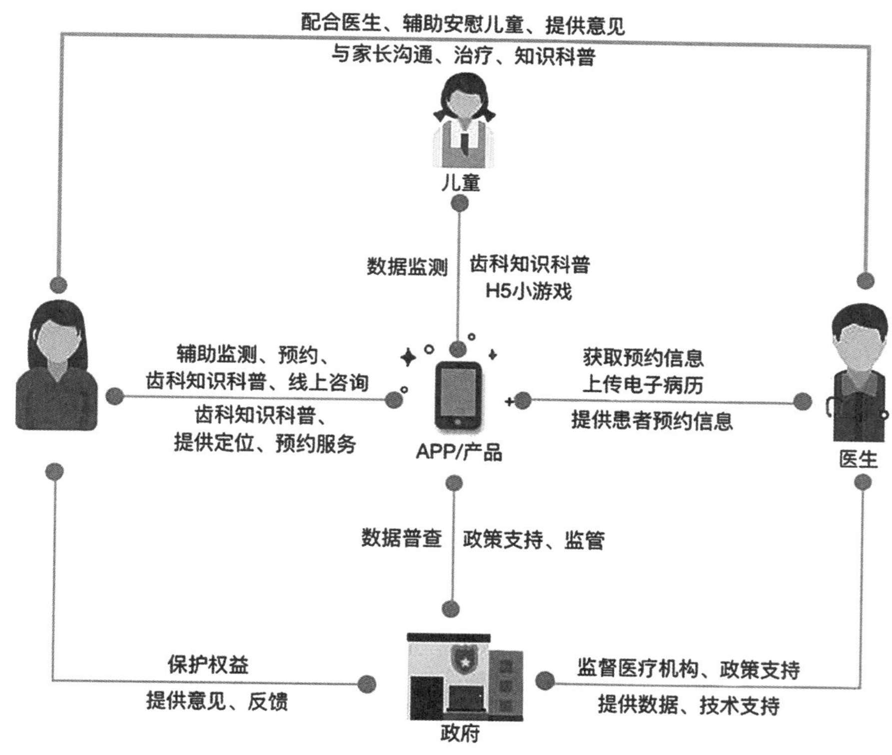

图3-36　齿科服务体系设计

（2）服务体验过程

1）家庭自查

齿科App和牙齿健康检测仪成为日常监测和排查儿童牙齿疾病的工具，提前判断儿童齿科情况，当发现问题时，使用App进行线上预约、线上选择医生，与医生提前沟通等，节省家长与去医院就医的时间成本。

2）诊疗过程

诊疗前，医生根据儿童的牙齿状况进行分析并填写调查表，给出合适的建议与方案，说明产品材料、治疗周期、所需要的费用等，帮助家长做出恰当的选择。运用H5+人机交互游戏的形式对儿童进行诊疗前牙科知识的科普，帮助儿童减轻心理畏惧感，护士与家长可以一起辅助儿童进行诊前引导。

诊疗中，结合游戏化机制，配合游戏、挑战、闯关等环节，达成诊疗目标和任务，并进行口腔知识科普，让孩子对诊疗产生服务期待。在配合治疗过程中利用游戏场景分散孩子注意力，针对敏感孩子提供专业的儿童心理疏导，指导家长在治疗过程中实现高效精准的陪伴，降低孩子的惧怕感。

诊疗后，带领儿童去奖励环节、领取奖品对孩子勇敢的行为表达赞扬，之后去休息区玩耍。医生与家长沟通治疗情况以及后续护理方法，打造愉悦的就医体验。

3）延展性服务

医护人员带领儿童观看保护牙齿的小视频，结合互动、绘本和小游戏等，帮助儿童提高护理牙齿的意识，了解牙齿护理知识，进而树立正确的护牙观念。通过在就医流程中送儿童纪念徽章等奖励，从多种角度缓解儿童紧张；设立定期回访机制，提供服务引导，及时关注儿童牙齿健康问题，通过服务体验增加用户黏性；针对儿童不同年龄特点和牙齿状况形成分析数据，将检测测结果反馈在App上，便于家长及时了解情况，其整个服务流程的展示图如图3-37所示。

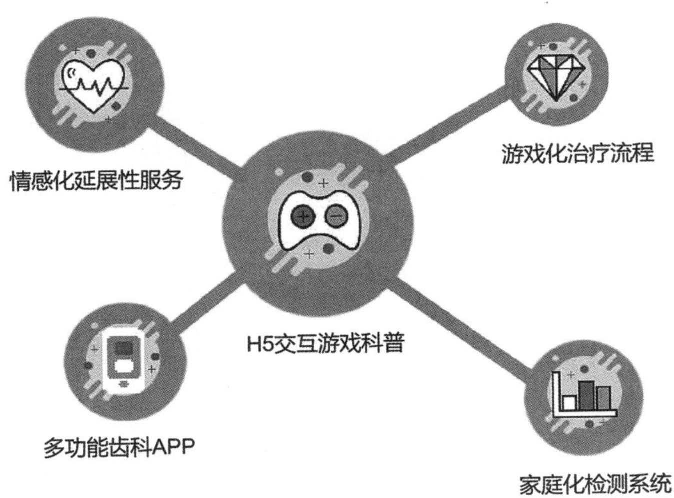

图3-37　儿童齿科服务展示图

（3）牙齿健康检测仪功能定位

1）检测牙菌斑

肉眼看不到的牙菌斑，在紫光下呈现橙色和红色荧光，通过检测仪可以在手机App上直观地看到。牙周疾病就是由不断累积的牙菌斑刺激牙龈产生炎症，且牙菌斑的酸性代谢物会腐蚀牙齿，造成龋齿；牙菌斑在牙齿上累积会钙化形成牙结石，从而刺激牙龈，导致牙龈充血、发炎、萎缩等，直至造成牙周病，因此，要及时清除牙菌斑，预防口腔疾病。

2）监测牙齿的生长周期

家长可以在手机App上检测并记录儿童的牙齿生长周期和换牙周期，为家长定期带儿童去检查牙齿、及时修补牙洞提供翔实的数据。

3）口腔环境三维模拟和牙齿健康程度分析

该检测仪可以对儿童口腔进行建模，通过手机端App完整呈现效果，让家长及时观察儿童牙齿的生长情况、因外力可能引起的受伤等情况，及时提醒家长关注孩子的牙齿健康状况，并与该年龄段正常的牙齿状况做对比，从而初步判断是否需要进行牙齿诊疗，如图3-38所示。

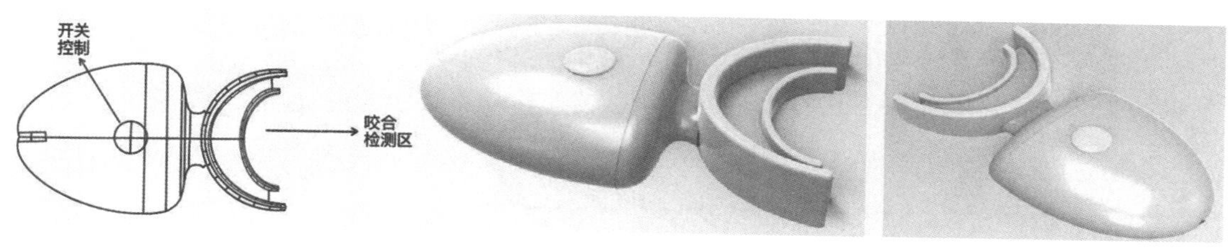

图3-38　牙齿健康检测仪

3. 服务系统界面设计

在整合用户痛点与需求基础上进行儿童牙科检测仪的交互服务系统界面设计。界面设计应注重用户友好性和可视化，通过色彩鲜明、活泼可爱的设计风格吸引儿童的关注与兴趣；注重交互性和引导性，通过直观的指引和提示，帮助儿童轻松完成牙齿检测过程；考虑儿童的焦虑和恐惧情绪，通过温馨、安抚的界面元素和语言表达，帮助儿童放松心情，减轻不安感；根据儿童的牙齿状况提供个性化的口腔保健建议与提示，让儿童和家长更好地了解牙齿健康情况，并及时采取相应的保健措施，如图3-39所示。

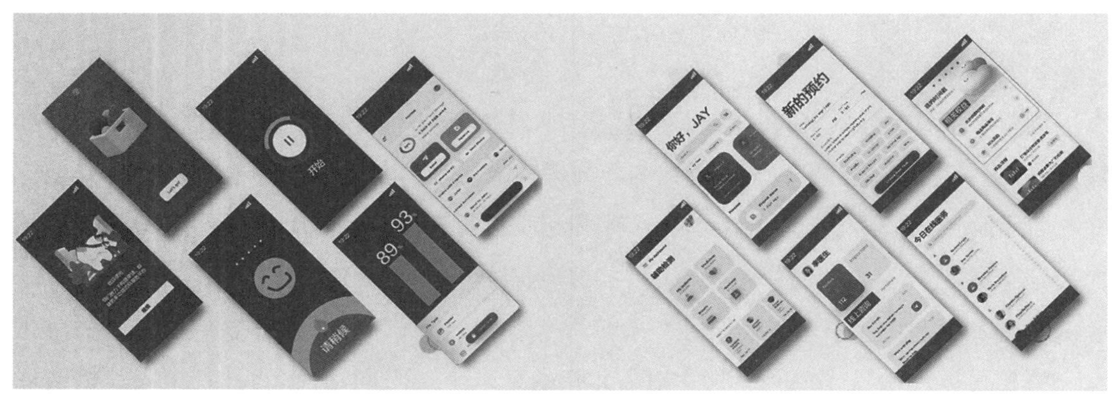

图3-39　服务系统设计图

（二）平遥文化旅游景区服务设计

本研究旨在针对游客在平遥文化旅游景区游览过程中存在的问题对景区服务系统进行优化设计。研究人员通过查阅相关文献、进行实地调研、沉浸式观察等多种方法，对平遥文化旅游景区和游客行为进行分析，找出服务流程设计关键接触点，并通过进一步研究，明确需要优化的接触点，提出设计优化策略，服务目标如图3–40所示。

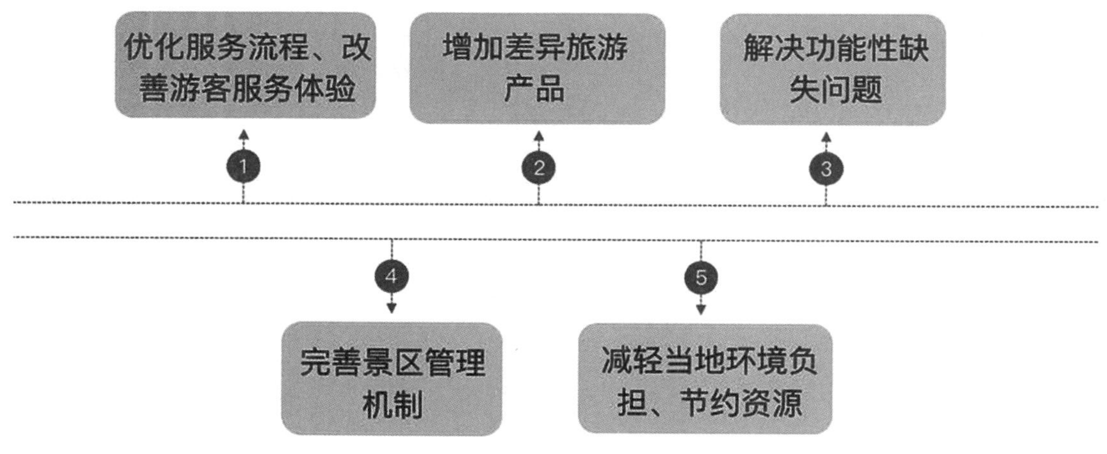

图3–40　平遥景区服务目标

1. 用户服务需求研究

平遥文化旅游景区由拥有2800多年历史的文化名城构成，古城保留了典型的明清建筑风格，是中国汉民族明清时期城市的杰出典范，也是以整座古城申报世界文化遗产并获批的古县城。随着景区游客的增加，其服务体验高质量需求问题变得越来越突出，为改善景区的服务体验，对游客、景区工作人员等相关群体进行调研，找出游览过程中的用户需求以及存在的关键接触点、痛点、机会点、潜在失误点等。

（1）服务设计方法

服务设计是设计工具和方法的实践与创造性应用，其目的是优化旧的服务体验、寻找新的服务模式，以便为所有利益相关者创造价值，打造独特的用户体验，进而最大限度地挖掘与之相关联的市场潜力。从服务体验者的角度来说，服务设计是为了给用户带来更加有用、可用的服务。以用户的需求作为出发点，设计优化服务的流程、形式和方法，改变传统的服务流程，借助当下先进的技术，以贴合人们生活方式及消费形式为基点，发现与创造新的设计点。服务体验者与服务提供方以及其他利益相关者之间形成双向或多向的互动，增加双方之间的积极影响，降低消极影响，促进整个服务系统的可持续发展。服务设计是通过用户与用户、周边产品一起发掘与优化服务流程的过程，其目的是让服务变得更加实用、有效、高效。服务设计的工具主要包括用户旅程图、故事板、角色形象、利益相关者、服务蓝图、问题卡片等。

（2）研究方法及内容

研究方法：采用文献研究法、案例分析法、调查研究法、沉浸式观察、比较研究法。

研究举措：进行桌面研究，搜集服务设计、接触点和景区设施的相关资料，针对普通游客群体、服务人员群体设计问卷，依次对旅游过程中的景区信息获取、购票流程、景点定位、导游信息、服务质量、评价与反馈、收费等流程进行调研。

开展平遥文化旅游景区与国内著名文化旅游景区的比较研究，查阅著名文化旅游景区服务设计研究文献、论著、报告、经验总结、统计数据等，给平遥文化旅游景区服务系统优化设计提供参考借鉴，吸收其服务系统的先进之处，促进对平遥文化旅游景区服务系统的深入研究。

“接触点”一词是随着“服务设计”的发展而逐步出现的，与“服务设计”一样，最早是在营销管理学领域提出来的，并逐步完善，后紧跟“服务设计”一同进入到设计学领域。设计师茶山对接触点进行了阐述，并将其分为物理接触点、数字接触点和人际接触点（情感接触点）。这些不同类型的接触点都是相互关联的，存在于服务接受者和提供者之间。

（3）项目调研及数据分析

1）调研过程

通过文献调研发现问题并归结为基础服务设施不健全、秩序管理机制不完善、商业化严重等问题。

通过在平遥文化旅游景区内与游客进行交流、观察游客使用导视系统的情况等收集景区和用户访谈资料。结合在旅游景区内对游客发放问卷的方式进行游客需求分析，问卷调研表如表3-15所示。

表3-15　用户需求调研表

1. 您的性别是？
◎ 男　◎ 女
2. 您的年龄是？
◎ 15-24岁　◎ 25-34岁　◎ 35-44岁　◎ 45岁以上
3. 您的职业是？
◎ 学生　◎ 上班族　◎ 其他
4. 请问您知道或了解平遥文化旅游景区吗？
◎ 知道但不了解　◎ 知道并了解　◎ 从没听说过
5. 请问您在平遥文化旅游景区游览的过程中有找不到路线的经历吗？
◎ 有　◎ 没有
6. 请问您对平遥文化旅游景区现有的导视系统是否满意？
◎ 满意　◎ 不满意　◎ 一般
7. 如果使用电子导视系统，您希望具备哪些内容？（多选）
□ 查询景点路线　□ 推荐旅游路线
□ 查看景区相关介绍　□ 了解附近交通信息
8. 请问您希望在平遥文化旅游景区完成哪些互动？（多选）
□ 参与县衙升堂表演　□ 与镖师一起走镖　□ 观看街头卖艺
□ 体验当地民俗文化　□ 其他
9. 在体验具体环节的互动方面您希望有哪些互动形式？（多选）
□ 展示形式智能化　□ 沉浸式艺术展示体验
□ 还原当时场景体验　□ 标准化多线路体验
10. 请问您认为平遥文化旅游景区有哪些不足之处？（多选）
□ 商业化严重，商贩较多　□ 景区治安存在问题
□ 路线繁杂，不易寻找　□ 基础设施不够完善
□ 其他
11. 请问您是否认为旅游业的发展造成环境污染、交通拥堵等困扰？
◎是　◎否　◎还好
12. 您觉得景区服务还有哪些方面需要提升？（陈述式回答，如果回答内容多可以加行）

2）用户需求整理与分析

组成用户需求的三个部分分别是目标、行为和期望。当用户的期望得到满足时，用户的体验是比较好的；当用户的期望只得到初步的满足，用户的体验是一般的；当用户的期

望完全没有得到满足时，用户的体验是最差的。用户的任何需求都是在一定的环境下通过体验、使用等过程来实现的，而期望和现实之间是存在一定差距的。因此，在服务系统设计中，将满足大部分用户的期望作为设计目标，通过分析用户的需求与现状，为用户提供流畅的交互行为，满足用户的需求，使用户在使用的过程中产生愉悦感。研究人员通过以下方式获取平遥景区用户的服务需求。

① 沉浸式观察

为了能够更好地获取用户同理心，切身体验整个景区的服务系统，研究人员以游客的身份到达平遥文化旅游景区，通过亲身体验来发现问题，理清用户体验主线和思路，切身投入游客的角色中，体验游览过程中每一个接触点、痛点、感动点；同时抓住机会进行游客调研，对身边的游客进行观察，包括游客对景点的体验、与服务部门的交互等，在观察的过程中标记好重要的接触点以及对游客体验的影响程度，包括正向和反向影响。最后进行游客体验痛点的分类与汇总，寻找新的机会点。

② 问卷调查

问卷调查分为线上和线下两部分进行。线上部分通过问卷星线上平台设计发放，并通过微信链接分享等进行填写。其中共发放问卷200份，有效问卷189份。线下部分主要在平遥文化旅游景区进行实地调研，随机寻找游客和工作人员参与，调研对象以游客为主，并将游客进行分类，避免出现同类型游客过多、反馈过于片面的问题。一共发放问卷150份，有效问卷147份。

通过问卷调查统计，在对平遥景区整体印象方面，有80%的游客知晓平遥古城文化旅游景区，但对于景区历史文化了解不多；有46.67%的用户了解当地的民俗文化和特色小吃，但有60%的用户认为当地特色与预期差距较大，特色小吃在包装方面没有凸显文化特色；60%的游客认为古城商业化严重，商贩较多，管理较为松散。具体问卷调查情况如图3–41所示。

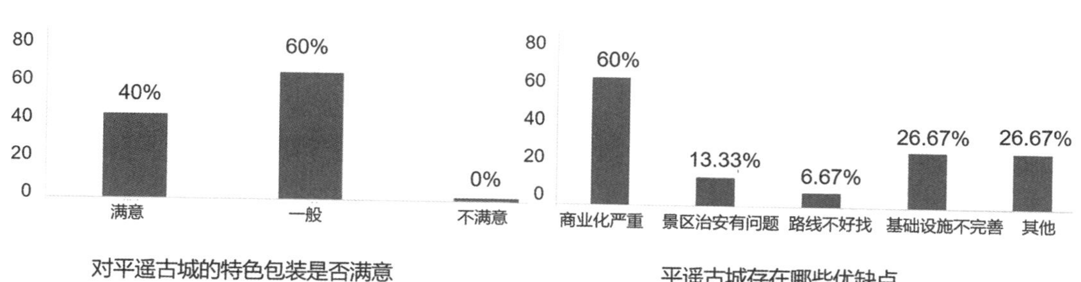

图3–41　用户评价分析

通过对平遥文化旅游景区进行用户调查，在导视系统方面调查统计结果如图3-42所示：

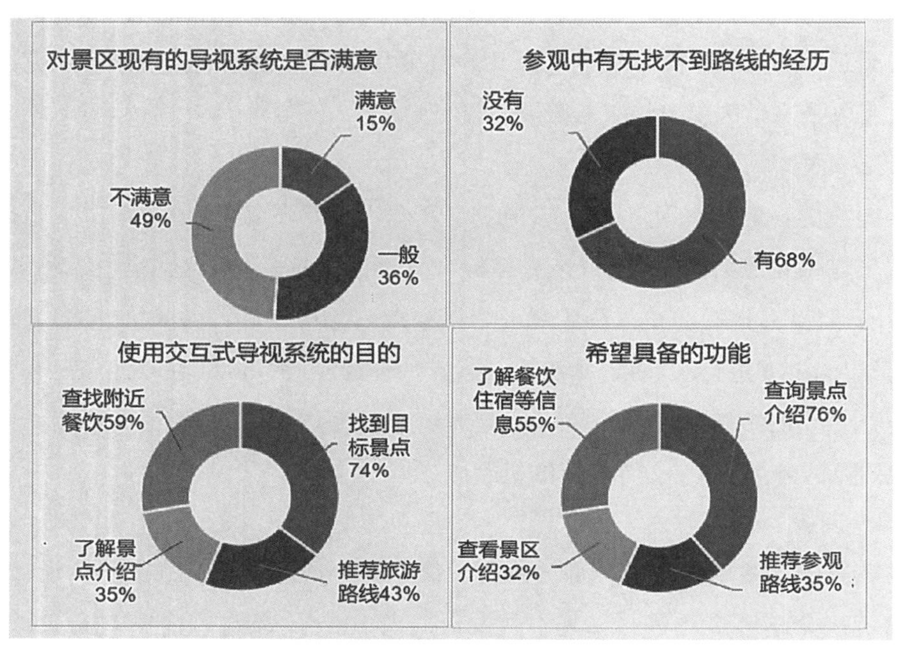

图3-42　用户需求调研分析

通过以上调研数据分析可知：

来平遥文化旅游景区旅行的游客使用现有的导视系统后感觉不满意的占比较大，所占比例为49%，感觉一般和不满意的占比分别为36%和15%。

有68%的游客反馈在景区使用导视系统寻找景点时出现障碍。

在对使用导视系统目的的调研中，用来查找附近餐饮店铺的游客占比95%，寻找想去的景点了解有关景点介绍、推荐旅游路线的游客所占比例分别为74%、35%、43%。

希望交互式导视系统能提供查询景点路线功能的游客占76%，希望了解餐饮、住宿、交通等信息功能的游客占55%，有查看景点相关介绍和推荐参观路线需求的游客分别占32%和35%。

3）游客积极评价、消极评价以及预期体验分析

为了能够更好地获取用户同理心，切身体验整个景区的服务系统，研究人员通过切身感受体验游客的痛点及感动点，发现不同游客不同的游览方式就会产生不同的痛点和感

动点。痛点是影响游客游览过程流畅性的主要因素，感动点则是影响游客游览情绪的决定性因素。例如游客参与到县衙升堂的表演中时，会获得新奇的体验；登古城墙会带给游客一览古城风貌的穿越时空的错觉；参观推光漆器时感受古老精湛的工艺带来的美感等，各种体验提高了游客了解平遥文化旅游景区的兴趣，易于实现情绪的迁移并投入历史文化背景中，从而促使游客更好地参与到保护与宣扬平遥古城历史文化活动中去。游客体验痛点与感动点汇总表如表3-16所示：

表3-16　用户需求痛点与机会点汇总表

序号	痛点	感动点
1	景区基础设施较差	特色传统建筑
2	导游质量较低，价钱较高	惬意的慢节奏生活
3	缺乏景区特色项目	品尝到当地特色美食
4	景区环境较差	了解平遥悠久的历史文化
5	特色产品包装结构简单	体验当地特色客栈住宿
6	景区道路复杂不易寻找	得到当地热心市民的帮助
7	景区商业文化浓厚，影响体验沉浸感	古建筑保留较为完整

2. 平遥文化旅游景区分析

（1）平遥文化旅游景区利益相关者分析

利益相关者是整个服务设计链条中的重要节点，贯穿整个服务系统，同时，对于服务设计的视觉表现来说，利益相关者活动在有形之中，体现着服务质量和设计品位。首先对于平遥文化旅游景区利益相关者进行分析，核心利益相关者为前来旅游的游客（服务体验者）和景区工作人员、当地商家以及居民，他们形成了服务系统中最主要的连接，其间存在无数的接触点。次要利益相关者为当地政府、建筑厂商、游览车供应商等机构，是组成完整服务系统的后台支持。其次还有交通管理局、周边居民等，也与平遥文化旅游服务系统存在利益相关。具体平遥文化旅游景区利益相关者如图3-43所示。

（2）游客体验旅程图分析

了解用户需求、分析游客从到达至离开全流程中的行为、接触点、情绪体验、痛点等是提升游客体验的关键，为了更好地理解和呈现这些信息，将其视觉化是一个有效的方法，具体用户旅程图分析如图3-44所示。

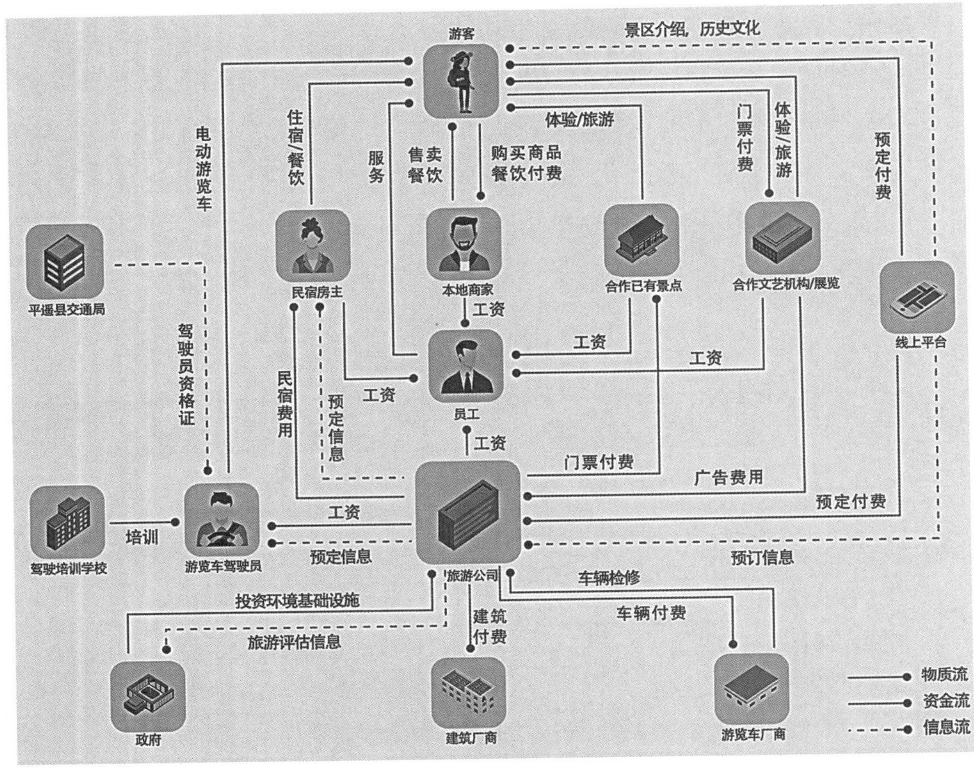

图3-43　景区各方利益关系图

3. 平遥文化旅游景区接触点优化设计

（1）接触点优化设计要素

1）地域文化要素

社会发展为人们的生活方式提供了更多的可能性，承载着地方特色的文化景区就成为用户体验中重要组成部分，因此在接触点优化设计中应充分考虑平遥古城的历史文化、晋商文化、当地习俗、特色食品等能带给用户独特体验的内容，在设计中需要将地域文化特色作为重点融入其中。

2）情感要素

随着经济的发展，人们的需求开始从物质向精神迁移，需求的转化促使着旅游业的升级转型，由提供景区观赏的基础功能、基础设施服务向提供精神需求的更高层级变迁。游客通过体验不同景区的地域文化获得情感满足，平遥文化旅游景区独特的晋商文化与建筑环境带给用户沉浸式体验，满足用户精神需求。

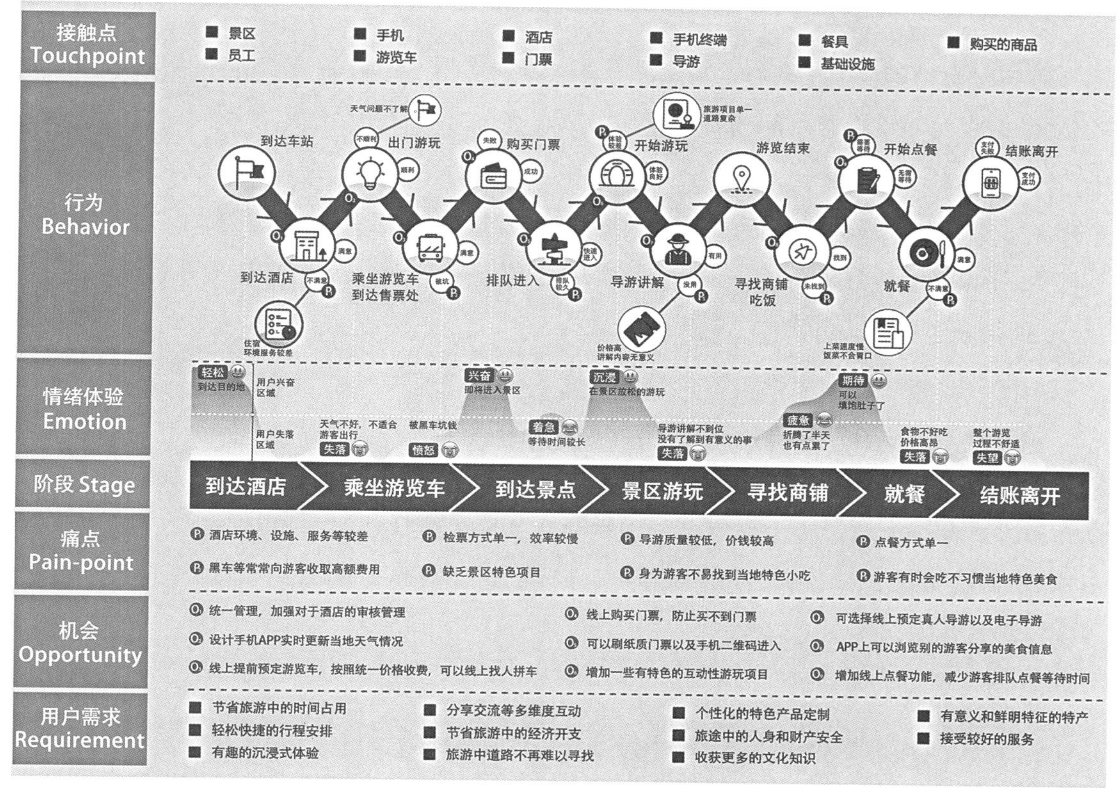

图 3-44　用户旅程图

3）系统性要素

服务设计就是设计更加完善流畅的服务系统，在这个系统中需要从宏观的角度进行规划，充分考虑平遥当地政策、周边企业生产力、交通设施、周边环境影响等因素进行优化设计。同时充分考虑平遥古城原住民以及周边居民给平遥文化旅游景区带来的影响，进行合理规划，使居民、游客、商家、政府等利益相关者之间形成良好的互动，给平遥文化旅游景区带来经济收益，提高知名度和影响力。

4）可持续要素

可持续发展是文旅发展的重点，可持续性意味着优化、节约成本和促进创新。随着文旅消费方式的变革和技术的进步，进一步打破了文旅行业的传统界限，文旅行业正积极借助技术手段向“文化 + 科技”融合方向发展，向品质化、智能化、应用场景多样化方向变革，以高品质游乐产品为载体实现横向跨界与纵向联动的多元融合，在跨界融合中涌现出系列新业态。因此在进行设计优化时应考虑可持续发展要素，设计规划出一个更加有价值、有潜力的服务系统。

5）交互要素

游客在游览过程中存在着许多交互行为，游客与工作人员、游客与游客、游客与景区服务系统、游客与基础设施之间的交互等。虽然交互行为与感受会随用户不同的生活方式和生活习惯而有所差别，但是在大量不同用户中其交互行为仍然时有共性可循。在设计平遥文化旅游景区的服务系统时，应该遵循游客在不同情景下的交互行为，并对此进行合理地设计优化，尽可能给予游客不同交互需求的满足，打造更完善、更人性化的服务系统。

（2）接触点优化设计策略

1）品牌形象设计的系统性

品牌是一个产品的标志性设计，对于旅游景区而言是最主要的形象，在对平遥文化旅游景区接触点优化设计中，品牌形象设计的系统性应当放在首要位置。其系统性主要体现在游客在整个游览过程中所看到的视觉化品牌形象设计。例如基础设施、产品包装、地图导航等，通过系统性设计，使其具有统一风格，贴合当地文化特色，融入当地文化精神，不仅仅是具有实用性和美观性。

2）用户需求的多样性

不同的环境会使人形成不同的生活习惯，不同的人对于物质和精神需求也有所不同。大多数用户都有自己独特的个性化需求，因此，在进行接触点优化设计时应根据游客所提供的不同需求进行个性化定制。追求沉浸式体验当地文化特色的游客可以在游客服务中心进行特有的路线规划，并换上特色服装，以便于更好地进行沉浸式体验。追求新颖、科技的游客可以使用手机App体验AR技术带来的独特游览体验。平遥文化旅游景区是国际知名度较高的景区，也接纳许多的国外游客，对国外游客来说语言是他们了解景区的障碍，对此应该针对国外游客在文字展示、语言沟通上给予充分的帮助。

3）标识系统的可读性

当今社会各种导航App的存在确实给用户带来很多的便利，但是对于平遥古城这一座历史文化名城而言，导航类App的使用会将游客一次次从当地特色文化氛围中拉出，使游客的体验感大大降低。景区内的标识系统是最直观地引导游客游览并将游客带入当地文化精神中的一大载体。在对标识系统进行设计时应考虑保障其可读性并将平遥文化融入其中。以用户为中心出发，尽可能引导用户与标识系统出现交互行为，以便于用户快速寻找目标景点和路线。

4. 平遥文化旅游景区服务系统设计

平遥文化旅游景区游客服务中心提供售票、问询、售卖地图、停车、导游等服务，结合上文中对游客、景区及其他利益相关者的分析研究，对平遥文化景区服务中心的服务系统进行优化设计。

（1）服务要素及流程分析

服务要素是指游客在游览过程中所接受的各项服务，通过上文中的沉浸式调研、问卷调查以及对相关案例的分析研究，将平遥文化旅游景区服务系统的服务要素总结为下述几点：

1）预订。生活节奏的加快，人们已经习惯提前订制行程，并且由于平遥文化景区景点较为聚集，游客停留区域也较为集中，容易导致拥挤，因此，需要提前预订、安排行程。

2）导视系统。平遥古城内路线繁多，为避免游客出现线路重复和景点遗漏，对于导视系统的优化设计极为重要，便于更好地引导游客。

3）问询。问询是游客在游览过程中遇到问题时较为便捷快速的解决方式，游客通常会对路线问题、景区信息了解情况、物品遗失、购物等存在困扰，希望能够得到及时有效的解决，因此，景区内问讯处应设立在景区较为显著的地方，并适当增加问讯处数量。

4）个性化行程定制。根据游客所需定制适合的个性化游览路线及游览方式。提供一条可以让用户切身感受到最真实的明清时期平遥古城的环境氛围。激发游客同理心，宣扬平遥文化和晋商文化。

5）纪念品获取。在景区投放自助兑换机兑换具有平遥文化特色的纪念产品，以游客在景区使用后的可回收餐具进行兑换，获取纪念品盲盒，使游客获取纪念品的同时给当地环保做出贡献，并给游客带来更加新奇有趣的体验。

6）帮助。对一些特殊游客或突发情况提供帮助。如为残障人士提供轮椅租赁、景区内提供紧急药物、儿童与家长走散等服务。

7）游客反馈。为促进平遥文化旅游景区更好地发展，游客可以在景区服务中心提出在景区遇到的问题以及建议。

（2）服务蓝图设计

服务蓝图是以服务流程为中心，侧重于通过接触点呈现服务的过程，不仅仅描述直接与用户发生接触的人或环境，更加聚焦服务的“后台”，也就是服务背后的支持部门和工作人员以及工作与用户的关系，映射出与服务相关的所有交互，使平遥文化旅游景区服务系统成为一个高效简洁，具有自身特色的以用户需求为中心的服务系统，并将其以图表的方式呈现出来。具体服务蓝图设计如图3-45所示。

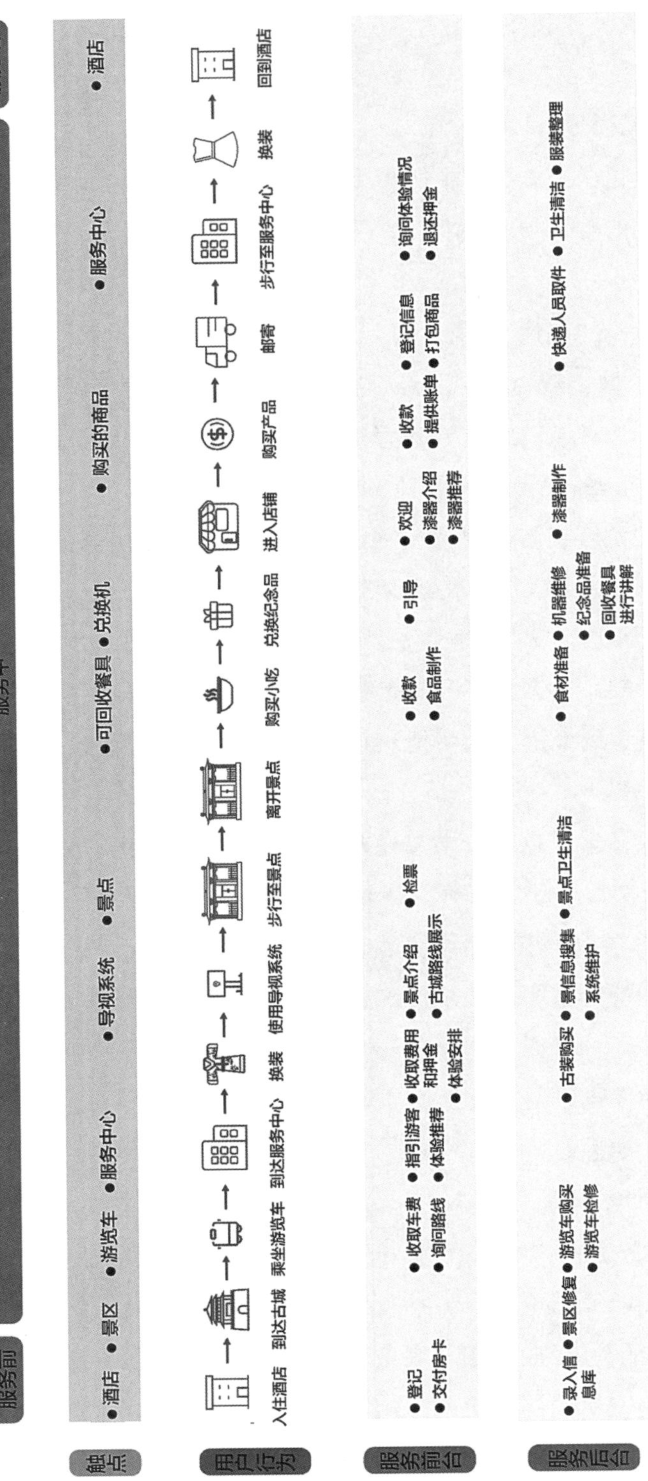
服务前
服务中
服务后
触点
酒店
景区
游览车
服务中心
导视系统
景点
可回收餐具
兑换机
购买的商品
服务中心
酒店
用户行为
入住酒店
到达古城
乘坐游览车
到达服务中心
换装
使用导视系统
步行至景点
离开景点
购买小吃
兑换纪念品
进入店铺
购买产品
邮寄
步行至服务中心
换装
回到酒店
服务前台
登记
交付房卡
收取车费
询问路线
指引游客
体验推荐
收取费用和押金
体验安排
景点介绍
古城路线展示
检票
收款
食品制作
引导
欢迎
漆器介绍
漆器推荐
收款
提供账单
登记信息
打包商品
询问体验情况
退还押金
服务后台
录入信息库
景区修复
游览车购买
游览车检修
古装购买
景信息搜集
系统维护
景点卫生清洁
食材准备
机器维修
纪念品准备
回收餐具
进行讲解
漆器制作
快递人员取件
卫生清洁
服装整理
图 3-45 服务设计蓝图

平遥文化旅游景区服务蓝图以用户为中心出发，展示了游客从游览前到游览中再到游览后的整个过程。在平遥文化旅游景区进行用户个性化服务需求设计，充分利用当地地域文化特色的独特服务系统，提高游客游览质量。

服务蓝图给游客提供个性化服务以及简洁具有可读性的导视系统，使游客全身心投入到游览过程中，给游客带来全程放下生活压力、慢节奏游走在景区的独特体验。通过合理化的景区导览设计、人性化的服务提示等，可以有效地吸引游客共同参与到维护景区环境可持续发展中来。

在服务体验偏差的方面，如服务人员在回答游客询问时，可能会存在答复不符合游客期望等问题，给游客带来不好的体验；景区商铺质量和服务参差不齐，有些商铺存在欺骗游客的行为；景区各类基础设施设计较少等。这是后期设计需要着重关注的内容，强化服务人员知识素养和职业素养，加强对商户管理，杜绝坑害顾客的行为等。

5. 服务流程设计

通过平遥景区可视化框架的设计，帮助用户理解服务的起止点、顺序和流程；帮助设计人员明确每个环节的功能和任务，确保整个服务流程的顺畅性。通过服务流程设计图可以发现潜在的问题，识别出可能导致服务延误、信息丢失或用户困惑的环节；有助于理清服务过程中各个参与者之间的关系和互动。通过绘制不同参与者在服务流程中的角色和责任，可以更好地了解不同参与者之间的沟通和协作方式；帮助员工理解服务流程和操作规范，确保为用户提供一致性体验。如图3-46、3-47、3-48所示。

6. 平遥文化旅游景区接触点优化设计成果

平遥文化旅游景区导视系统的优化主要以投放于景区的可视化大屏的交互设计为主，以游客为中心出发展开设计。景区导视系统的可视化大屏的交互设计主要分为五个模块：首页、附近、搜索、路线规划、景点介绍。

（1）首页。主要为平遥文化旅游景区的地图，游客可以看到自己所处位置以及各个景点的位置，根据位置信息选择游览的景点，还可以以拖动和缩放的方式查看局部地图。

（2）附近。主要展示设备所处位置周边的景点，餐饮、酒店公共设施等，游客可以浏览设备附近的特色餐饮店铺以及当地居民和游客对景点、餐馆等的评价。游客对景区了解不够深入，加入当地居民的评价更有参考价值。

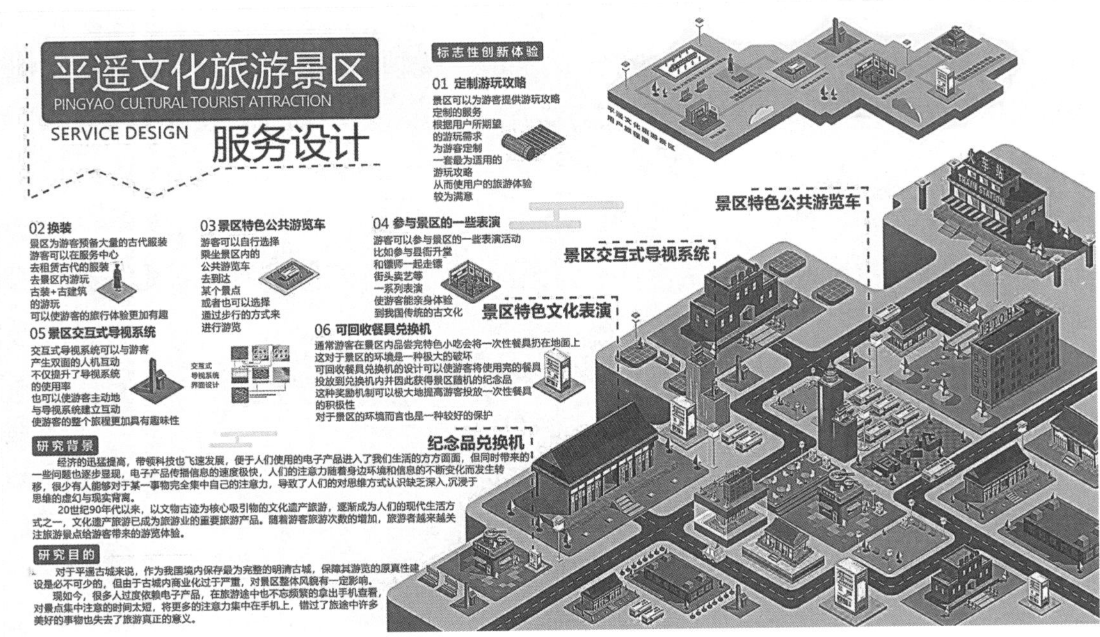

图3-46　平遥服务设计图

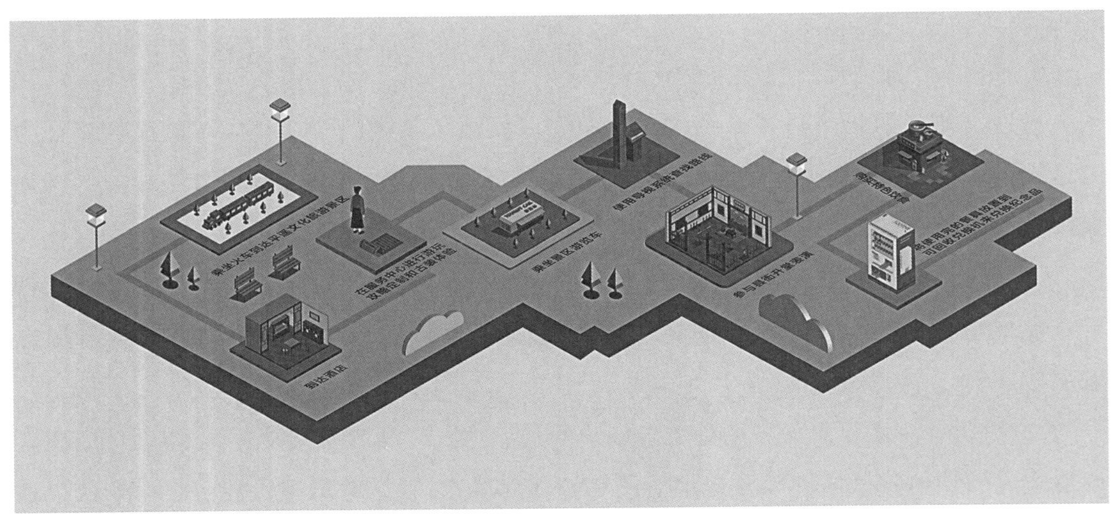

图3-47　平遥服务设计细节图

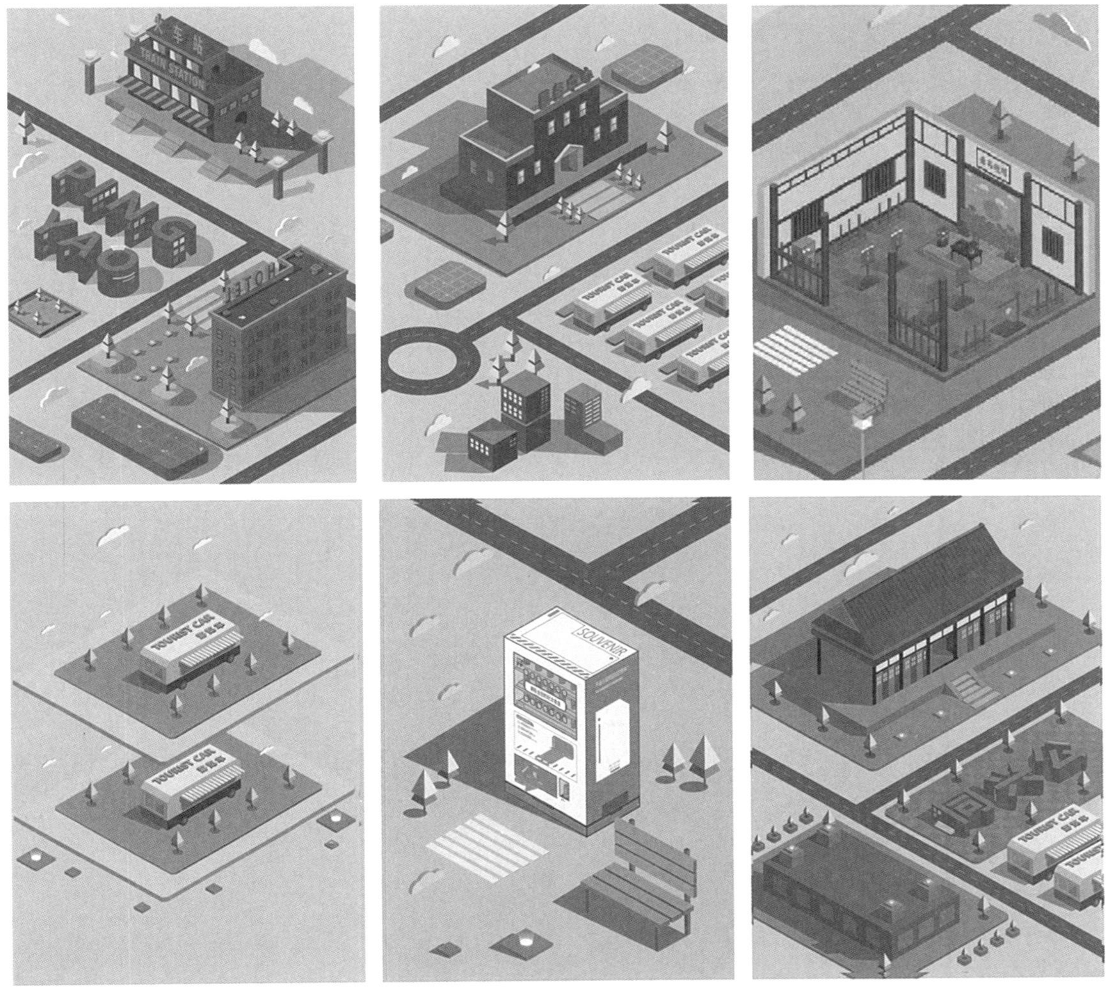

图3-48 服务流程设计细节图

(3)搜索。游客可以快速查找到自己所需要的内容。

(4)路线规划。游客在寻找到某一景点或者位置时,系统将会给游客提供几种不同路线选择方案。

(5)景点介绍。平遥文化旅游景区内的景点不仅仅是具有观赏价值,给游客提供一份完善的便于理解的景点介绍,让游客去深入了解每个景点背后的历史文化意义也是极为重要的。平遥文化旅游景区导视系统及界面设计如图3-49、3-50、3-51所示。

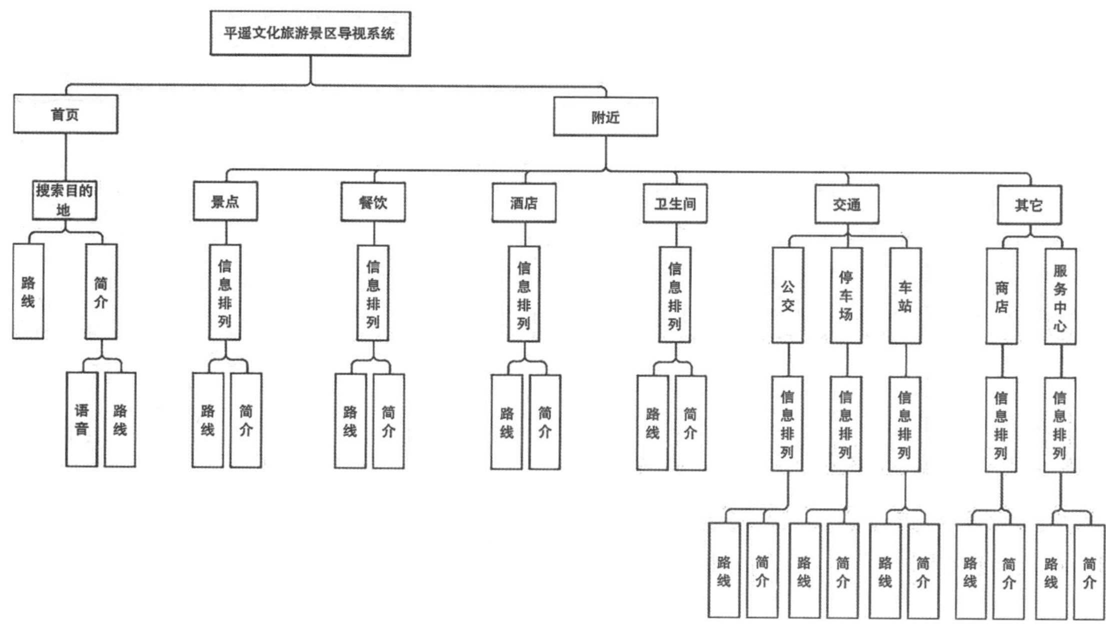

图3-49　景区导视系统

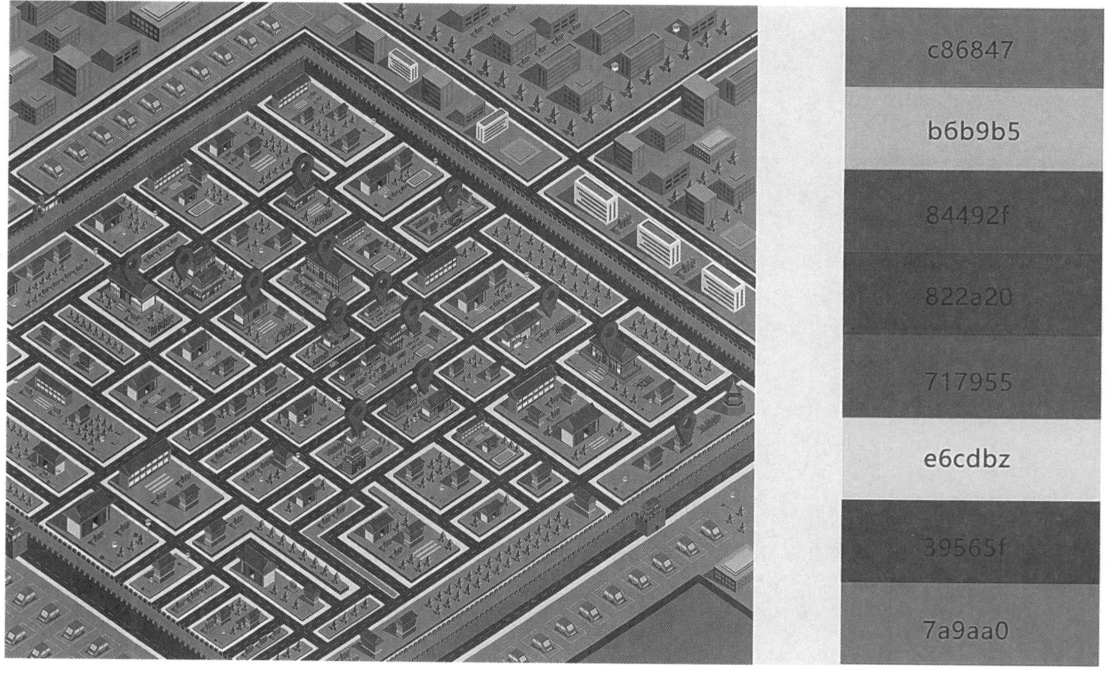

图3-50　景区地图设计

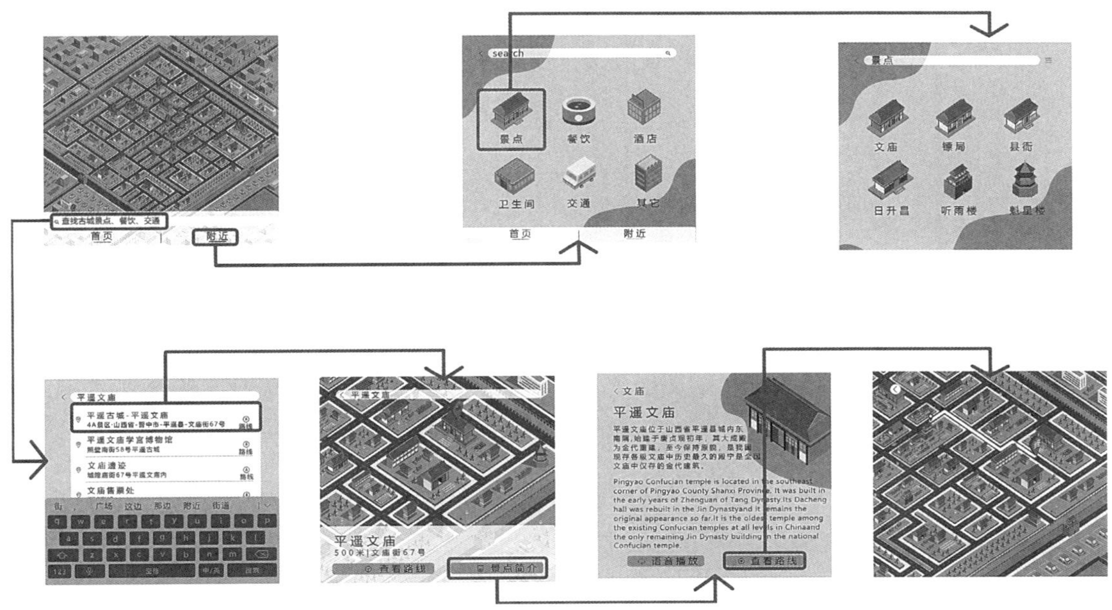

图3-51　景区导视系统界面设计图

平遥古城的基础设施、宣传策略、市场管控等方面都相对落后，市场竞争力较弱，导致其发展受限。以上设计在强化软服务基础上还需注重基础设施、商户管理、服务素养等方面，为提升景区整体服务质量提供保障。

服务设计是为了提高服务接受者与服务供应者之间的服务而规划组织起来的一系列活动，用于提升现有的服务或创建全新的服务。在设计过程中综合考虑服务接受者、服务供应者及其余一系列利益相关者的交互行为和信息传递等因素。从宏观到微观的方法进行分析研究再到后续设计优化，以用户为中心，充分考虑游客需求，并对其进行设计优化。寻找平遥文化旅游景区服务系统中涉及的所有接触点，分析其所存在的问题和可以进一步优化之处，从而完善优化服务流程，带给游客更好的游览体验，实现游客与景区、当地居民等一切要素的良性循环，实现由游客、商家、当地居民、景区、当地商家等组成的新型特色服务系统，保障平遥文化旅游景区的可持续发展。

用户体验设计评估、测试与迭代

用户体验设计中所呈现的可视化设计均以前期调研所得到的用户需求为基础，产品设计的初衷是满足市场与用户的期望，但因为设计人员深度参与到整个设计过程当中，不可避免地会掺杂设计师个人的主观因素，使得后续设计可能会偏离用户的真实需求，因此，需要对设计进行测试、评估。通过对可用性测试结果的定量、定性指标进行度量，完成对产品的易用性、可用性、情感性等方面的评估，评估结果能够为设计团队提供有价值的反馈和洞察，以支持设计的迭代和升级。

一、设计呈现

在用户体验设计中，设计呈现是指将设计师的创意和设计思想通过视觉、声音和交互等方式呈现给用户的过程。设计呈现旨在创造出具有吸引力、易于理解和令人满意的界面和交互体验，以提升用户对产品或服务的感知和情感连接。设计呈现可涉及多个方面的要素。

1. 视觉设计。包括界面的布局、色彩选择、图形和图标的设计等。通过视觉设计，可以创造出美观、一致和易于辨识的界面，吸引用户的注意力并提供愉悦的视觉体验。

2. 交互设计。关注用户与产品之间的交互方式和操作流程，涉及界面元素的交互逻辑、动效设计、反馈机制等，使用户的操作流程更加直观、流畅，并提供及时的反馈，增强用户的参与感和满意度。

3. 声音设计。包括界面音效、声音提示、语音交互等，可以增添产品的情感色彩和趣味性，提升用户的感知和情感体验。

4. 内容设计。涉及产品或服务中的文字、图像、视频等内容的呈现和组织方式，包括信息架构、文案撰写、多媒体内容的选取等。通过清晰、简洁、易于理解的内容设计，可以帮助用户快速获取所需信息，提供更加有价值和有意义的使用体验。

除了以上设计方面的内容外，还需关注与设计相关的原则与准则、产品或服务的原型设计，设计呈现要素各方面相互关联，共同为用户提供完整的设计呈现效果和良好的体验。

（一）设计准则与设计原则

设计准则是在数据分析基础上经过设计推导得出的设计研究方向和功能定位，也称为设计方针。设计准则的提出与项目具体需要关联性较大，因项目、需求、使用场景、用户痛点间的差异性，加上数据分析方法将会产生不同的设计准则。设计准则可以是抽象的、笼统的、不具体的，体现了设计方向性，设计研究人员需要通过关联设计将设计准则落实在设计过程中，并根据设计准则提出具体的实施解决方案，确保在概念设计阶段将设计准则落实在设计实践中，并达到预期的设计目标。设计人员需要遵循的设计准则表现为以下方面：

1. 创新性

产品创新设计往往与创新技术同时发展，人类通过科技创新发展来激发更多的创新设计实现，并解决产品创新设计的现实问题。产品设计创新性可以表现在产品设计外观、色彩等方面，也可以表现在技术和功能创新上，产品创新性与功能设计不同，是在产品核心功能基础上进行的。产品或服务的设计中引入新颖的思想、理念或功能，以满足用户的新需求或为用户提供全新的体验。

2. 核心性

在产品设计前期需要对用户需求进行合理分析，设计的核心是为了满足用户的需求，这里的用户需求包括可以看见的物质需求和基于用户良好体验的精神需求，也体现了以人为本、以提升用户体验为宗旨的设计原则，是产品设计的核心，设计应围绕产品或服务的核心功能或主要价值进行，确保核心目标得到满足并突出展现，以提供核心体验。

3. 系统性

在产品设计中，从整体性角度出发，对产品的功能设计要有一定的认知，协调各个组成部分的关系，并根据系统性准则对其功能的重要性进行了解和区分，进行合理地安排和设计，确定产品的主功能和附属功能，理清各功能在产品定位中的主次关系，将整个产品的系统性提高到以用户良好体验为设计目标的高度进行设计考量和设计实践，同时，系统性地遵守能合理协调设计研发过程中所需要的时间、材料和内容之间的调配工作，确保一致性和完整性。

4. 合理性

产品设计之初需要合理地满足用户的需求和期望，并对其进行可行性分析，尤其是新

兴产品设计研发中，合理性与可行性分析是必不可少的，也是尤为重要的设计环节，通过该环节能够将产品设计过程中可能出现的问题提前预见并做好规避。

5. 易用性

用户需求在产品设计中将体现在易操作、功能强大、体验良好等方面，其中易用性是用户体验中重点关注的设计点，产品设计的操作界面要便于用户开展工作、提升工作效率，在用户界面的功能表述中要对产品功能和使用方式进行简单、清晰的描述，既便于用户理解，又便于用户操作，尤其是对于新用户，更要做好易用性操控引导工作，便于新用户轻松体验产品，并积极接受用户引导，进而在较短时间将新用户转化为稳固的中间用户，为产品用户群增添新的、稳定的用户；对于高级用户也要做好产品易用性服务工作，便于其能轻松实现产品不同版本间顺畅过渡，更好地体验产品。

6. 一般性

设计应具有广泛适用性，考虑不同用户群体的需求和背景，以满足多样化的用户群体的需求，在产品设计研发过程中需要考量产品结构、外观、工作流程、功能等方面的设计精度问题，在确保产品稳定运行的同时，对产品设计精度的考量也是产品设计中的一般性设计准则。

7. 及时响应性

产品设计中需要将产品在用户互动体验中及时做出互动响应作为重要设计内容，系统需要对用户的执行动作及时加以确认，并以一定的形式及时反馈给用户，给予用户适当的犯错回撤机制，避免用户因为意外的操控带来不可逆的操作和无法挽回的损失，响应及时能给用户探索产品新的功能带来积极的正向激励影响，产品操控过程中用户得到及时的响应，并能判断操作结果是否符合用户需求，如出现反馈与用户期望匹配度不高的问题可以得到及时调整，提升用户体验产品的满意度。

8. 功能多样性

对于不同用户进行交互方式多样性设计，允许用户根据个人情况和喜好进行最优交互方式的选取，同时，要针对用户分类进行交互设备的优化处理，凸显不同设备间的差异性。能无障碍实现用户在不同交互方式间进行切换。多样化的交互方式满足了用户在交互方面的差异化需求，也体现了用户在不同场景、掌握不同交互技能、不同个人喜好等方面交互需求的变化，带给用户多层级的交互体验。

产品设计原则是指在设计产品时应该遵循的一些基本准则和指导原则，以确保产品的功能、可用性、可靠性和用户体验等方面得到最佳的表现。“没有原则的产品设计不是好的设计”，产品设计原则是公司产品研发部门设定的设计时应遵循的原则性规范，是进行产品设计应遵守的设计约束和底线，产品设计研发团队应根据设计原则进行设计需求的合理取舍。

微信是一款受众广泛、用户接受度高的产品，其始终秉持以用户体验为中心，保持简洁与个性、互动性、一致性的设计风格。产品设计原则包括马桶理论，即确保给用户的内容在上厕所的时间内可以看完，避免内容过多导致用户无法消化；人性化设计要求由己及人，设计师应该站在用户的角度思考，设计出符合用户习惯和期望的产品；从日常体验中发现本质，通过观察和理解用户在日常生活中的行为和需求，并将其融入产品设计中；产品是技术与艺术的结合，对艺术的要求越来越高，产品不仅需要具备技术上的可行性，还需要具备艺术上的美感和吸引力，使用户产生情感共鸣；“爽”和“好玩”对用户而言赛过功能的实用性；DNA是产品的价值，有DNA产品才会进化，产品应该有自己独特的品牌和特色，具备独特的基因和核心价值，才能在市场中持续发展和进化；先做产品结构，再做产品细节，产品设计应该从整体结构和架构入手，确保产品的基本功能和框架正确，再进行细节的设计和优化；宁愿损失功能也要保留体验，等等。这些原则反映了微信在产品设计中的关注重点和价值观，以用户体验和情感需求为核心，注重技术和艺术的结合，追求简洁、好玩、个性化的产品体验。

B 站是集二次元、学习、娱乐等功能于一体的综合视频社区。用户大多是在互联网时代成长起来的一代人，互动性设计吸引了大量追求新鲜感的年轻群体在站内成为活跃用户，产品设计原则包括给予用户安全感，为用户提供安全可靠的使用环境和保护用户隐私的措施；突出产品特性，增加趣味性；弹幕关闭便捷性，特殊弹幕提升互动性；配套拖动键增强网站IP记忆点，强化品牌文化渗透，设计具有独特外观和符号意义的拖动键成为B站品牌的标志性元素，增强了用户对B站的记忆和认同感，并起到有效传达品牌文化价值的功效；季节性趣味小游戏增强用户的参与感，强化用户在B站的互动和娱乐体验，提升用户的趣味性和参与度等。通过这些设计原则，B站成功吸引了年轻群体并建立了独特的社区氛围和品牌形象。

根据以上优秀设计案例的分析，总结用户体验设计团队在产品设计时应如何确立设计原则。设计原则不能等同于功能和内容，而是产品设计理念和价值观的体现。如“需要文字解释的功能不是好体验”“唯有极简不能被超越”和“面向场景做设计”就是产品的设计原则，因此，在确定产品设计原则之前先要明确以下问题：

（1）确定产品的目标用户，即服务对象。

（2）明确产品要解决的问题、可以满足的用户需求，进而明确产品设计的方向。

（3）要对用户群体的心理和情感进行分析。

设计原则存在的意义在于指导产品的设计方向、引领产品价值观的确立，设计原则的确定需要经各产品利益相关者的评审和共同遵守，设计原则一经确定，在后续设计研发中就要遵循并作为产品设计的保留底线，在产品设计中被奉为不可触碰的法规和条例，在产品设计实施过程中还可以有很多小的原则，如交互开发原则、色彩基调原则等，这些原则在与产品基本设计原则不背离的前提下可以并存。在产品设计团队出现分歧时，设计原则就体现出其独特的价值，团队成员可以依据设计原则进行分歧的解决，便于快速处理分歧并避免出现无价值的争论与循环讨论。

（二）原型设计

项目设计团队在不同项目的需求下通过合理运用原型设计将设计思想表达出来，并作为团队成员间准确传达设计理念、展现设计方案的重要载体，是项目设计中沟通思想的重要内容，并可以降低各职能角色间的沟通成本。

原型设计是一种设计思维方式，原型是任何出现在脑海中的想法，可以让用户看到、可用于测试的内容，通过原型可以将设计想法转化为可视化的信息表达形式，并提供给用户进行设计测试，也可以用来测试未成熟的想法，进而不断改进设计思路、完善设计，促使达成最佳的设计效果。

在产品设计研发过程中，原型设计可以帮助团队设计出对用户有影响力和价值的产品。整个研发过程可以通过创建设计原型、与用户交流、观察用户与原型的互动行为等形式来获得用户有价值的反馈信息，可以掌握用户在与原型交互过程中出现的问题，如对内容的理解方面、体验过程中出现的变化等，并以此为基础开发满足用户需求、体验良好的产品。

1. 原型设计的价值

原型设计可以在设计的不同阶段使用，每个阶段各有其使用价值。

（1）分析与沟通阶段

在设计研发团队中会出现不同的设计想法，沟通时团队成员、用户等将通过设计想法的描绘自行架构出差异性较大的模型，很难做到思想统一。原型设计可以帮助设计团队和利益相关者明确产品的基本功能和用户需求。借助原型可以将模糊的语言表达转化为数字、纸质、模型等媒介表现形式，将抽象的、模糊的想法用具象的形式呈现出来，为团队成员、用户、利益相关者传递设计意图和提供交互细节，更好地展示产品功能和交互流程，快速探索不同的设计方向和交互方式，在短时间内帮助团队快速迭代、聚焦设计思想，并与团队成员和利益相关者进行讨论和反馈，共同探索和确定产品的整体方向。

（2）设计迭代与测试阶段

原型测试是通过用户反馈来验证假设的正向过程，在设计中有时会通过猜测用户的想法来达到获取用户需求的目的，但获得的结果与用户真实需求间会产生较大差距，导致设计方向指引上的严重错误。通过可交互的原型设计可以快速验证和调整设计方案，发现和解决潜在的问题，进而修正设计方向。原型与用户互动的形式可以洞察用户的真实需求，为设计者提供方向指导，能让设计团队从用户反馈中受益。

（3）最终定稿阶段

设计人员可以利用原型与测试中获得的用户需求进行设计改进、支撑产品设计的方向性调整。通过创建高保真或混合保真的原型，可以更真实地展示用户界面、视觉元素和动效效果，以及与其他系统的集成，确保设计的一致性和可实现性，并为开发团队提供更具体的指导。

2. 原型设计阶段性

原型设计阶段可以用图纸、模型，其中模型包括低保真、中保真、高保真、混合保真模型。图纸是利用纸质媒介进行设计思路的表达，模型是能传达设计意图的产品模型。

低保真模型使用简单的手绘图、纸张剪贴、线框图、简单数字原型等来展示设计概念和基本的交互流程，具有制作快速、成本低的特点，主要用于初步验证和快速迭代设计想法。中保真模型使用数字工具创建，可以更准确地模拟用户界面和交互效果，包含有限的互动元素、填充内容和基本的视觉设计，能更具体地呈现设计概念。高保真模型使用专业的设计工具创建，具有高度逼真的界面和交互效果，接近最终产品的外观和感觉，通常包括详细的视觉设计、动画效果和交互细节，可用于用户测试和验收。混合保真模型结合了低保真和高保真元素，根据具体需求和资源来选择使用不同级别的保真度。

例如，在原型设计中可以使用低保真元素来展示整体布局和交互流程，通过反馈与讨论，快速修改和迭代，对目标用户进行简单的测试；在初步验证设计方向后，可以使用线框模型、交互式线框或简化的界面设计等中保真原型更详细地定义产品的结构和功能，与目标用户进行中等程度的用户测试，模拟实际交互场景，观察用户的行为和反馈，更好地理解产品的外观和交互；在概念验证、用户测试环节，使用混合保真原型展示产品的关键功能和交互方式，进行多次用户测试，验证和修正设计；然后使用高保真元素来呈现特定的界面细节或交互效果，与目标用户进行逼真的用户测试，模拟实际使用情境，考察用户的反应和互动体验，收集更具体、细致的用户反馈，指导最终的优化和迭代等。

在产品研发设计中都会用到不同保真度原型，模型保真度代表着原型设计的外观、交互行为与最终产品间的近似程度。

合适的保真度选择是原型设计的关键，原型设计通常从低保真度开始，逐步提高到高保真模型，低保真阶段设计的原型较多，测试与修正也更频繁，随着设计想法趋于稳定，原型设计也变得更加精练，数量越来越少。在设计过程中要结合原型测试所处阶段灵活使用不同保真度模型，当原型设计保真度过低时将影响用户对于前后设计流程与功能理解的连贯性，在原型测试中易于迷失方向；当原型设计保真度过高时，在用户测试中将会得到“设计工作即将完成”的心理暗示，测试时将偏向于针对设计细节进行反馈，容易忽略对设计大框架等方面内容的关注。因此，在设计中可以根据各个阶段重点与原型设计目标适当选择模型保真度，或者使用混合保真度模型，从而高效获得反馈，促进设计快速推进。各保真度模型针对其优劣和使用过程描述进行相应分析与对比，如表4-1所示。

在原型设计测试阶段可以通过维度与特定原型的匹配来衡量原型设计目标，确保原型设计在各阶段可以有针对性地进行选择。

表4-1 保真度模型对比与分析表

	低保真模型	中保真模型	高保真模型
优势	制作简单、快速、粗糙、便宜	模型某些方面与最终产品有一定相似性，将视觉设计、交互、功能较好结合	原型包含具体内容，大多数功能可以实现，设计完整，可以测试交互性
不足	与最终产品差别较大，视觉设计较差	制作耗时，功能还不完备	制作花费时间长，需要高水平技术与软件支撑
使用过程描述	测试基本的、大的假设，包括用户流程、信息架构（标签、导航布局和基本组织）和用户心智模型。专注于产品的整体使用和流程	测试具体流程与互动性，原型在测试中体现出与前后设计的连贯性，更易于理解	可以测试具体交互细节，展示最终设计

视觉细化设计与低保真模型的结合阶段，在设计想法还未完善时，根据测试需要可能会选择低保真度视觉效果，从而导致用户测试时将注意力集中在大框架设计概念方面，容易忽视对材质、色彩、交互细节等设计细节的关注。

原型设计的功能框架设计阶段，此阶段涵盖了较多的功能设计点，测试关注点在于功能框架而非原型设计的完整体验，较低的原型覆盖度将关注单一设计功能，更利于设计与测试特定功能；较高的原型覆盖度利于测试用户交互的完整性。

原型设计中各功能在流程中的深度体现了其设计的详细程度，设计与开发流程阶段可以通过各个功能设计的深入程度达到测试功能详细程度的目标，用户可在测试中体验产品的不同功能。

原型产品的交互流程与交互形式如何呈现给用户以获得预期的交互效果体现了原型的交互性。原型的交互性包括页面加载与反馈、动态载入与展示、按钮实时响应等产品对于用户输入所能做出的及时反应均体现了原型设计的交互性。

在测试产品信息表达是否顺畅时需进行数据运行模拟测试，测试围绕设计更新与数据优化展开，可以模拟创建真实的数据模型与运行环境，便于通过模拟真实场景获取贴合真实数据运行的结果，为该部分内容优化提供最接近的数据表达。

设计原型作为团队设计思想沟通、测试的重要载体，一定要能准确传递设计想法，在原型设计不同阶段，原型所要展示的内容有所不同，但一定要能清晰传达产品架构和操控流程。对于视觉设计要能清晰传达视觉风格。

原型设计根据项目需求梳理业务流程，将业务流程根据用户需求进行模块化区分；根据需求和业务流程将设计页面合理拆分，并在此过程中分出设计主界面和核心界面；梳理每个页面的信息结构、页面的全部元素及元素之间的逻辑关系，画出详细的结构图；绘制原型界面，将产品页面的模块、元素、人机交互形式通过线框图的方式生动地表达出来。原型设计可以是纸面原型，也可以使用专业产品设计工具中的可交互原型，手机端原型界面设计如图4-1、4-2所示。

原型测试一般从低保真度设计开始，通过测试反复进行设计方案的修正，并在此基础上制作新的低保真原型、开启新一轮的测试，持续迭代。经过低保真原型重复迭代，其原型细节被不断完善，进而向中保真和高保真度原型推进，直至测试结果接近或满足设计目标，通过整合原型细化内容逐步形成高保真原型。

原型设计思想贯穿于整个用户体验流程设计中，能降低视觉设计呈现对功能与流程

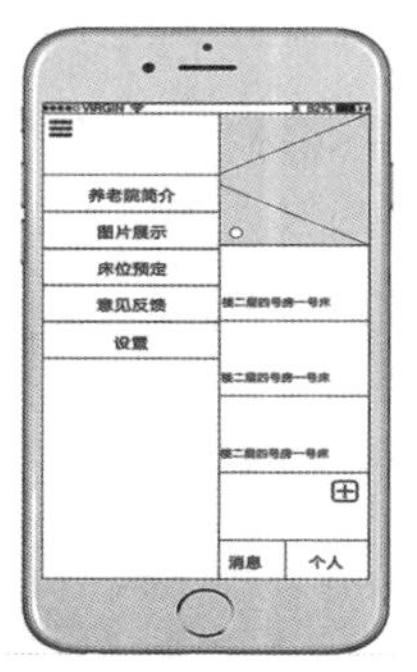
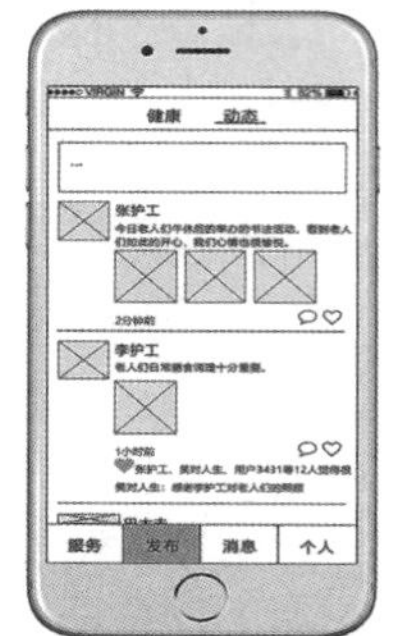

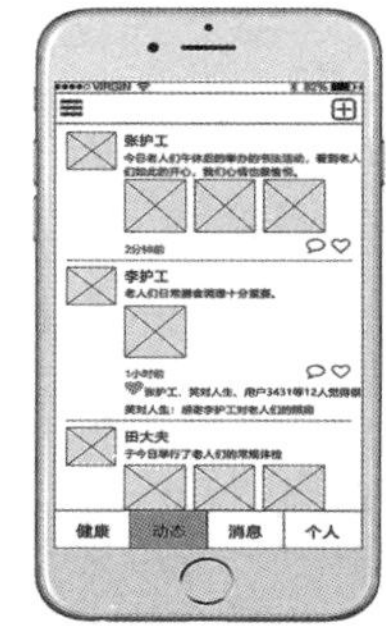

图 4-1　原型界面

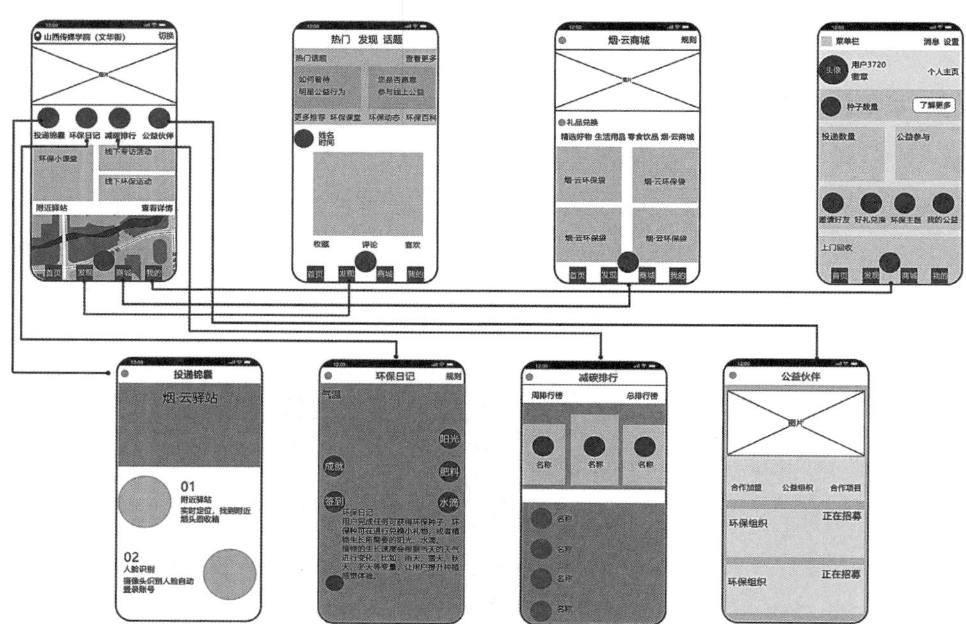

图 4-2　原型设计图

框架设计的干扰，使得测试能集中在某个固定框架内进行，便于集中突破原型测试细节点，随着一个个细节点的迭代改进与修正，整个原型倾向于完善，通过场景化描述、模拟产品功能的模型、高保真模型来传达设计思想。

原型设计案例：体验式公共空间洗衣机产品设计

1. 原型制作

为了检测设计是否符合通过产品带给用户的交互体验这一要求，通过简易原型设计来模拟测试用户体验的交互过程，并在真实操作环境下观察用户对交互过程将产生何种反馈。

本案例是关于高校公共空间洗衣机产品的相关设计，良好的用户体验是体验经济时代产品设计的核心，产品的创新与用户体验密切相关，产品的创新包含产品本身的创新和服务的创新，针对高校公共空间洗衣机研究与创新需求，通过产品设计与手机App端的连接，为高校生活的群体提供适合公共区域使用的产品，并进行手机端界面设计，实现网络预约、提醒、结算等功能，为该区域群体提供更好的生活体验，也对公共服务业提供重要参考。

本案例根据高校用户群体生活中必需的洗衣流程、现有的服务情景进行痛点描绘，如图4–3所示，绘制服务流程设计草图，通过屏幕播放的形式来模拟真实的界面、功能的交互和流程体验，此时的界面与最终产品界面相比较为简单，该流程的重点在于找出用户体验公共洗衣服务中存在的痛点。

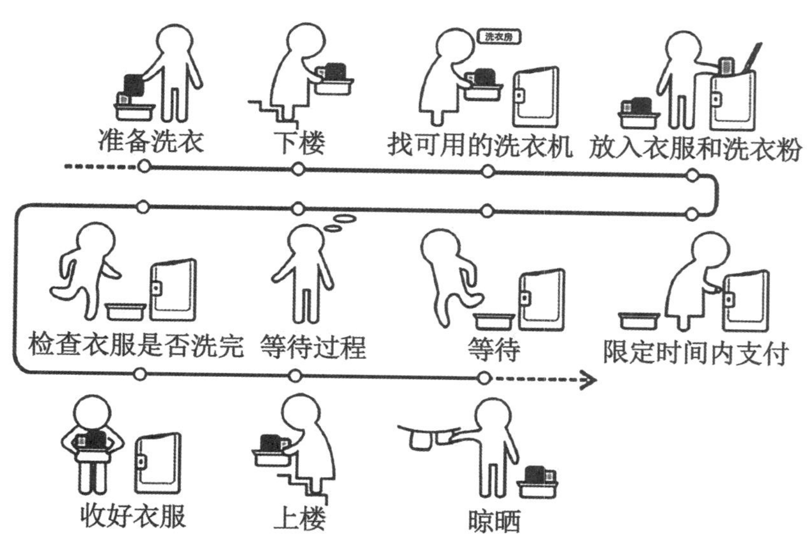

图4–3 用户洗衣流程痛点分析

经过草图设计与测试，对用户、洗衣机两者与系统服务界面的互动性进行改进，并梳理其服务流程，分析了用户在使用过程中可能出现的问题，对其在整个服务体验中的节点进行调整，并在此基础上进行了服务流程的改进（如图4–4所示），如改进版流程添加了可以通过手机端进行预约或排队、洗衣中途添加衣物与洗衣液、缴费、洗衣中途可以离开、洗衣完成的提醒功能等用户在使用中会出现的现实需求，并进行了用户流程测试，测试重点放在设计的界面交互过程的合理性、是否能让用户满意，以及整个体验流程顺畅性、是否有错误等方面。通过分析确定了需要制作的页面，进行了原型设计，如图4–5、4–6所示。

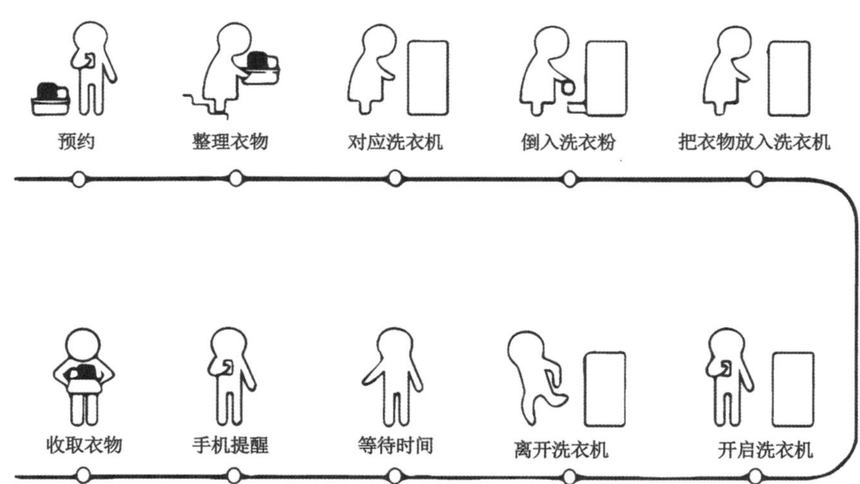

图 4-4　用户使用洗衣机流程改进图

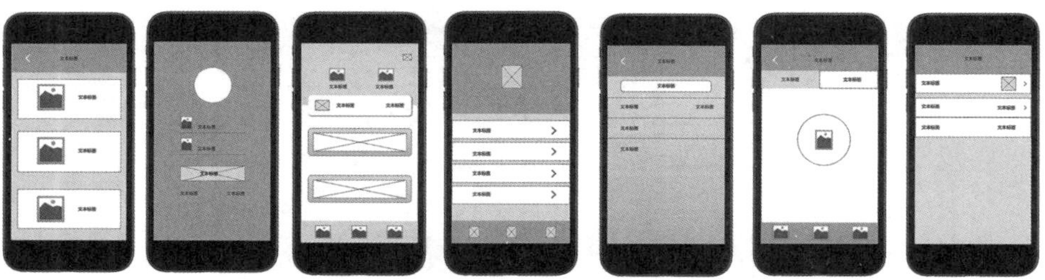

图 4-5　原型设计图

图 4-6　原型设计界面图

2. 角色扮演式的设计测试

角色扮演在设计测试中起到重要作用，原型制作完成后，邀请用户体验者根据预设的情景、在情景中体验可能出现的交互行为的描述开展角色扮演体验活动。通过用户体验活动能帮助设计人员对概念设计、交互行为、交互流程、交互情景进行探索和完善，并在此基础上进行设计反思，进而将结果反馈至设计，直至符合设计要求。

在参与体验前会与参与者进行体验沟通，让参与者对体验情景有预先的了解，并要求参与者尽量融入情景中进行角色体验。在体验过程中，提高与参与者的互动与交流，参与者每完成一种交互操作体验将会与参与者进行沟通，陈述在体验过程中的感受、建议；在体验过程中还会使用观察法对参与者在体验过程中的行为、遇到的操作困扰、用户的操作流程等进行详细地观察和记录，在体验结束后将针对用户在体验中的此类情况进行详细地沟通与交流，确保完整记录用户体验中的数据和信息，并积极与参与者交流，引导、鼓励参与者对以上情况详细描述其真实想法。

在用户体验基础上针对以上情况进行设计反思，结合设计实际得出新的设计思路，如智能电子屏系统显示设计中，不使用背景光调节功能时，背景光调节按钮将被隐藏，在需要时通过手势进行该功能的唤醒；在智能灯具设计时提供语音控制功能，可以根据不同场景的需求控制其不同的亮度和光色，看书时通过唤醒“看书”模式提供亮光，看电视时唤醒“背景光”模式调低亮度，提供电视背景光即可，等等。

针对高校公共区域洗衣机项目设计，通过以上用户体验过程，设计人员根据用户体验的反馈，结合设计实际进行了反思，结合设计规划对设计功能与交互操作进行了必要的保留与修改操作。保留了抽屉式的洗鞋功能及较大储物仓功能，方便高校学生群体在公共洗衣空间实现用户一次携带较多待洗衣物和鞋子，但需要分次清洗、无法存放下次需清洗衣物的储物需求，该抽屉式设计就可以满足不同学生用户的使用需求；关于学生用户在洗衣区繁忙的时间段，如晚上、中午、节假日等需要等待等问题，实现时间的有效规划和利用，保留了预约功能，根据预约时间合理安排洗衣时间，避免无效等待，对于预约排队的等候情况界面设计实现实时更新，避免因故障、洗衣过程中出现的拖沓行为造成的与预约时间产生较大偏差的事件发生，也实现了用户与系统功能的实时互动；而对于付款页面则根据用户体验中出现的使用洗衣机时长进行预付款的功能，在用户体验中出现的因为操控过程中的时间延误、故障导致的时长计算不准确的情况进行了设计流程的改进，将预付款改为依据实际使用时长的付款计算模式，并添加了因机器故障、使用过程中操作不熟练导

致的时间延长等问题的洗衣时长单独计算等解决方式，让用户在体验中感到设计细节的完善与服务体验的提升。

此外，还有一些设计是在体验中反映出来需要改进的。

（1）洗衣机是公共设施，其顶端因学生群体需要放脸盆、洗衣液等个人物品，需要设计凹槽，便于学生群体能在取回清洗物品后顺便发现此类个人物品，并及时带走，这项设计是家庭版洗衣机设计中不被重视的功能，但在群体性公共洗衣空间确是较为实用的设计。

（2）底部的支撑点采用防滑、耐磨的材质、可伸缩的支架，便于洗衣机适用于不同的公共洗衣场所和多种地面，增强其实用性和耐磨性。

（3）在洗衣等候过程中，用户可以合理利用这段时间进行外出、返回寝室等可以并行操作的事件，但鉴于洗衣机的公共使用属性，为方便用户能及时取走洗好的衣物，需要设置洗完提醒功能，便于用户及时发现并取走衣物，方便后面排队用户的使用。

二、设计评估

设计阶段的测试评估以原型为基础，在产品与设计系统工作进行到一定阶段，为使设计符合前期的市场策略，需要对其进行评估，测试原型设计是否能有效解决用户痛点，评估包括产品概念评估、交互原型评估、产品模拟评估和可用性评估等。

（一）启发式评估

启发式评估是基于启发式规则或设计原则，由专家评估产品或系统的界面，以发现与这些规则不符之处的一种评估和识别用户界面设计中潜在问题和改进机会的方法。可以用来解决产品设计中的可用性问题，高效且成本低，是通过启用一套相对简单、通用、有启发性的可用性规则进行可用性评估。具体操作为邀请专业的体验评估人员使用产品，通过执行一系列操作，并根据事先约定的评估标准找出可用性问题进行评级，进而修复问题，让用户体验更流畅。

启发式评估在评估过程的使用并不限定于某个特定的时间段或某个特定的产品设计阶段，任何需要体验专家来评估和验证方案的阶段均可使用该方法。从原型设计阶段到产品上线，越早介入启发式评估其修订成本越低；另外，已上线的产品也可发起启发式评估，结合用户反馈，更易找出最终的可用性问题，但其迭代设计成本较高。

尼尔森十条启发式原则是启发式评估常用的设计评估法则，包括系统状态可见，系统与现实世界的匹配，用户可控性和自主权，统一和标准化，防错性、识别性，灵活高效，美观简洁，帮助用户识别、诊断和从错误中恢复，帮助和文档，共十条法则。根据设计评估内容属于具体功能、交互形式与反馈等细节性内容还是整体性内容，将尼尔森十原则基本指标分为页面性指标和整体性指标两大类，列出启发式评估设计参照表，如表4–2所示。

表4–2　启发式评估参照体系表

分类	尼尔森评估原则	基本指标	细节
页面性指标、流程页	识别胜于回忆	可识别性	用户能看见并轻松识别相关信息，并与其他信息区分。
	帮助用户识别、诊断和从错误中恢复，防错性	可操作性	用户可以进行正确操作
	灵活高效性、用户可控性和自主权	灵活容错性	用户可自由选择操作方式，允许出错，且出错后有撤销功能
	系统与现实世界的匹配	可理解性	用户从产品设置的信息中获得与现实世界信息相匹配的理解水准，且易于学习
	系统状态可见性	及时反馈性	用户及时知晓自己完成的操作
	美观简洁	视觉体验性	评估产品的外观、色彩、风格等方面的视觉体验
	帮助和文档	帮助信息	利于用户使用帮助信息完成对产品与系统的熟悉与操作
整体性指标	系统与现实世界的匹配	操作习惯性	保留用户的操作习惯
	统一和标准化	文案一致性	文案
		视觉统一性	相似的视觉感受，如外观、色彩、质感等
		版本承接性	保留旧版本的特性
		操作统一性	操作方式类似

在使用启发式评估方法具体实施时，需要注意以下几点：

1. 启发式评估是主观式、快速评估的过程，评估者应意识到评估的局限性，也应始终坚持从用户角度出发，但需要注意该评估并不能发现所有潜在问题，在结果分析和解释时应保持客观。

2. 评估专家最好选取同时具备相关经验和专业知识的人士，且需要熟悉用户体验设计原则、具有良好的分析和批判性思维能力，以此确保评估结果的有效性。

3. 为评估者提供相对安静和专注的环境、明确的任务说明，包括要完成的特定任务、使用的功能和界面部分，确保评估者了解每个任务的背景和预期结果。

4. 评估人员在做出对评估是否满意的评价时要说明缘由。在测评工作结束前，评估人员不能交流，评估结果应及时反馈给设计团队，评估者和设计团队应共同讨论和解释评估结果，并采取适当的行动来解决发现的问题，以促进设计的改进和优化。

5. 评估报告中应包含评估标准、结果、可用性问题的描述、建议与改进措施。

遵循以上注意事项，启发式评估可以提供有价值的反馈和建议，帮助设计团队识别和改进设计问题，提升用户体验的质量。

（二）产品原型评估

交互原型评估可以模拟测试用户与未来产品的交互过程，设计师通常会为未来的目标用户与目标产品预设一种特定的交互方式。在整个项目设计周期中交互原型设计评估均可使用，通常情况下，与概念发展阶段制作的交互原型配合使用最有效。运用交互原型能快速实现该交互方式并对预设的交互行为进行可行性测试，进而通过这种方式，结合真实的用户反馈对设计概念进行迭代改进。同时，交互原型也能帮助设计师更好地与用户沟通产品的交互形式，为未来产品的上线提供基础。

在评估过程中，交互原型能帮助设计师与用户交互过程的情景带入，而交互情境能为设计提供与用户体验相关的具体产品信息，如使用场合与顺序、形态特征、材料质感等，为改进设计提供思路。交互原型是在制作过程中不断改进与完善的，因此，设计人员可以运用此方法进行充分想象并细化交互方式。设计师可以通过交互原型测试观察用户对设计概念的体验，从而确定产品的设计特征，如物理形态、产品使用顺序等，也能从中看到设计的不足。

交互原型评估的流程如图4–7所示：

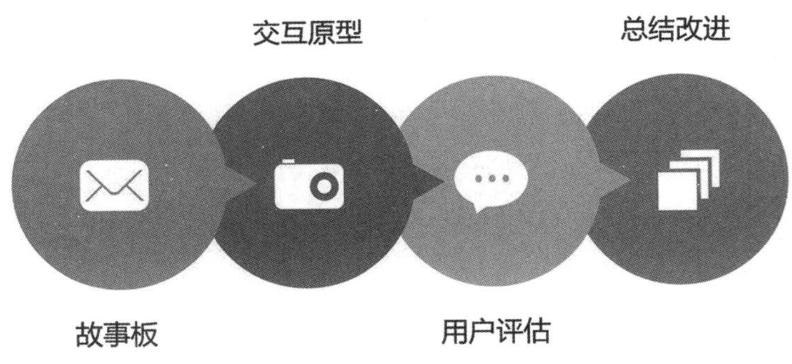

图4–7　交互原型评估流程图

1. 绘制故事板，通过交互场景的绘制来梳理用户故事和交互流程，以便更好地理解设计的上下文和目标。

2. 制作简易的交互模型，并将其作为交互原型，展现设计的功能和交互方式，收集用户的反馈和评价。

3. 邀请用户模拟真实使用场景和交互过程，发现交互中出现的问题逐步改进和调整设计原型，在此过程中，观察者需要注意评估用户的行为、动作和语言，并详细记录整个交互过程，重复进行该评估过程，直至得出能进行下一阶段设计发展的概念。

4. 将评估得来的交互特点与产品设计中的各种属性相连接，可能涉及界面布局、交互流程、功能设计等方面，进而不断修改设计。

该方法的使用能深入洞察产品设计概念的交互体验特征，评估所得结果有助于设计人员将设计概念进行深化发展，并将按照设计要求持续细化。

原型的制作中可以动员更多人参与其中，尤其是语言表述能力强、有一定表演欲望的用户，通过简单的交互原型制作、观察用户与原型的交互行为，将所用的交互体验过程通过行为表现出来，尽量避免过多使用交谈。

交互原型评估案例：智能婴儿床原型设计

交互原型评估就是通过交互原型快速实现该交互方式，并对设计师预设交互行为的可行性进行测试，通过将用户带入产品与交互的场景，完成评估任务，对设计大纲与设计要求进行改进。

1. 方法

本设计采用实验室评估的方法，邀请受测者来实验室对交互原型进行评估，在受测者完成任务过程中可以随时说出当下的体验感受和想法，如“我觉得这个功能应该这样做”“这个地方的高度需要调整”等，便于设计研究人员了解用户的想法、用户的关注点在何处，在体验过程中受测者遇到了哪些方面的障碍等，便于设计研究人员更确切地了解交互原型设计用于用户体验时存在的问题，并能及时得到相应的反馈。

2. 受测人员

我们邀请了5位用户参与本次测试，5位用户中照顾婴幼儿的经历多有不同，其中，有2位是年轻的妈妈，照顾婴幼儿的经验不足，照顾孩子之余希望有自己可以自由安排的时间；1位是月嫂阿姨，有丰富的照顾婴幼儿经历，希望有部分智能产品能替代育儿嫂的工作；2位是参与照顾婴幼儿的60岁左右的奶奶和姥姥，但身体不好，需要晚上好好休息，不能经常起夜照顾婴幼儿。5位用户都有照顾婴幼儿、使用婴幼儿床的经历，也有一定的适当替换照看婴幼儿工作的需求，同时，具备一定的操作移动端设备的能力。测试中，这些对于设置情景是至关重要的，需要保证受测者在照顾婴幼儿过程中有更多帮助功能的需求，所选的5位受测者均满足测试的要求。

3. 研究材料

在测试过程中，准备的材料有婴儿床、电子显示屏（电脑）、同步播放音视频的播放器、制作的高保真原型（用于播放界面原型），此外，还准备了纸笔，用于记录受测者的测试过程。

4. 步骤

每位参与者测试时间为30分钟左右，受测期间参与者需要按照要求完成设定的任务，并在此过程中说出自身的感受和要求，在测试后需要说出对刚刚完成的测试的总体感受和在体验过程中的满意度。步骤如下：

第一步，对受测者进行项目背景和预先设定的体验场景说明，并通过交互场景来绘制故事板的形式模拟交互方式，为受测者提供体验准备。

第二步，制作简易的交互模型，并将其作为交互原型用于交互中的各种设计场景的模拟。在测试前为受测者讲解参与操作流程，便于理解交互原型的使用过程。

第三步，测试开始时，邀请用户模拟真实使用场景和交互过程，按照顺序为受测者布置任务，受测者需要逐一接受测试并完成相应的任务。在受测过程中，受测者需要说出自身感受和想法，观察者需要注意评估用户的行为、动作和语言，并详细记录整个交互过程、发现在交互过程中出现的问题，逐步改进和调整设计原型，后续重复进行该评估过程，直至得出能进行下一阶段设计发展的概念，通常情况下，该过程一般花费时间在2.5小时左右。

第四步，测试结束后，对受测者进行相关体验感受和满意度等方面的问询。对评估得来的交互特点与产品设计中的各种属性相连接，不断修改设计。

5. 测试结果

通过测试有一些发现，如参与者的操控过程较为顺畅，任务完成率较高。测试后的访谈中，受测者反馈“测试前期，使用传统婴儿床，每天需要多次哄睡，讲故事等频繁起夜行为，十分劳累；测试过程中，夜间孩子觉醒时自动安抚，帮助孩子入睡，缓解了负担”“发现这个床的使用时间不是很长，因为婴幼儿长得很快，长度很快就不够用了”，这说明该功能对用户在夜间频繁起夜照顾婴幼儿的辛苦起到缓解作用，能使得照顾者得到较多时间的休息；也反映出在床体设计时需要考虑孩子长得很快、床的长度延伸设计方面不足的问题，需要在设计调整时注意此方面内容的相关设计。

在智能检测功能测试中，用户反馈“在传统照顾过程中，夜间对婴儿健康状态不可知，造成未能及时更换尿片、冷热温度调整等操作”，说明其设计的智能检测功能及时帮助婴幼儿照看者解决诸如检测温度，根据温度的不同及时调整盖被等行为；或者及时更换尿片，避免婴幼儿因大小便造成的臀部皮肤受刺激时间过长导致不舒服的情况发生等。在界面设计功能方面，用户反馈“使用App远程控制，在手机上选择助眠音乐，睡前故事，益智陪伴，使用了婴儿床的安抚功能，夜间孩子觉醒时自动安抚，帮助孩子入睡，缓解了负担，培养孩子独立睡眠”“哄睡功能使用时晃动的幅度大，出现不舒适感”“哄睡功能下躺位的温度与人体温度相比有一定差距”，说明该项功能能在一定层面上减轻婴幼儿照看者的频繁起夜、实现部分哄睡功能，延长照看者的睡眠时间；同时也反映出在哄睡功能设计时智能晃动功能的实现需要改进和调整其动作幅度，应尽量符合人体抱孩子哄睡晃动的幅度和舒适度，模拟人体怀抱功能和温度设置，最大限度还原母体环境。

（三）产品概念评估

产品概念评估可用于整个设计流程中，产品概念的选择是建立在大量的产品创意和设计概念基础上的，所以在设计流程的初期使用频率更高。概念优化多用于设计人员需要对概念进行改进的设计流程末期。

产品概念评估的目的在于验证产品设计与预期功能的差距，通过对功能的描述、使用，设计人员将生成新的想法和概念，并通过评估模型如虚拟手段、实物模型、设计原型等进行模拟与测试。设计人员通过模型使用完成对概念的验证，建模可以验证设计方案有无按照方案预期进行。设计人员需要在评估过程中控制评估环境，确保概念评估高效进行。评估者需要引导用户在对照设计评估清单的基础上对预设的评估因素进行评估，值得注意的是，产品概念评估不仅需要预先产出待评估的设计概念，还需要解释评估缘由。其中，概念优选一般由工程师、市场专员、产品经理等具备一定专业性的人员进行该项工作；概念优化是针对产品概念中的优秀创意点来说的，将其整合为最优的设计概念。设计人员通过优选获得较为集中的设计概念，并将进一步优化和发展该方案。

1. 产品概念设计过程中，用户研究人员对于设计概念的展示可以选用如下方式：

(1)文字概念,通过场景描述用户对产品的使用环境,列举该产品的创意点。

(2)虚拟模型,用户研究人员可以借助三维立体模型的形式展示该产品的创意。

(3)图形概念,合理运用视觉概念展示产品创意,在设计概念展示不同环节和阶段可以灵活运用不同的表现方式,如设计草图、电子版辅助设计模型等多种形式。

(4)动画,采用视觉动态影像展示产品创意或场景。

2. 产品概念评估流程如下:

(1)细化产品概念,联合技术人员评估其实现的可能性、可实现的功能、实现方式。

(2)选择产品评估方式,如焦点小组、深度访谈、卡片式等。

(3)制定详细评估计划,明确评估的目的和方式、现场气氛的调节、问题大纲、受评设计概念的不同方面、测试环境、评估过程中的记录、分析与评估结果的计划等内容。

(4)招募受测试人员参与设计评估,提前做好评估材料准备、环境测试、记录过程等事宜。

(5)引导受测人员顺利进行设计评估,并做好记录及记录整理工作,在整理过程中如果对某位受测人员的记录理解出现偏差,可以及时联系受测人员并引导其完整阐述观点,及时修订设计评估记录。

(6)分析评估结果,借助文字、图表、报告等形式将评估结果有效呈现,必要时可以用图画的形式穿插进行。

产品概念评估案例:改善城市共享单车骑行不良行为的设计

在产出设计方案后设计人员需要对方案的好坏进行评估,本次运用实验室评估的方法对设计概念进行评估。

1. 评估方法

采用实验室评估的方法,邀请受测人员来实验室对设计概念进行评估,并给出相应的反馈。

2. 受测人员

共邀请15名受测人员,其中9名为女性,6名为男性,平均年龄33岁,受测人员均有使用共享单车、移动端网络操作的经验,受测人员基本情况如表4-3所示。

3. 概念评估问卷

该问卷有四个维度的问题,分别是知觉感知、功能体验、情感体验、全景体验。设计概念的功能体验维度主要测试设计概念是否能真正改善城市共享单车骑行人员的不良骑行行为、概念设计整体流畅性、提升功能骑行用户体验、降低乱停乱放带来的交通不便问题。

表4-3 受测人员情况表

变量	类别	参与人数	占比(%)
性别	女	9	60
	男	6	40
总数		15	100

情感体验维度主要测试设计概念是否能满足用户基本情感需求,用户是否会产生不良情绪。优秀的用户体验不仅能帮助解决用户的痛点,还能满足用户多个维度、多种环境中所感知到的全面体验。

本文评估是针对两个设计概念,概念一是关于骑行不良行为惩戒的,概念二是关于良好骑行行为激励的。因此,设计了两份概念评估问卷,针对概念一设置了概念评估问卷A,针对概念二设置了概念评估问卷B。

知觉感知体验的题目如下:

① 我很喜欢这个设计。

② 我感觉需要加入这项功能。

功能体验维度的题目如下:

① 功能操作流程简单易懂。

② 流程设计使得用户能快速学习“批评”“表扬”流程。

③ 使用该功能不会影响我的骑行。

④ 我对这个功能非常不满意。

⑤ 这个设计能帮助我快速找到骑行操控正常且骑行感觉顺滑的车辆。

情感体验维度中的题目如下:

① 这个设计能提高我的骑行体验。

② 如果被“批评”的人是我,我会产生明显的消极感。

③ 该设计在使用过程中能给我的骑行带来轻松的感觉。

④ 我的骑行体验会因为有这个设计更加顺畅。

全景体验维度的题目如下:

① 我觉得这个设计能给我的骑行带来惊喜感。

② 这个设计给我的骑行体验带来良好的感觉,我会依赖这项设计和这个平台。

③ 我觉得这个设计富有创新性，我能感受到美妙的音乐。

④ 感觉这个设计带给我较差的体验。

⑤ 如果有这样的功能，我会在社交平台进行推荐。

概念评估问卷A中只有功能体验维度中的题目与问卷B有差异，包括：

① 当我做出不良骑行行为后，该设计能有效地阻止我下次产生不良骑行行为。

② 当我意识到不良骑行行为后，我的账户会记录下我的行为，并在下次骑行时出现提醒，我的不良行为会被有效地抑制。

该评估问卷采用李克特五点量表法进行，其标准为“完全不符合”计1分，“不太符合”计2分，“不确定”计3分，“比较符合”计4分，“完全符合”计5分。

问卷中有2道反向计分题：“我对这个功能非常不满意”和“感觉这个功能带给我较差的体验”。对于反向计分题，其标准为“完全不符合”计5分，“不太符合”计4分，“不确定”计3分，“比较符合”计2分，“完全符合”计1分。

4. 评估过程

整个评估过程会被录像、录音、记录。评估过程主要包括以下5个步骤：

① 向受测者介绍改善骑行体验研究背景

② 向受测者介绍概念一，并展示故事板

③ 受测者完成概念评估量表A

④ 提问受测者对于概念二的建议，向受测者介绍概念一，并展示故事板

⑤ 受测者完成概念评估量表B

⑥ 提问受测者对于概念一、概念二的建议

5. 评估结果

通过对问卷数据的整理，分别将概念评估问卷中的功能体验维度和情感体验维度的分数相加，得到功能体验分数和情感体验分数。对于知觉感知体验维度和全景体验维度，将积分题的分数反向处理，再相加，得到知觉感知维度分数和全景体验维度分数。

通过对访谈资料的整理，得出关于改善用户骑行体验的信息呈现功能以及在骑行不良行为发生时显示功能概念的建议及反馈。

① 概念一评估

该设计概念旨在通过不良骑行行为发生时惩戒机制的引入，使人们在做出不良骑行行为之前就想到、感受到、预测到该不良行为所带来的后果，从而改善人们的不良骑行行

为。具体方案为：骑行记录仪记录人们在骑行中的不良行为，并将不良行为及时反馈在骑行记录仪中以声音提醒、在个人账户中以信息提醒的方式让骑行者及时感受到自己的不良行为和背后隐藏的危险，增强其对不良骑行行为的认知，从而在日后的骑行中提高意识，杜绝只为方便自己的个人自私意识，提高文明骑行、方便他人就是方便自己的骑行意识。此设计的灵感来源于用户调研过程中人们普遍反映的不良骑行行为对人们出行带来的不便，骑行时及时提醒是对不文明骑行行为的抑制因素。因此，我们可以利用人们对不良骑行行为的及时提醒和惩戒来纠正人们的不良骑行行为，这种设计将会使得有不良骑行行为的用户感觉不爽，但规范行为后将会对大多数用户带来良好的体验。

② 概念二评估

设计概念是通过赞许、表扬正向强化人们的良好骑行行为，以及惩罚较少人的不良骑行行为。具体方案为：良好的骑行行为和与平台互动将会获得“表扬”评价，且被“表扬”的数量会被记录在系统中，用户可以在社交媒体进行分享，进而良好的骑行行为就会得到强化；而被“批评”的骑行者会收到系统的反馈信息，并被告知不良骑行行为的危害和对他人骑行的影响，同时被“批评”的骑行者将会被平台降低用户骑行等级，通过及时学习骑行规范和通过相应的测试才能继续参加骑行，并在后续一定次数的骑行中将被加强监督力度，直到形成良好骑行习惯为止，此项操作可以对不良骑行者进行规范重申和记忆学习，从而纠正其不良骑行行为。此设计的灵感来源于用户研究过程中受测者普遍提到的监督和惩戒机制所带来的行为规范性变化，因此，给骑行者设置此项功能可以有效纠正其不良骑行行为，但此设计方案的实施在技术上存在一定难度，同时相比较于其他骑行平台，该项设计的实施必将对不良骑行用户造成舍弃该平台、转而投向其他平台的可能性，将会造成短期内用户数量的下降，这对平台营业额会造成一定的冲击，同时对于平台监管也造成一定难度。

③ 小结

通过概念设计，收集到一定量的用户建议，将惩戒机制作为设计概念较容易造成用户骑行的紧张心理，同时该项设计对网络定位精度要求较高，且在用户及时反馈时将增加骑行用户的额外时间成本。在后期还需要斟酌概念二中对骑行用户进行表扬的激励因素、进行批评的抑制因素，从而能够在抑制不良骑行行为的同时照顾到用户的情绪变化，避免或者弱化抑制用户行为带来的负面影响。对于进行积极正向鼓励的概念二，大多数用户持认可态度，认为这个概念能有效督促骑行者具备良好的骑行行为，减少不良骑行行为的发生，同时减少城市共享单车乱停乱放的现象。

（四）产品可用性评估

产品可用性评估是交互式产品的重要质量指标，是指产品对于具有特定人物特征的用户在特定目标、场景中使用产品的有效性、效率、易学性、满意度等，即满足用户在使用产品完成任务过程中的效率和用户体验性。产品指的是软硬件产品、交互系统、服务等内容。

特定人物特征是指产品所针对的人群，产品的可用性是建立在特定用户能力、认知基础上的。比如该类产品是为汽车司机开发的，若是换作火车司机使用，在专业认知、产品术语与展示内容上的接受程度会有很大的不同，对产品可用性的反馈也会大相径庭。特定目标是指在特定群体范围内所要达成的目标也可能会有所不同，值得注意的是，可用性评估中往往会涉及多个目标，这多个目标有时会相互冲突。比如，订机票时既想找到最快到达的航班，又想要价格最优，还需考虑舒适性，等等。此时，需要对多个目标下对应的产品可用性作出权衡。特定的场景是指用户进行产品操作的环境条件、资源、文化背景等。条件因素的不同导致用户的认知、能力等方面也会产生影响。如同样是回复重要邮件，在安静的办公室、旅行客车上两个场景下同一个用户所具备的操作能力、思考周密程度、言语表达缜密程度等都有很大的不同。

产品可用性评估是验证产品特征能否引导用户完成对该产品的使用。这些具有一定意义的产品特征向用户展示产品具有的功能，以及功能如何被操控。有些功能是被事先设计出来的，有些功能是在可用性测试过程中通过用户研究方法被挖掘出来的，从这个层面上来看，也符合可用性测试的目标，即测试已经被设计出来的功能，挖掘潜在的功能设计方向。

用户体验研究人员进行可用性评估的内容包括原型、现有产品、草图、高/低保真原型等，并需要设定特定的使用情景和任务，记录用户在使用过程中遇到的困惑及使用情况，如对于产品的效率、有效性、满意度等，其中有效性包括完成度和准确度；效率包括达成期望目标所使用的资源，如花费的人力、财力、时间等内容；满意度则反映在用户的认知、情感上，是由用户对产品、系统或服务使用方面的需求与期望所产生的。用户体验研究人员在评估过程中可以使用拍照、录音、录像、笔录等方式进行记录，方便后续进行受测反馈信息的比对。评估后用户体验研究人员可通过量表打分方式引导受测者评分，根据评分结果进行定性、定量分析，并在评估结果基础上进行改进。

产品可用性评估过程如下：

1. 可用故事板的形式表达用户、展示其使用场景。

2. 确定评估内容、评估方式、评估环境。

3. 说明产品用户在特定环境下可以理解、操作、接受产品的哪些功能。

4. 提前拟定开放性问题，表达诸如“用户如何操作产品，使用了产品的哪些功能，操作过程中遇到哪些障碍”等。

5. 以故事板或实物模型等内容表达产品，确定研究环境，准备研究指南。

6. 确定评估参与人员，并让其提前知晓有无关于个人问题及其范畴，进行评估研究并记录活动过程，同时注意观察受测人员使用情况。

7. 对结果进行定量定性分析，交流所得结果，并根据结果进行设计改进。

通过产品可用性评估，研究人员将对用户在使用过程中针对功能的体验性有了一定的认知，在后期的迭代设计中将进行某些功能的强化和改进，并在此过程中通过观察用户的真实使用场景、现场体验和多种类反馈而激发新的设计灵感，便于后续设计工作顺利开展。

可用性评估案例：汽车新用户保养App的设计体验

产品可用性评估就是让受测人员在用户研究人员预设的情境下实际体验交互流程，完成用户体验研究人员预设的任务，用户体验研究人员需要做观察和记录，并在结束后及时与受测人员交流其真实感受。

1. 方法及体验过程

本次研究是关于某汽车品牌的新车主针对汽车保养App的交互流程体验的，用户是新手用户，准备给新车做第一次保养，采用交互流程使用体验的方法进行研究。用户首先打开“车主App”查询附近门店，并且详细了解最近几家店的营业时间、距离、评价等。通过“车主App”进行预约，并拨打客服电话进行确认，详细询问一些汽车保养的问题。在约定的时间到达，接下来便有专业工作人员进行服务，填写信息，交接车子，引导进入贵宾室休息。整个保养的时间大概两个小时，用户很悠闲地坐在贵宾室的按摩椅上，享受零食饮料，偶尔从电视屏幕上看汽车保养的实时进程。保养结束后又针对汽车保养的一些疑问进行了简单咨询，随后用微信付款，驱车离开。

2. 受测者

本次研究邀请了6名用户，且这6名受测人员年龄范围较宽，有2名“90后”年轻人，1

名43岁中年人，2名在校大学生，1名55岁家庭妇女，受测人员的受教育程度不同，“90后”年轻人和在校大学生具有较高的文化水平，中年人受过中专教育，家庭妇女初中文化水平。所有受测人员都提前知晓大体测试范围，且有独立操作移动端App的能力，是符合产品评估测试要求的。

3. 研究材料

在本次产品评估测试中准备有供受测人员使用的车主App、人工服务电话、车辆保养场所及软/硬件、服务流程、空间环境等。还备有笔记本电脑，用于展示高保真界面原型；白纸、笔，用于记录受测人员的体验过程及体验障碍；录音、录像设备，便于记录整个体验过程。

4. 步骤

每个受测人员体验时间为1小时左右，在这期间受测人员需要按照要求完成设定的任务，并及时说出体验感受，测试结束后需要对整个体验过程进行整体满意度评价，步骤如下：

对受测人员进行项目背景说明，阐述设定的体验情景。

为受测人员进行基本操作流程的讲解，并展示提前制作的故事板和高保真原型，让受测人员对即将到来的体验情景和视觉感官体验有一定的心理准备。

评估过程中将按照一定顺序为受测人员布置一定任务，受测人需要在体验情景过程中完成相应的任务。在整个过程中，受测人员每完成一项任务需要及时说出自身感受。

评估结束后，需要与对受测人员进行有关体验感受和满意度等方面的具体问答。

5. 测试结果

测试结束后有了一些发现，如受测人员在受测过程中体验较好，任务完成度较高。受测者这样描述其体验感受：“我原来没有过保养车辆的经验，但是对于整个流程的体验感还是不错的，比想象的顺畅。”这说明此设计满足了用户基本的汽车保养功能体验。也有受测者表示：“我是第一次进行新车保养，原来没有相关的经历，对很多过程不熟悉，希望能够提升‘新车主进行汽车保养’这个流程。”这说明这个流程对于新手用户来说是有一定体验障碍的，后续工作中则应当分析整套服务流程，以及流程下所包含的软硬件产品和服务，将此项功能纳入后续设计流程中；有受测者表示：“我感觉在操作时有一项必须返回主界面才能进行目前操作的细节查看，用起来较为麻烦。”这说明App在设计过程中流程返回方面存在灵活性不强的问题，我们根据受测人员的反馈进行交互流程改进，增强用户体验的便捷度；还有受测者提出："网络信息更新不及时，导致无法及时查看车辆保养细节。"对于这个问题，跟网络信号传输速度有关，也跟网络信息压缩打包有关，需要在信息传输过程中进行图像等信息的大小处理；受测人员在体验中提出："'通过电话客服查询并解决常见问题'功能回复信息表述不精准，导致体验过程中等待时间过长，体验感变差。"这说明此项功能让用户感觉回复延迟，在用户与系统交互过程中超出用户的等待时长，让用户失去耐心，拉低整体体验感，此项功能后续还需考虑改进。

（五）产品模拟评估

在设计产品时，设计人员预设的环境存在滞后现象，最初设想的环境并不能包含产品在现实使用环境中可能遇到的各种问题，所以，在产品即将上线之前，面临着对产品能否按照预设进行工作的情况表示怀疑，解决此类问题，重点是要评估实现的效果和设计预期之间的差异，并以此判断是否达到了可以上线的质量标准。在对产品进行评估时也应当考虑将产品模拟评估加入评估序列中。

产品模拟评估的目的在于验证产品设计是否实现了预期功能，通过用户测试完成对产品功能的发现、描述和使用，在此过程中设计研究人员针对产品迭代升级产生新的想法，并为想要实现的产品功能探索恰当的技术方案支持，完成设计迭代升级。

在评估视觉设计方面：

1. 整体色调是否与产品目标、用户一致？哪些问题可通过色彩方式优化？

2. 视觉层次的排列和用户使用习惯的匹配。

3. 页面中需要清晰的结构排列。

4. 视觉元素相关联特性的使用可以起到很好的信息传达效果。

5. 对于颜色和设计语言一致性规则的使用。

在可用性测试方面：

1. 用户操控时的功能暗示作用要符合用户行为习惯、心理预期，为用户创建以用户为中心的操作。

2. 用户体验的连贯性方面，考虑有差别用户的使用体验问题，如产品针对不同年龄段的群体进行的界面设计，可考虑到不同用户群体的体验感受；关注用户痛点、目标和需求，注意收集相关的数据和问题完善设计决策；提供清晰的产品交付概念。

3. 设计语言的运用。设计语言可以帮助设计师摆脱重复劳动、提高效率；可以帮助用户快速理解产品，并通过这些设计语言清晰地传递设计的功能和意图。

4. 动态交互方面，行业变化更新快速将影响用户的需求和行为，因此，设计方法和动态交互需要考虑信息设计和多角度呈现的问题。

5. 产品需要在用户类型多样化角度方面考虑可用性和易读性问题，如特殊群体。

在实现设计模拟评估时，设计人员需要根据预设的功能和实现技术方案原理构建测试模型，模型可为实物模型、高/低保真原型、草图等形式，均可用于模拟和测试阶段。设计在此时是预设的过程，设计人员通过使用模型对预设的理论模型加以验证，还可以验证方案模型是否能按照预定的方式展开工作，步骤如下：

（1）设计人员预设某种方案能实现几个功能。

（2）设计人员对模型进行架构，通过模型对具体功能的模拟来研究前期所做的预测能否支持假设，此时就需要通过实验来验证模型，且在此过程中查验预测的准确性。

产品模拟评估遵循以下步骤：

（1）对产品模拟目标进行描述，根据当前情况对产品使用的场景进行确定。

（2）确定可以用于测试使用的模型类别并制作，将产品创意以符号化的语言融入模型创建，如要创建原型产品，则需要架构数字模型。

（3）执行模拟评估，制定测试计划，执行测试并做好记录。

（4）根据之前制定的模拟目标对测试结果进行评估，并在此过程中将出现的数据与预测结果之间的出入进行反思。

三、设计迭代

迭代式设计是为提升设计品质、完善功能性的重复性设计流程，包括需求分析（用户调研、数据分析处理）、设计、实施、测试、改进设计等环节。在设计中常被用于产品发布之前的设计中存在的诸如交互性、可用性、易用性等方面的问题。设计是在不断迭代往复中逐步完善的，迭代式设计始终存在于从产品定义到设计发布过程中，在瀑布式开发与敏捷式开发中始终有迭代开发参与其中，但其开发特性决定了参与模式、产品产出模式均不相同。

（一）迭代开发

迭代开发是分阶段逐步完成的方法，且每个阶段只实现产品的一部分，每个阶段的设计与实现为一个迭代。整个迭代式开发项目由多个固定长度、短小的项目组成，系列小项目的开发被称为一系列的迭代，且每个迭代过程都包含需求分析、设计、实现、测试环节。

迭代式项目开发是先进行主要功能搭建，用最短时间、最小代价完成一个初级产品并提交；然后通过用户反馈，不断进行设计完善，直至完成最终满足用户需求的设计，其设计特点满足敏捷式项目开发的递增变化需求。

（二）瀑布开发与迭代开发

瀑布式开发基本流程包括需求、设计、开发、测试，即将一个项目按照规划分为阶段性任务，前一个阶段工作的完成是下一个阶段工作开始的基础，且每个阶段都有严格的评审规范，在确保各个阶段的工作完成符合要求时才能进入下一个阶段的工作，所以，瀑布式开发是倾向于严格控制的管理模式。

瀑布式开发项目受各种条件制约，在研发流程中各阶段间连接紧密，一旦某个环节出现问题，可能需要重新开发，导致项目研发失败率较高，也将导致产品延期发布事件的高发，且增强其不确定性。互联网软件项目的需求不确定性很高，需要快速响应市场变化与用户需求变化，项目设计人员在开发过程中通常会发现新的设计需求，或者原来的设计方向与现状不匹配等，这时需要及时洞察这种快速变化的市场需求并调整方向，否则很快会被市场淘汰。

迭代式开发组成项目开发的生命周期，每个迭代开发都是完整的瀑布模型，是一种开发过程。

（三）敏捷式开发与迭代开发

敏捷式开发以用户需求快速迭代为核心，通过迭代和循序渐进的开发形式进行项目开发，其研发过程是先制作用户关注的设计原型，通过交付或上线、在实践中快速修改、弥补需求中的缺陷与不足、再次发布的循环模式进行的研发流程。敏捷开发项目被切割成多个子项目，各个子项目可独立运行，并经过测试，具备可视、可集成、可运行的特点，各子项目通过循环流程不断改进设计，通过敏捷式开发实践方式，提供较小的迭代模式，直至用户满意。该方法适用于需求不明确、抢占市场、创新性等项目。敏捷开发是在传统瀑布开发模式弊端基础上为提高开发效率和相应能力而产生的新的开发模式。

Visual Studio 2010是微软首次使用敏捷开发模式的版本，该软件耗费两年时间，在2010年4月发布，但发现软件中的很多模板过于笼统，对敏捷开发者来说没有实际价值，因此，公司的研发软件策略发生调整，更新周期从以往的2–3年，缩短至目前一个季度左右，极大地提高了项目研发的效率，这也是瀑布式开发模式不能比拟的。

敏捷式开发是软件开发项目管理方法的集合，强调价值、测试驱动项目，在规定时间内，团队尽最大可能利用资源实现最大价值，在计划期内充分发挥潜力，不受限于某个特定方向，使得设计的产品具有灵活性和可扩展性。敏捷式开发是总体概念，迭代式开发是局部概念，二者是整体与局部的关系，敏捷开发除迭代式开发外，还包含了其他许多管理与工程技术实践，如演进式架构设计、敏捷建模、重构、自动回归测试（ART）等。

迭代式开发是与传统的瀑布式开发流程方向相反的开发模式，弥补了传统开发方式的不足，具有更高的成功率，提升了生产效率。迭代式开发不要求每个阶段的任务都具备很高的完成度，而是先搭建主要功能架构，以最短时间和最小代价完成一个初步的、有缺陷的模型，随后通过用户反馈信息逐个对模型进行完善。

迭代式开发、瀑布式开发与敏捷式开发的比较如表4–4所示。

表4–4　各开发模式内容比较表

比较内容	瀑布式开发	敏捷式开发	迭代式开发
适合的项目	需求明确、变化度小的项目	抢占市场、创新型项目	需求不明确项目
工作方式	1.以计划驱动项目，强调重视过程文档，项目开发周期严格划分为几个固定阶段（需求分析、设计、测试、交付），每个阶段都应有对应的过程文档作为输出。 2.各个阶段间联系紧密，上一个阶段的输出是下一个阶段开始的基础	1.以价值、测试驱动项目，强调团队之间、用户与团队间的协作，在高度协作的环境中使用迭代的方式进行增量开发。 2.客户对每次迭代结果提出修改意见，开发人员进行完善与修改。 3.多次迭代直至完成研发并交付	1.采用迭代方式进行开发。 2.迭代过程包含需求分析、设计、实现、测试等环节。 3.能在项目开发过程中快速实现阶段性项目设计，并在短时间内快速试错与修改
优点	1.每个阶段任务明确，人员能专注于该阶段工作，便于提高工作效率。 2.因有详细过程文档，在研发早期能明确项目概况和范围，可以高效组织和调配资源	1.有阶段性成果供客户查验，便于降低项目研发的风险。 2.有较高的灵活性，便于应对需求的变更。 3.紧紧围绕用户需求，快速开发、快速验证、快速修正	1.迭代式开发组成项目开发的生命周期，每个迭代开发都是完整的瀑布模型。 2.迭代式设计特点满足敏捷式项目开发的递增变化需求

续表

比较内容	瀑布式开发	敏捷式开发	迭代式开发
缺点	1.开发过程中文档较多，将降低工作效率。 2.项目后期才能向客户展示研发成果，如出现研发结果与客户预期匹配度较低的情况，则修改的代价将变得很大，增加了研发过程中的风险。 3.需求一旦确定下来，后期变更成本将变得很大	1.敏捷开发需要高水平的研发团队、与客户定期沟通，且需求提前做大量的准备工作，但在研发过程中不能保证沟通次数与时长。 2.最终交付的成果无法预测，可能存在交付与预期差距较大的情况发生	1.对于产品出发点、方向、迭代性质和定位不够清晰会造成后期处于无休止的方向调整和补漏当中。 2.节奏把握不合理，将消耗对产品设计的激情。 3.盲目快速堆砌功能而忽视框架搭建，后期小的改动将牵动不可预知的一系列功能性调整。 4.快速迭代忽视用户体验和感受

例如，关于“云冈石窟文化数字交互的用户体验设计”项目中应用了敏捷设计开发模式，该项目由文化管理、用户心理学、交互设计、文创设计、服务设计五个部分组成，整个项目通过调研得到数字交互展示、云冈石窟文化因子提取与设计、数字文创应用场景等内容，设计人员据此以故事板的形式构建设计原型并进行测试。在测试中，用户将设计的可用性、易用性、交互细节等放在用户体验的维度进行评估。用户体验研究人员根据用户反馈进行了设计方案的调整，并赋予其不同级别的权重，保留3个设计方案并进行了优化迭代，通过虚拟场景的搭建将方案呈现出来，并邀请10位用户对方案进行了测试与评估。

敏捷式开发注重的快速迭代可以让产品研发团队快速学习，每次迭代结束后研发人员就可以将新的产品增量交付给用户，并及时根据用户反馈评估产品发展方向的正确性，该开发模式被广泛运用于产品研发。

移动互联网产品设计目标随着用户体验要素的不同而发生变化，产品设计在不同阶段通过迭代开发方式实现不同产品功能与特性需求的满足，这种设计方式在手机产品设计中成为近年来新的探索方向。从手机销售的相关信息获知，近几年，手机销量同比下降，2021年中国移动终端实验室发布的报告显示，用户的换机周期进一步加长，平均已经达到25.3个月。随着手机在硬件配置、软件体验等方面持续提升，手机综合性能提高是消费者换机周期延长的主要原因。此外，价格也是换机时考虑的主要因素，如果能实现电池坏了换电池、SoC落伍了换SoC、根据拍照需求不同切换摄像头等，手机实现模块化搭建，则将带来手机市场新的变革与发展方向。近年来，小米公司在手机模块化设计领域进行了探索与设计实践，其模块化手机设计专利曝光，如图4-8所示。

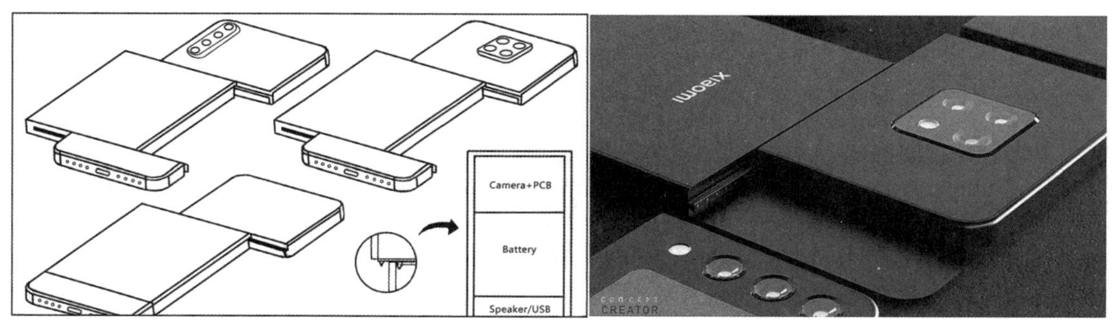

图4-8　小米模块化手机设计图与产品渲染图

专利示意图以及荷兰平面设计师Jermaine Smit制作的渲染图显示，小米的模块化手机由三大模块构成，不同模块提供不同功能：第一个模块处在手机顶端，包含主板、摄像头；第二个模块属于中间部分，用于放置电池；第三个模块放置在底部，包含接口和扬声器。模块间可以通过导轨系统相互滑动，一旦正确接合，模块就会相互接触而后开始工作。 用户可以通过配置其他功能模块来实现不同功能的需求，制定满足自己需求的智能手机，如图4-9所示。

模块化手机设计使得每个模块都可以进行独立设计、测试和调整，因此在设计迭代过程中可以针对特定的模块进行改进和灵活地设计迭代，将优化后的模块快速集成到手机中，而不需要对整个手机进行大规模的改动，模块化设计方式的变化可以加快设计迭代的

图4-9　模块化手机设计图

速度，提高设计的效率。通过用户反馈、市场需求变化等信息进行的设计迭代又可以反过来帮助设计团队发现和分析问题，并将可能涉及模块的功能、性能、外观等方面进行调整，从而驱动模块化设计的发展。

随着智能手机硬件更新越来越快，手机质量变得越来越强，与软件需求的提升速度相比，硬件的快速发展将导致用户换机周期越来越长，在不能持续提升手机销售量的情况下，模块化功能设计也是可以带动手机元器件小型化并保持高销售的发展方向，小型元器件的快速搭建使得手机内部空间的利用率得以提升，模块化设计成为手机设计新的方向。手机功能的拓展可借鉴组装电脑的发展模式，用户可以根据需求自行选择屏幕、摄像头、扬声器、电池、芯片、内存拓展、主板等组件，形成具有独特风格、满足自身需求的模块化手机配置，该模块式配置手机可以根据不同使用场景需求变化相应的模块，也可以在一定程度上减少现代家庭里多余的、配置落后的闲置手机数量，通过延长手机使用年限也可减少电子垃圾的堆砌，改善生存环境。

模块化手机通过网络平台与目标用户建立实时联系，提高了产品对用户需求的反馈速度，能更精准把握目标用户的个性化需求。同时，研发人员通过对模块化手机小型元器件的设计与开发，仅仅在局部更改手机功能的情况下即可实现用户的功能更新、根据需要实现局部硬件适配与升级、自我需求多样化满足等，还能降低用户面临使用手机升级产生的经济代价大等问题，也实现低成本下产品的快速迭代、可持续创新，提升用户与产品的活跃度，并增强用户黏性。设计开发过程中，研发人员通过参与式、模块化、平台化、创新等多种方法，为实体产品的快速迭代、持续创新提供了可能，也实现了产品的局部快速更替，为产品持续健康发展提供方向。

四、设计测试

设计测试是指在产品设计过程中对设计方案进行评估和验证的过程。旨在验证设计是否满足用户需求、功能是否正常运作、界面是否易用等，确保产品设计的质量和用户体验，发现并解决设计中的问题。设计测试涉及产品的功能性测试、界面测试、性能测试、可用性测试等多个方面。

功能性测试用于验证是否按照设计要求完成了各项功能，通过测试产品的各个功能模块，确认其是否符合预期的设计目标，功能是否正常运作，通常包括功能点的逐一验证、功能组合的测试和错误处理的测试。界面测试则关注产品的界面设计与用户使用习惯、易用性原则的契合度，验证产品的界面是否符合用户的期望，是否具有良好的可操作性和用户友好性，通常包括界面元素的布局、交互流程的测试和用户反馈的收集与分析。性能测试用于评估产品的性能表现，包括对产品的响应时间、加载速度、稳定性等方面进行测试和评估，以确保产品在各种使用情境下都能够正常运行并保持良好的性能。而可用性测试则重点关注用户在使用产品时的体验和满意度，通过观察用户在实际使用过程中的行为、反馈和问题，收集用户的意见和建议，以发现产品中存在的问题并提出改进方案，通常包括用户操作的任务测试、用户满意度的调查和用户行为的观察等。

设计测试可以使用原型测试、用户调查、用户观察、交互式演示等多种测试方法和工具。通过收集用户反馈、观察用户行为、模拟使用场景等手段，评估设计的有效性和用户满意度，并提出改进建议和优化方案。设计测试的目标是验证设计方案是否满足用户需求、功能是否正常运作、界面是否易用等，通过发现和解决设计中的问题，不断优化和改进产品设计，以提供更好的用户体验。

设计测试案例：电子商务网站设计测试

本案例用于评估电子商务网站的用户界面和功能可用性，在测试实验室进行，选择6名测试人员作为本次测试的受测人员，包括1名65岁的老年女性刚学会网络购物，2名中年男性有一定的网络购物经验，但购物频率不高，1名21岁的女青年，网络购物和浏览频率较高，1名38岁中年女性，有一定的网络购物经验，选购物品多为家庭生活用品，1名16岁女性少年，有一定网络购物需求，但频率不高，选择多为商品价位偏低、流行性偏高的商品。所选的受测者代表不同年龄段和购物经验的用户，满足测试用户选择的要求，运用用户体验测试和功能测试相结合的方式进行测试。

针对用户界面和功能可用性的用户测试进行打分，分别用1~5分代表测试的不同体验等级，1分为体验极差，界面或功能不能正常运行；2分为体验偏差，界面能正常运转，但局部功能设计冗长；3分为体验一般，基本功能可以实现，属于常规设计范畴；4分为体验较好，界面或功能可以满足用户需求，在个别流程上要改进；5分为体验良好，满意度很高。对参与测试人员在测试过程中的测试表现从极差到良好，分为极差、较差、一般、较好、极好几个等级进行1~5分的打分。

1. 测试过程

受测者通过点击测试和卡片排序测试进行用户界面设计的相关测试，通过模拟用户的操作流程进行功能可用性测试。给受测者一定的界面测试任务，测试人员根据指定任务在该网站上点击操作，工作人员记录受测者点击过程中的困惑、遇到的问题，观察受测者能否尝试自己解决遇到的问题以及相关问题种类和具体细节，记录其尝试的过程与问题最终是否解决，注意受测者在此过程中提出的改进建议，结合卡片排序测试功能给定的标准对产品功能进行排序，评估其易用性和用户理解度。

通过模拟用户登录、浏览商品、查看商品详情、添加到购物车、结算等典型操作进行网站功能性测试。在操作过程中记录受测者遇到的错误、功能缺陷和异常情况，如输入正确的用户名和密码系统无响应，相反，输入错误信息时系统反馈不及时；不能按照指定的排序要求进行商品筛选和排序，无法响应用户多条件商品筛选等。针对关键功能进行边界条件和异常情况测试，如输入无效地址、无效优惠码等，通过平台的反馈信息检测该功能的可用性。

2. 整理与分析

收集点击测试、功能测试的记录和结果测试数据，并根据数据评估用户界面的可用性。整理和分析测试数据，提取用户反馈、问题和建议，根据受测者的体验进行评分和统计分析，计算出平均分或综合评分，体现用户对产品的满意度和体验感，为评估产品的整体用户体验提供参考。评估网站的功能完整性和体验流畅性，并记录功能缺陷和异常情况。根据受测者在测试过程中的表现，对每个评价指标进行打分和统计分析，计算出平均分或综合评分，反映受测者在测试中的操作能力和任务完成情况，可用于评估产品的可用性和功能性。

3. 测试结果与改进建议

通过卡片排序测试，大多数受测者能够将产品功能进行正确排序，但部分功能的理解度仍有待提高，如系统中出现的“免单返现”功能是否可以理解为既免单还可以返现？还是有一定条件才能免单有返现？功能测试中发现了一些功能缺陷和异常情况，如订单结算时出现错误提示；结算完成返回上一层界面时出现链接错误，只能返回首页等。

针对以上测试结果得出改进建议，在界面设计改进方面需要强化用户对部分易产生歧义的功能的理解，可通过调研用户对该功能的理解重新进行功能定位：针对测试人员在卡片排序测试中出现的问题，可以通过界面文案表述、图标指引等方式进一步提升用户对功能的认知和理解；对于测试人员在点击测试中遇到的困惑和问题，需要进一步优化相关界面设计和流程规划，如完成货物选择、查看详情、放入购物车、比较

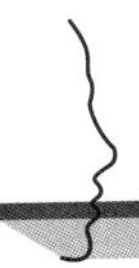

价格与品质、查看优惠活动、结算、查看订单页面等操作的流程深度要符合用户期望，在流程中要设计可返回的中断点，充分考虑用户多元化需求。界面操作要确保用户能够轻松完成操作。对于测试中发现的功能缺陷和异常情况，需要及时修复并确保订单结算等核心功能的稳定性和准确性；针对测试人员在订单结算过程中遇到的错误提示，应提供清晰明了的错误提示信息，如订单已完成、返回商家等描述，帮助用户清晰明了地解决问题。

设计测试的最终目标是为产品质量和用户体验提供有效支撑，确保产品持续改进和优化工作的不断推进，进而通过测试和反馈循环，确保产品设计的质量和用户体验的不断提升。

五、综合案例——基于模块化设计思维的流动地摊智能产品设计研究

本文从摊贩和经营管理角度出发，以智能地摊车为中介，基于模块化设计理念进行研究，本着方便维修和回收、降低摊贩投资成本的原则，激励人们通过“摆地摊”的方式加快商品的流通，进而改善就业情况。通过模块化产品设计来优化摊车视觉外观，提高城市美观度。借助软件、硬件、服务相结合的方式，对地摊进行统一规划管理，实行地摊车租赁、摊位共享，增强地摊经济体验性。

（一）模块化设计项目概述与分析

基于模块化设计思想与应用的“活字印刷技术”是模块化拼装的典型代表，模块化设计思想概念的提出始于20世纪初，欧美国家将其广泛应用于家具设计领域，后又拓宽到机械等行业。“宜家”较早地进行了基于模块化思想的家具设计与开发，产品基本都是组合式、拼装式的，可以根据空间和需要自由组合，不仅节约成本，而且方便更换与维修，深受现代人们的喜爱。智能家居设计就包含多种模块化设计，如照明模块、安全模块、温控模块、娱乐模块等，这些模块可以独立设计和开发，具有各自的功能和接口。可以通过无线通信或网络连接进行互联，并与中央控制器或智能家居平台进行集成，用户可以根据自己的需求和偏好，选择需要的模块，并根据需要添加或移除模块，模块间协助共同组成智慧家居系统，也凸显出模块化设计独特的优势。

模块化设计是将系统或产品分解为独立的模块或组件，每个模块具有特定的功能和相互之间的接口，该设计方法将复杂的系统化整为零，分解为多个具有局部功能的模块，每个模块都可以独立开发、测试和维护，而且可以根据需要进行单个模块的替换、升级或

扩展，使设计和开发过程更加灵活、可扩展和可维护。模块化设计可以根据需要来组成所谓的“拼接产品”，一方面可以节约成本，提高产品质量，以其高灵敏性应对市场变化；另一方面为产品维修、更新、拆卸、回收等提供便利。

1. 需求分析

（1）用户研究之定量研究

针对项目设计需要进行问卷式用户调研，对回收的问卷进行集中核查和数据分析，地摊经济的主要用户群体为普通居民和摊主，因此，将问卷的主要研究对象定为普通市民及从事地摊行业的人群，通过调研为分析地摊经济现状提供资料。

通过本次问卷调研发现，人们一般选择在晚上去逛地摊，大多数人愿意去逛饮品小吃和生活用品类摊位；卫生安全、产品质量仍然是消费者关注的重点；许多从事地摊行业的人担心利润问题，同行竞争激烈，不知道怎么调整售卖商品类型，可见大多数人缺乏摆摊经验，需要一定的就业指导；由调查可知，作为摆地摊的必备工具，照明、收纳、卫生、陈列等功能都是商贩认为地摊车需要具备的基本功能。

（2）用户研究之定性研究

本研究中访谈方法均采用面对面访谈，访谈对象选择有地摊工作经验或意愿的人群，选取符合目标人群的4位被访者进行一对一深入访谈，时间控制在30分钟，用户信息描述如图4-10、4-11、4-12、4-13所示。

① 用户信息描述

用户1：售卖书籍文具，用户信息描述如图4-10所示。

基本情况：

性别：女

婚姻情况：已婚

工作情况：不喜欢旧的工作，辞职。首次从事地摊工作，从业时间不长。收入情况：收入不高，不稳定。

摊位情况描述：自行搭建的简易折叠桌进行售卖活动，每天收摊、开摊过程繁琐，每次需要花费大概半小时时间，天气不好时会显得尤为辛苦。有时会落下商品。

垃圾处理情况：物业自行处理

用户语言：

1白天上班，晚上出摊，自由

2希望摊位固定化

3希望有更加醒目的招牌，吸引顾客

4第一次从事地摊工作，希望获得指导

5想拓展商品类型，希望拓展摊位空间

6利润小，前期投入少，方便

产品机会：

1灵活的经营管理制度

2摊位可以自由选择，方便移动

3摊位有醒目的招牌

4可根据需要调整摊位空间

5实行租赁制度，减少前期投资

图4-10 信息描述——用户1

用户2：售卖饮品小吃，用户信息描述如图4–11所示。

基本情况：	用户语言：	产品机会：
性别：男	1 上午准备食材，晚上6点出摊	1 地摊车要有充足的收纳储存空间
婚姻情况：已婚，有一孩	2 顾客只能端着食品站在路边吃，影响交通。	2 车内空间灵活，摊贩根据需要自由分布空间位置
工作情况：之前有过正规工作，但收入过低，不够全家生活所需。	3 前期专门学习过食材制作	3 留有专门存放处理垃圾的空间
收入情况：5—6千元/月，7—8万/年	4 工作空间过小，材料只能堆放	4 要有可移动电源
摊位情况：合法固定摊位，租金为7000元/年	5 需要专门购买冰柜对食材保鲜	5 可根据需要设置饮食区
垃圾处理情况：自己处理或者物业集中处理	6 地面的油渍难以清理	

图4–11　信息描述——用户2

用户3：售卖生活类用品，用户信息描述如图4–12所示。

基本情况：	用户语言：	产品机会：
性别：男	1 出摊位置不固定，会根据人流量而定	1 夜晚出摊要保证光照充足
婚姻情况：未婚，有交往对象	2 出摊时间灵活，可自由选择	2 经营权合法化
工作情况：刚毕业，没有工作计划，暂时以摆地摊为生	3 有时会受到城管的管制	3 统一外观，不破坏市容市貌
收入情况：会受天气影响，不稳定	4 晚点出摊找不到好位置	4 自由调整经营空间
摊位情况：自己将购买的三轮车进行改造	5 改造的地摊车空间小，外观简陋	5 舒适的工作环境
垃圾处理情况：自己处理或清洁工清理	6 夜晚出摊，光照不足	

图4–12　信息描述——用户3

用户4：售卖农副产品，用户信息描述如图4–13所示。

基本情况：	用户语言：	产品机会：
性别：女	1 全天摆摊，边走边卖	1 灵活的经营管理制度
家庭情况：附近村居民，已婚	2 就地摆摊，受到城管管制	2 具备一定的防雨防晒设施
工作情况：以售卖家中自产的农副产品(水果)为生，水果量大，每次都需要摆在自家拉货车上售卖。	3 希望有更醒目的招牌，吸引顾客	3 摊位有醒目的招牌
收入情况：刚好能维持生计	4 希望有便宜耐用的经营工具	4 便于移动，易于拆卸、伸缩
摊位情况：拉货车兼具售卖车，车上装有农副产品。	5 雨天出摊困难，商品易损坏	5 智能控温，保持食品新鲜
垃圾处理情况：清洁工清理	6 天气温度过高，水果容易晒坏、腐烂变质，卖相差。	

图4–13　信息描述——用户4

② 访谈结论分析

小组成员对符合目标人群的4位商贩进行一对一的访谈，发现大多数被访者经济条件并不是很好，都以摆地摊为主业来维持家庭生计，摆摊时间较为灵活，收入不固定，受天气、人流量等因素影响。大多商贩选择售卖饮品小吃类、杂货类等商品，摆摊前期需要进行专门的学习，认为摆摊投资成本低，对学历技术没有过高的要求。地摊车作为主要的经营工具，商贩希望地摊车可以满足照明需求、收纳需求、陈列需求、卫生需求、移动运输需求及以保鲜需求等，这些功能的整合为地摊车创新设计提供了新的机遇。

通过访谈可知，一些商贩由于利润低造成亏本，想要更换地摊类型，但需要重新投资购买经营工具而陷入苦恼。模块化设计为解决这一问题提供了新思路，通过模块化设计，商贩不需要进行新的投资，只需要更换部分零件，就可以满足新的需求，从而减少投资成本，避免资源的浪费。

③ 地摊车市场调研

A. 地摊车分类及特点

根据售卖产品的不同，可将地摊摊位分为餐饮小吃类、果蔬类、报刊类、服饰类、杂货类等。

地摊车归纳为以下特点：易于拆卸、伸缩与折叠；更多的储存空间；便于移动的轻体量设计；可靠的材质和承载能力；丰富的功能和用途；具备一定的防雨防晒设施；安全防盗、便于投放招牌、价目表和二维码的展示；满足光照的需求；可移动电源简易的安装；具备一定舒适性，如风扇和座椅等；充分利用现场的条件摆放商品。

B. 竞品分析

结合项目设计目标，从市场上查找了几款能实现地摊功能的类似营业摊位设计，与项目地摊车设计理念结合，进行特点分析，从中得出地摊车设计方向，如表4–5所示。

表4–5 地摊车竞品分析表

类型	外观	优势	劣势
宜家创新实验室Space0设计的地摊车		颜色高级，外观科技感十足，收纳空间充足，陈列物品规整	偏向概念设计，成本较高，不符合小贩低成本投资需求

续表

类型	外观	优势	劣势
移动缝纫机地摊车		功能齐全，造型简洁，占地面积小，展开即用	功能单一，只能用作缝纫，更换经营类型需要重新购置地摊车，投资成本高，资源浪费
手推式地摊车		成本低，占地面积小，体积轻巧，便于移动	不方便远距离移动，收纳空间小，功能较少，舒适度较低，光照条件差，缺少防雨防晒设施
市面常见摆摊类型		类型多样，用简易小桌子就地摆摊；将三轮车进行简易改装，在居民区、商区等地营业；通过加盟获得定制地摊车	功能较为单一，不能自主选择。功能、大小、造型不同，对市容市貌交通秩序造成影响，城市管理难度大

（二）地摊车设计草图与产品概念评估

1. 产品设计目标

从地摊车功能与经营需求出发，利用模块化设计原理进行智能地摊车项目设计，满足地摊经营者收纳货物、移动产品、广告宣传、空间拓展、垃圾收纳以及售卖商品的需求，且随着摊主经营类型的改变做一些外形及功能上的调整，最终目的是实现商贩的一次投资、长期多种类经营的经济实用性需求，减少商贩的经济压力，实现资源的最大化利用。

2. 草图绘制及提出方案

借鉴形体空间容纳性的特点，考虑到方体的空间利用率最大，故将地摊车基本外形确定为方体，并对方体进行切割与组合，绘制了9种方体的伸缩折叠组合方式，在不破坏原有形体结构基础上对方体进行模块化拆分和重组，其目的是在使用空闲时减少占地面积，使用过程中根据需要扩大利用面积，且便于拆分和重组，如图4-14所示。

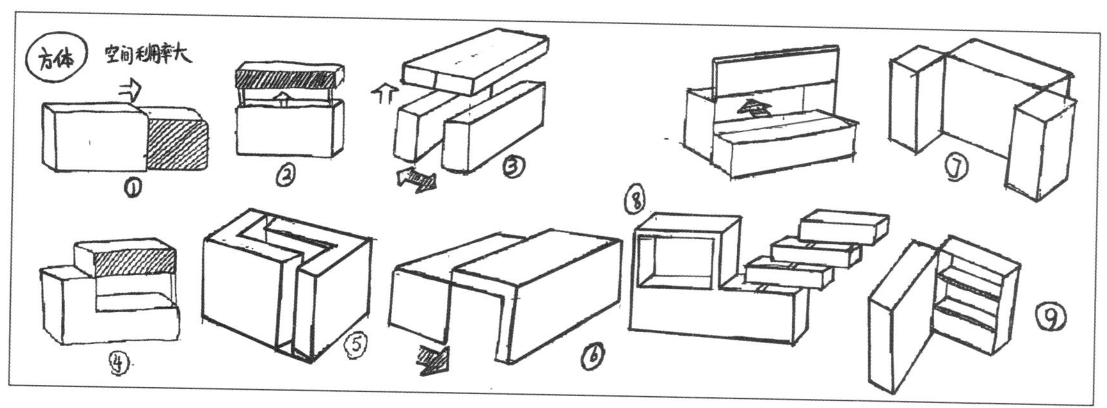

图4-14　方体容纳空间的草图绘制

3. 设计草图产品概念评估

根据以上9种方体组合方式进行概念评估，邀请受测人员来实验室对设计进行评估。共邀请了8名测试人员参与此次评估，包括5名地摊主，其售卖种类不同（2名地摊主从事小吃生意，1名是小孩玩具摊主，1名是小手工艺品摊主，1名是手机小配件摊主）；2名顾客（1名年轻女性，逛地摊频率为大概每周3次；1名中年男性，逛地摊频率不高）；1名管理人员。选择的8名受测人员都对地摊经济有一定了解，符合对受测人员的要求。受测人员情况如表4-6所示。

测试前，向受测人员介绍了地摊车设计项目的背景，并展示了设计草图，准备了纸笔、录音设备，便于受测者在测设过程中将想法随时在设计草图上做修改。向受测者布置需要完成的任务，推演地摊车在使用过程中对各功能模块的使用需求情况，如是否需要拓展空间，是否需要为了增加储物而加高整体设计？需要何种材质？等等；作为顾客，需要在测试过程中感受地摊车服务情景，并在此过程中提出服务流程的优点和缺点，确定哪些功

表4-6　受测人员情况表

变量	类别	参与人数	占比(%)
受测者角色	摊主	5	62.5
	顾客	2	25
	管理者	1	12.5
总数		8	100

能是必须保留的，哪些功能是在保证顾客良好服务体验基础上可以舍弃的；作为管理者，从管理角度感受并提出建议。

测试中，模拟真实场景给受测者提供体验环境，要求受测者完成相应的测试工作，并注意观察评估用户的行为、动作和语言，详细记录整个交互过程、发现在交互过程中出现的问题和用户体验的愉悦点，受测者需要在体验过程中说出自身感受和想法。在草图推演中针对地摊车的使用特性提出改进意见，也可以在草图上以图的形式勾画出来、反馈想法。

经过测试收集到一些用户建议：方案1中的左右开合方式较为方便；方案3中左右上下间隔开合方式会造成空间稳固性变差；方案4、5的空间拼凑会加大操作者的难度；方案6拉升卡槽式空间伸缩需要用到滑轨；方案8、9开合方式挤压操作空间等。

经过测试选取方案2、7和6，并将方案6进行了改进，综合了三种方案与地摊车设计需求匹配度较高的形体绘制草图方案，通过上下开合方式来增加工作空间高度；在上下开合的基础上添加通过左右伸缩的方式增大工作空间的设计方案。再将三种方案进行用户评分式测试，通过将设计需求与设计方案进行匹配与比对，最终选用方案②进行优化。

（三）模块化地摊车设计

1. 设计模型改进

针对测试结论对方案进行改进，对地摊车工作区进行细节绘制，包括各个模块之间的组合方式及伸缩方式，展现空间的拓展；利用建模软件对产品进行精细建模，将车体不同部分的空间拓展进行细节刻画，包括各个模块之间的连接结构，如图4-15所示。

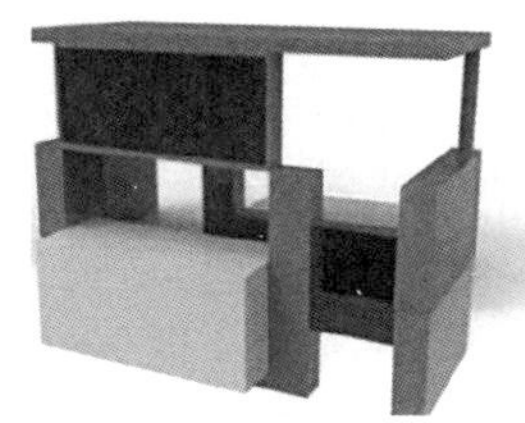

图4-15　设计绘制方案图

2. 数字建模及产品说明

经过对方案的优化，将车体部分融入模型构建，对车体利用建模软件进行模型制作，模型由车头和车身组合而成，车身部分为摊贩的工作间，包括操作展示区域、空间拓展区域、招牌展示区域、小型置物区域等；车头部分可供摊贩驾驶，车头车身搭配灵活，可实现拆卸和单独使用，便于摊主在固定摊位使用，也利于后期根据需要进行车头车身的更换，如图4-16所示。

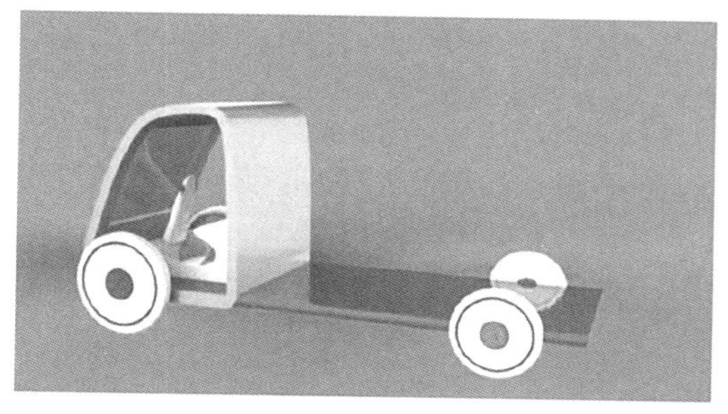

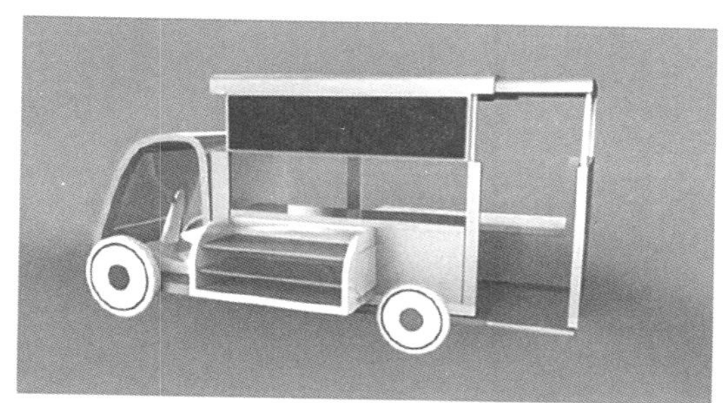

图4-16 建模图展示

车身设置有展示柜、工作台、折叠桌、电子屏等功能模块，各个模块可以移动、拆分组合，底部和顶部有延伸功能，摊贩可根据售卖需求自由设置工作空间大小，顶部的太阳能板可为地摊车提供充足电力，满足照明和充电等需求。车厢内空间充足，供摊贩自由添置经营工具，如储物柜、冷藏柜、垃圾箱等，如图4-17所示。

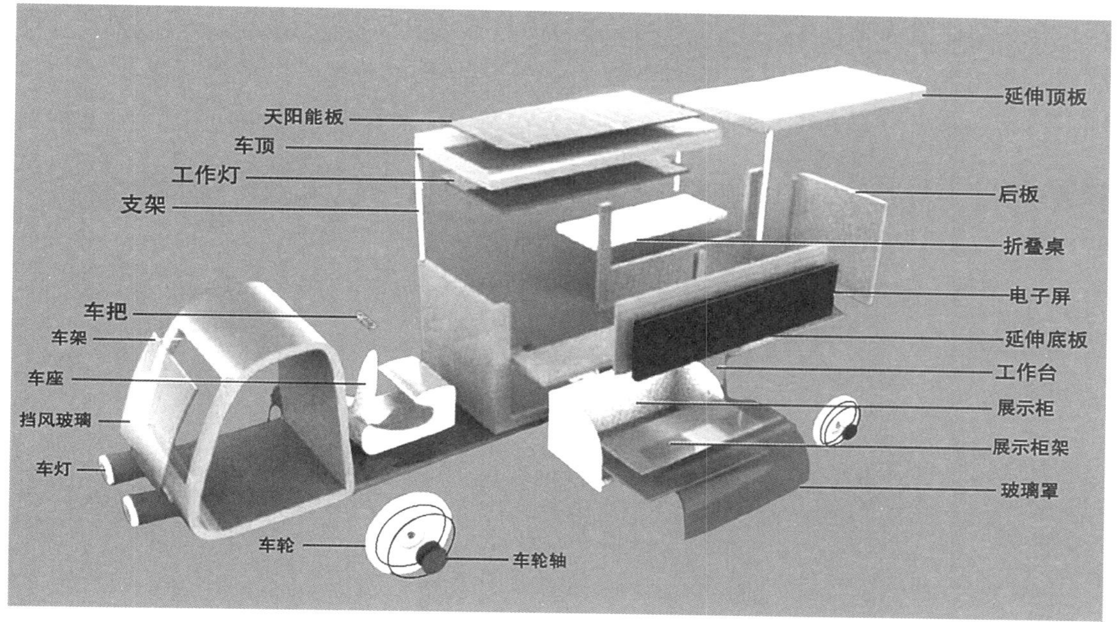

图4-17 设计细节图展示

根据前期的调研，渲染了三种颜色效果图，蓝色给人舒适、宽广、稳重的感觉；渐变蓝紫色给人梦幻、柔和、安全可靠的感觉；红色象征着热情，给人们带来“城市烟火”的味道。此外，渲染了三种地摊车不同状态下的工作模式，并介绍了使用说明，如表4–7所示。

表4–7　地摊车设计图及工作状态表

颜色	模块合并状态（蓝色）	工作状态（蓝紫色）	空间扩充状态（红色）
车辆状态	关闭/运输移动状态	正常工作状态	扩大空间后状态
功能解读	空闲或运输移动时，地摊车各个模块处于合并状态，节省占地空间，方便运输移动	工作时，车顶向上推动，增加工作空间高度，车身侧面向后拉动，扩大空间宽度，车顶与车底部分都设有伸缩板，摊贩根据自身需要设置空间大小	在正常工作状态的基础上，车身后板可翻转扩大空间，摊贩可自由安装DIY网格板或展示架，来陈列售卖商品，车身后部有折叠桌，可作顾客饮食区使用

根据前期的调研与分析可知，不同摊贩对经营工具和空间的需求是不同的，且许多摊贩对私家车或三轮车进行改造，存在一定的安全隐患，大部分摊贩经济状况较差，希望前期可以减少投资成本。该款模块化地摊车由政府统一管理，摊贩前期免费用车，还车时需要支付一定的折旧费，车内留有充足的工作区域，供摊贩自行安排经营设备，车顶设有太阳能板，不仅可以为车子提供动力，也可以满足摊贩及顾客的基本用电需求，同时减少摊贩开销，节约能源消耗，零件可单独更换，实现资源最大化利用，为地摊灵活经营提供设计参考和服务。

数字媒体产业与用户体验设计实践

一、数字媒体产业

数字媒体是利用数字技术、网络技术，通过互联网、移动互联网、卫星等渠道，以及电脑、手机等移动智能终端、数字电视机等，向用户提供信息和娱乐服务的传播形态。《国民经济和社会发展第十三个五年规划纲要》提出的“文化大发展大繁荣”战略，不仅从国家高度确立了文化产业的支柱性地位，为数字产业大发展大繁荣提供了坚实的政策保障基础，更是针对数字产业发展的关键性领域做出了引领性指导。2022年4月19日，中央全面深化改革委员会第二十五次会议审议通过《关于加强数字政府建设的指导意见》为我国数字经济、数字政府、数字社会、数字中国建设保驾护航。数字化转型已经成为现代化发展的前沿阵地，数字媒体产业发展成为中国式现代化的核心内容。

1. 数字媒体特征

相较于传统传播媒体，数字媒体具有消解传播层级界限、跨平台个性化互动、传播渠道多、时效性强的特点。

数字媒体传播特色消解了民族之间、社群之间、产业之间的界限，为数字媒体产业发展提供了传播过程中的一对一、一对多、多对多的多级传播渠道，任何人均可实现平等地信息发布、信息接收；数字媒体因其新颖性和跨平台互动性等特点很容易被乐于接受新生事物的人群所接纳，成为社会文化新的承载形式，其开放的构建模式和多样性选择给不同需求的人群提供展现创造才能和独特表现自我的机会和舞台，满足人们多样化的需求；数字媒体传播渠道繁多，可利用宽带网、无线网、手机终端、电子显示屏等渠道传播，信息传播载体兼容多种形式，受众乐于接受，媒体展示互动效应更强，极大提高信息的传播效率和互动交流。

数字媒体作为新兴传播媒体，其数字化特性为其互动性提供了技术支撑，且自身携带的网络化、跨平台性、传播渠道广阔、形式多样、互动性强等特点能满足各阶层人群不同需求，并随着数字媒体终端的普及得到社会群体的使用和认同，使得数字媒体与信息化社会的联系更加紧密，最终改变人们的生活、社交方式，提升生活品质。对数字媒体产业基础的交互平台进行设计研究，可为数字媒体产业互动产品提供具体的设计参考，助力数字媒体产业发展。

2. 数字媒体产业发展概述

近年来，国家高度重视、支持数字媒体技术及相关产业的发展，从创建产业基地到扶持关键技术研发，都投入了大量的人力、物力和财力。数字媒体产业是新兴行业，其发展过程中整体运营机制与某些细节方面的工作环节无法进行良好融合，进而导致产业链条发展受限，核心工作环节难以体现其实际价值，创作力发展受到制约。

第一，运营环节需要完善。很多的数字媒体在执行各种策划任务的时候，整体的完成度并不是很高，市场运营的效率也有待提升，数字媒体行业的衍生品没有进行充分挖掘，产业链无法创造更多的价值。

第二，数字媒体并不具有成熟的发展市场，缺乏良好的融资团队，这导致很多新兴的数字媒体并不能得到发展上的保障。

第三，数字媒体行业缺乏创新意识，应积极完善以应用信息化为主的服务行业，开发高端软件产品，促进数字媒体产业发展。

新的五年规划期间，国家继续将高端软件和新兴信息服务产业视为重点发展方向和任务，继续推进网络信息服务体系变革转型和信息服务的普及，利用信息技术发展，包括互动多媒体、数字设计、网络数字内容产业等主体形式在内的数字化媒介产业链，提升文化创意产业，促进信息化与工业化的深度融合。

二、数字媒体产业与用户体验设计

随着数字媒体产业规模的不断扩大，数字媒体对产业的渗透不再局限于媒体行业，其服务对象、应用范围包括政府部门、电子商务、教育培训、游戏娱乐、创意设计、智慧服务、网络社交等，实现了多领域跨平台特性。随着人工智能掀起的智能化浪潮，带动了越来越多的城市建立数字智慧城市，涉及公共数字服务、智慧交通、数字教育、健康保障、智慧安居、智能家居等城市规划，对现阶段的数字媒体提出了更复杂的高要求。

数字媒体产业与用户体验设计有密切关联，数字技术推动产业变革，产业发展拉动就业内需，体现在行业数字化转型、提升用户服务体验、整体运营环境的改良等领域，数字化变革与转型是各行业发展的关键。数字化转型是将传统业务和流程通过数字技术进行改造和升级，进而提升效率、创新能力和竞争力。用户体验设计关注用户在数字化环境中的感受、互动和满意度，助力提升整体行业的数字化覆盖和服务质量，未来，各行业都将从数字变革中获得回报，因此，流畅、积极、良好的用户体验至关重要。一方面，用户体验设计通过提升用户满意度、增强用户参与和体验、优化用户界面和导航、定制化服务等方面来助力数字媒体产业转型发展；另一方面，优秀的用户体验设计可以提升用户留存率、增加用户满意度，数字媒体产业需要将用户体验设计作为重要的考量因素，并通过用户导向、界面设计、信息架构、内容策略、个性化定制、用户参与和互动等手段，为用户提供优质的数字媒体产品和服务体验，通过数字化转型为传统产业带来竞争优势。

良好的用户体验可以提高行业的生产力，在用户与产品的互动中将产生巨大的价值，通过创新服务设计理念的植入与设计实现，为民众提供高效的服务体验，进而带动数字媒体产业不断拓展新的方向，促进产业健康持续发展。

三、基于用户体验设计的山西红色文创设计研究

本研究旨在通过山西红色文化旅游景区现状的分析，关注景区开发不合理、专业人才匮乏、红色旅游产品定位模糊等问题，并进行设计探索。以山西红色文化为背景，对山西的地理自然环境和人文资源进行系统化的研究。山西的红色文化主要分为三大文化区和五大红色文化核心区域，三大片文化区域主要指吕梁山附近的红色文化区域、太行山附近的文化区域和黄河周边的红色文化区域，对山西红色文化进行创新设计，通过设计宣传和展示山西红色文化，推进山西红色文化产业的发展。

（一）山西红色文化资源旅游现状分析

山西红色文化历史底蕴深厚，资源较为丰富，现有3000余处弥足珍贵的革命战争遗址和旧址、旧居、纪念设施等，广泛分布在11个地市。“太行精神”“右玉精神”“吕梁精神”、八路军太行纪念馆、左权将军纪念馆、刘胡兰纪念馆等具有鲜明的地方特色和文化价值。山西红色文化呈现出类型丰富与发展不均衡的特征，红色文化旅游景点包含重大战役遗址、重要机构旧址、名人故居、革命年代纪念品和烈士陵园等各种类型的红色文化内容，形成五大红色旅游片区，但主要路线集中在局域区域，且资源比较分散，开发较晚，未能形成大规模具有广泛影响力的片区，红色旅游产品存在用户体验单一性、发展滞后特征。基于红色文化资源研发出的产品所附带的文化意象与参观者对红色文化意象的认知需求间存在着较大的偏差，导致产品与参观者之间不能形成有效的文化传递与互动，进而影响可

能产生的精神共鸣。同时，红色旅游产品缺少整体规划，旅游相关产品存在设计特色不鲜明、形式传统单调等突出问题。基于以上现状进行山西红色文化旅游资源文创设计探索，为红色文化传播提供参考。

1. 研究内容和方法

（1）研究内容

以山西红色文化资源为基础，通过对红色文化深入了解，提取重要文化信息，挖掘其教育意义和深刻内涵，进行交互式红色文化旅游服务模式创新和文旅产品设计的探索，助力宣传山西红色文化、推进红色文化旅游发展的目标。

① 通过收集和分析用户服务需求，结合技术发展与设计实践现状，思考景区服务的优化设计思路，以满足游客日益增长的服务诉求。

② 通过创新设计理念和实践探索有利于山西红色旅游资源持续健康发展之路，便于游客更加直观感受山西红色文化、体验红色文化之旅。

③ 将红色文化旅游景区的发展与当地经济发展相结合，在发展红色文化旅游景区的同时辐射带动山西红色地区的经济发展。

（2）研究方法

问卷调查法、用户访谈法、实地调研法。

2. 研究思路

坚持以历史为骨骼、以设计为双翼、以地域因子为血肉的设计研究指导思想，汲取山西地域特色元素，打造独具特色的山西红色旅游纪念产品，反哺山西红色文化旅游产业。通过红色文化元素的收集和分类，实现红色文化元素的原始资料积累；通过二级文化元素的地域化区分，实现红色文化元素的确定；进而分析山西红色文化区域的文化基因，为红色文化元素进行创意转化设计做好基础性工作。

首先，探究红色文化与红色旅游模式间的关联，并进行创新设计，以提高游客的参与性与互动性，让游客真正“动”起来，让景区真正“活”起来；其次，在增加景区项目趣味性的同时传播山西红色旅游品牌形象，努力打造山西红色文化景区新面貌；最后，创新山西红色旅游形式，改变传统的红色旅游发展模式，将红色文化和创新服务体验相结合。

（1）对山西红色文化进行区域划分，了解其特色并提取典型文化因子，将其转化为数字表达方式。

（2）探索红色文化因子在旅游文创产品设计中的表现形式。

(3) 将地域文化因子与红色文创产品表现形式相结合，打造山西系列红色旅游文创产品概念原型。

(二) 用户痛点与需求分析

1. 问卷调研

(1) 问卷目的

《中国红色旅游发展报告（2022）》显示，“红色旅游+乡村文化”的发展模式已初见成效，革命老区深入挖掘红色文化资源并进行创意转化探索，通过红色旅游文创产品构建具有地域特色的红色旅游产品体系。如山东沂南县通过打造“红色影视文化基地+乡村旅游+特色产业+就业扶贫”的特色沂蒙革命老区模式，发挥红色旅游对当地经济和文化发展的辐射带动作用，并取得一定成果，为全国革命老区提供了新的发展路径参考。游客对旅游体验的整体需求在不断提升，对红色文化旅游景区体验的需求也在不断发生变化，因此，考察受众对山西红色旅游景区的认知体验，掌握受众的需求、在整个服务体验流程中的痛点将成为用户调研重要组成部分，为后期进行设计改善、提升受众的满意度提供数据支撑和设计方向的指引。

(2) 问卷及数据分析

此次问卷调查设置了17个问题，共发放200份问卷，回收有效问卷175份；问卷参与人群包括青少年、中年、老年群体；地域分布重点选择范围为山西省内；考虑到红色文化旅游景区参与者现状和群体划分情况，将有一定旅游经历、初中及以上文化水平、对景区体验有一定要求的受众为主要调研对象，并获取真实数据，问卷及分析情况如表5-1所示。

表5-1 问卷及数据分析表

序号	题目	数据统计情况	分析
1	您参观红色旅游景点的原因是什么？	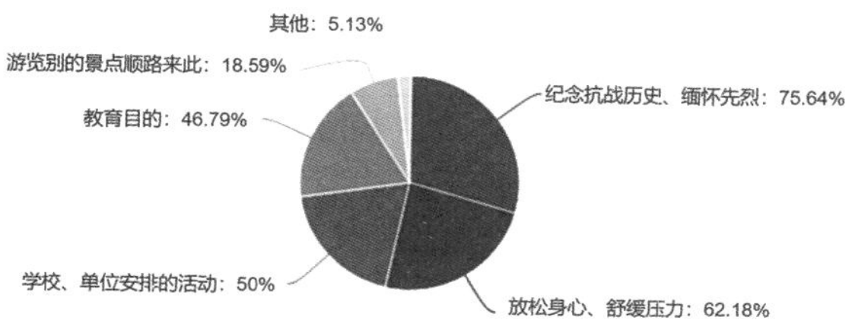 其他：5.13% 游览别的景点顺路来此：18.59% 教育目的：46.79% 纪念抗战历史、缅怀先烈：75.64% 学校、单位安排的活动：50% 放松身心、舒缓压力：62.18%	考察民众参加红色旅游动机，结果显示纪念抗战历史、缅怀先烈占较大比例，说明革命历史具有吸引力和开发价值

续表

序号	题目	数据统计情况	分析
2	您体验过哪些红色旅游项目?	游览展馆、纪念馆 83.13% 看实景剧 33.33% 亲身 体验项目 31.41% 参观红色旧址 60.26% 其他 8.97%	体验过红色景区游览展馆、纪念馆、参观红色旧址、观看实景剧、体验项目。说明红色旅游项目形式较单一、缺乏新意
3	请对山西红色文化旅游打分。	住宿 3.79 餐饮 3.72 交通 3.68 娱乐 3.56 购物 3.56 服务 3.79	在山西红色文化旅游中娱乐和购物的占比最低，说明景区娱乐项目少，文创产品不足以吸引游客
4	您认为目前山西红色旅游的不足之处有哪些?	选项 / 小计 / 比例 服务态度不够热情 41 26.28% 基础设施、配套体系不完善 93 59.62 活动内容不够丰富 87 55.77 推广力度不够 104 66.67 纪念品缺乏创新和吸引力 78 50 缺乏高参与性的体验活动 64 41.03 文化内涵不深刻 29 18.59 导游讲解缺乏专业性 30 19.23 其他 15 9.62 本题有效填写人数 156	山西红色旅游的不足集中在推广力度不够，基础设施、基础设施体系、服务体系不完善、体验活动内容不丰富、纪念品缺乏创新，交互式体验活动少
5	您在购买红色文化纪念品时注重的是什么?	表现当地特色和文化底蕴 68.59% 外观设计具有吸引了 55.13% 价格合理 78.21% 有纪念意义和收藏价值 70.51% 产品趣味性强 32.05% 有实用价值 38.46% 自己动手制作 13.46% 其他 3.85%	用户购买时看重象征意义、纪念意义和收藏价值、当地特色与红色文化结合等。表明红色旅游出现年轻化趋势，相应的物化产品也应随之“年轻化”，满足客户购买潜在需求
6	您认为当前红色文化创意产品存在什么问题?	产品质量差：27.56% 价格贵：58.33% 产品无特色：67.31% 设计平淡：47.44%	问题主要集中在红色文化创意产品千篇一律、价格贵、设计平淡、产品质量差等方面。说明红色文创产品必须展现地域特色与恰当材料的运用

2. 用户访谈

(1) 访谈目的

通过对用户的访谈,了解游客在景区体验中的显性需求和隐性需求,分析和深入挖掘游客在景区游览中出现的问题和不便,为景区服务流程的优化提供重要信息。

(2) 访谈提纲

本次访谈选取八路军纪念馆景区中的4位游客作为访谈对象,其中包含2位女性游客,2位男性游客。访谈提纲主要针对游客在旅游前、旅游中和旅游后三个阶段进行相应问题的设置,如表5-2所示。

表5-2　访谈提纲表

序号	过程	提　　纲
1	旅行前	旅游出行前您会根据哪些信息来制定旅游计划?会有什么准备?
		您会选择什么交通方式到达景区?
		您是通过什么渠道了解到八路军太行纪念馆的?
		为什么选择游览八路军太行纪念馆?
2	旅行中	旅游过程中您觉得顺利吗?如果不,景区存在什么问题?
		您认为景区的红色文化气息浓厚吗?有什么想要体验的项目?
		在整个旅游体验中哪里让您印象最为深刻?为什么?
		景区的基础设施使用方便吗?如果不,是什么造成的?
3	旅行后	游览结束后,您学到红色文化知识了吗?
		旅游后您通常会有什么关于本次旅途的行为?
		您对红色旅游景区的旅游体验有什么期待吗?

(3) 访谈过程描述与问题汇总

4位访谈对象的访谈内容及需求提取如图5-1、5-2、5-3、5-4所示。

用户基本信息
姓名：小怡
年龄：19
性别：女
角色：大学生

访谈关键内容：
1.通过APP、网站搜索旅游目的地相关信息，还会获取酒店、车票、景区开放时间等信息，进一步确定行程；
2.选择乘坐高铁到达当地车站，再乘坐公交车到达景区；
3.通过网络渠道搜索山西较著名的红色旅游景区，了解八路军太行纪念馆；
4.感受学习八路军文化；
5.还算顺利，就是觉得景区需要参观的地方挺多，时间安排不合理的话，会遗漏游览个别区域；
6.不方便，由于好奇，交押金购买了语音自助导览的讲解服务，但操作得靠自己摸索，有些浪费时间，还摸索不明白，感觉钱白花了；
7.有个像电影院大屏幕一样播放抗日画面的区域，还伴随着闪电雷声，挺有意思的，但是看的人太多了，只有第一排能全看到，在后面啥都看不清楚，还得等一波人走了，走近看；
8.很浓厚，想体验与景区产生互动的项目；
9.没有深刻学到，就是很感慨；
10.会把拍摄的照片分享到朋友圈、微博，购买当地特产和旅游纪念品回去分享给朋友家
11.期待一些新鲜的旅游体验方式，一个地方要有很特别的风景或体验项目才会给我留下深刻印象，有地方让游客都穿草鞋游览，我就觉得还挺有吸引力。

问题与需求：
1.不能合理安排自己的游览时间，会遗漏个别景区，造成遗憾；
2.自助租赁语音导览操作存在困难，不能有效使用；
3.沉浸式区域观看游客人数太多，观看地方有限，影响游客体验；
4.景区体验单一，想体验互动性的娱乐项目；
5.不能很好地学到红色文化知识，有点走马观花。

图5-1　访谈信息——访谈对象1

用户基本信息
姓名：李女士
年龄：35
性别：女
角色：母亲

访谈关键内容：
1.通过APP、贴吧查找景区的攻略，查看别人分享的吃住行游娱购信息，但是信息有点少；
2.选择乘坐火车到达车站，再包车到达景区；
3.是通过APP、贴吧了解到八路军太行纪念馆的；
4.带领孩子来周边的红色旅游景区游玩、体验及学习红色文化；
5.顺利，不过景区的基础设施对于儿童来说还存在一定的安全隐患，在户外的游览区河边儿童玩水嬉闹，保护措施安全性不高，有的地方都没有保护措施，桥上的木头桥梁因年久侵蚀都断裂了，景区不能及时发现修理，间隙之大极其易发生儿童安全事故；
6.方便，景区内的基础设施还挺全面的，连母婴室、医务室都有，很人性化；
7.纪念碑那里印象深刻，因为爬了很多楼梯才上去的，很锻炼身体，成就感满满，还能俯瞰太行山风情；
8.浓厚，想体验身临其境的沉浸式项目；
9.深刻感受到了伟大的抗战精神和革命精神；
10.会拍照留念发给家人朋友，给孩子购买旅游纪念品，为家人购买当地特产；
11.作为一个妈妈，对景区给孩子的教育意义更为重视。体验项目吸引力很强。如果能让孩子全身心投入到体验项目中，再配合读绘本、讲故事、亲自劳动等环节，效果会更好，我也更愿意带孩子去。

问题与需求：
1.关于景区的攻略宣传较少，不能提前做好充足的了解和准备；
2.景区的基础设施存在安全问题；
3.想体验身临其境的沉浸式项目；
4.希望景区把体验项目与红色文化的教育意义结合起来。

图5-2　访谈信息——访谈对象2

用户基本信息
姓名：小豪
年龄：10
性别：男
职业：小学生

访谈关键内容：
1.通过学校通知，自己收拾好携带的物品，通从学校老师的安排；
2.选择乘坐学校安排的旅游车到达景区；
3.通过学校的传播教育，学校组织我们来这里旅行参观学习，所以了解到八路军太行纪念馆；
4.接受爱国主义教育的洗礼；
5.顺利，就是最后游览结束后看了看纪念品柜台，景区的纪念品柜台物品种类不是很多，没有什么好玩的特色的纪念品，与红色文化不太相关，没有吸引力；
6.还行吧，售票区和检票区排长队，时间比较缓慢，效率太低了；
7.可以摇动的桥那里印象最深刻，因为可以在那里和别人一起玩；
8.很浓厚，想体验CS真人枪战项目，我对枪武器玩具这些特别感兴趣，也想体验一次成为抗战英雄的感觉；
9.学到了很多知识，认识了好多革命战士，知道了很多英雄伟人的事迹：
10.回去前买个纪念品带回家，回去后会把拍到的和录到的内容给爸爸妈妈看；
11.期待多增加一些游玩设施和项目，使得旅行既能学习红色文化知识，也能开心玩耍，放松心情，加深旅游记忆。

问题与需求：
1.纪念品与红色文化不太有关，也没有体现当地特色，吸引力不强；
2.取票和检票排队时间长，影响游客心情；
3.想体验抗战英雄的作战场景；
4.期待多增加一些游玩设施和项目，实现游玩中学习，学习中游玩。

图 5-3　访谈信息——访谈对象 3

用户基本信息
姓名：王先生
年龄：44
性别：男
角色：父亲

访谈关键内容：
1.通过网站搜索旅游目的地的开馆闭馆时间；
2.自驾到达景区；
3.通过朋友介绍了解到八路军太行纪念馆；
4.心里一直向往去红色圣地参观，重温抗战历史，感受太行英雄舍生忘死，抗击日寇的伟大情怀；
5.挺顺利的，有一个问题：自驾需要停放车辆，在节假日高峰期，景区内没有地方可以停放车辆，需要自己在景区外找合适的停车区停车；
6.不方便，纪念馆内的导览台好多都没通电开放，感觉就是个摆设一样，浪费空间和资源；
7.印象最深刻的是长廊里展览柜陈列的以前出版的书籍和记录全国抗战重要时间和事件的柱子；
8.纪念馆营造的文化氛围浓厚，想体验一些有新意、不同寻常的项目；
9.学到了，就是粗浅的学到了，不能深刻记住一些知识；
10.买个旅游纪念品留作纪念，观看红色影片追忆；
11.更看重景区的专业性，景区基础设施也是重点考虑的方面，期待景区完善内部食宿娱乐设施。

问题与需求：
1.在高峰期阶段，景区内会出现停车位紧缺的现象，可能造成交通拥堵；
2.馆内的基础设施没有充分利用，多处导览台仅部分开放使用；
3.想体验一些有新意、不同寻常的项目；
4.不能深刻学到红色文化知识；
5.期待景区能够完善内部食宿娱乐基础设施建设。

图 5-4　访谈信息——访谈对象 4

3. 用户痛点分析

针对以上访谈进行用户痛点提取与汇总分析。

（1）关于景区的攻略宣传较少，不能提供游客体验的景点公告未能及时发布。

（2）自助租赁语音导览在操作上存在困难，多处导览台仅部分提供开放使用。

（3）沉浸式区域观看游客人数太多、场所有限，影响体验。

（4）景区体验单一，体验互动性不足。

（5）取票和检票排队时间长，影响游客心情。

（6）景区的基础设施存在安全隐患；在高峰期阶段停车位紧缺。

（7）纪念品与红色文化相关性差，未能结合体现当地特色，吸引力不强。

4. 用户需求提取

针对以上访谈进行用户需求提取。

（1）沉浸式体验，希望景区把体验项目与红色文化的教育意义结合起来。

（2）多增加对景区的宣传，汇集旅游攻略、游客心得，周边推荐吃、住、行、游、娱乐等信息。

（3）期待景区能够完善内部食宿娱乐基础设施建设。

（4）期待多增加一些游玩设施和项目，实现游玩中学习、体验和感悟，达到启迪心灵的作用。

5. 实地调查法

通过深入红色文化景区开展实地调研进行用户行为的研究与分析，了解用户需求。

（1）研究目的

了解游客在整个旅游服务流程中的行为，从旅客确定目的地、制定计划、前往目的地、买票、进入红色旅游景区、进行游览、购物等多个体验节点中归纳出用户在体验中面临的痛点，对整个服务流程进行优化设计。

（2）观察内容

主要用户群体：观察青少年和中年人群、老年群体在景区体验中的痛点。

游览时行为：拍照、使用导览台、购买讲解服务、听讲解、看陈列物品（图文、雕塑、场景、物件等）。

人流量：分淡季和旺季，节假日人流量大，多为一家人组团出游和旅行团集体出游。

进入景区方式：使用身份证在售票处领取免费的门票，工作人员检查门票刷卡进入。

用户行为调研与分析过程、行为记录如图5-5、5-6、5-7所示。

(3)用户需求分析

用户需求因人而异,因需求而异,各不相同,因此,需要从用户需求角度出发梳理用户需求层次、需求优先级,进而判断需求实现对用户影响程度大小。在用户行为研究基础上结合KANO分析模型,通过分析用户需求与使用满意度的匹配程度,进行用户需求的分类

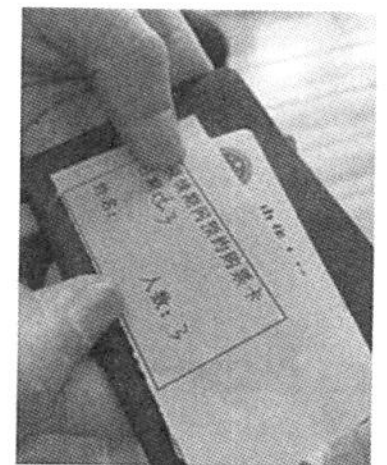
购买门票过程繁琐

休息区座位不合理

护栏警示不清楚

物件与景区风格不搭

文创产品特色不突出

宣传页设计美观度不够

文创套装设计与风格不匹配

展示架放置凌乱

人群拥挤、体验感差

安全防护性较差

图5-5 用户行为研究细节

时间	2021.5.3	地点	八路军太行纪念馆
被观察人	行为、动作、表情、语言		
一位与老友同行的爷爷	游览途中一边与老友聊天一边看，对于展示的物品只是草草的掠过，只有看见比较大的英烈名字的时候才会驻足，然后凭借自己的记忆和自己的同行老友讲述，有时候自己整刚准备讲，老友已经准备往前走，然后只能做罢，去追赶同伴。		
一位独自游览的爷爷	在展厅内观察途中，发现有穿讲解衣服的工作人员在向其他游客讲述的时候，急忙跑过去想要听听，走到跟前，发现没有声音，自己听不到，这位老爷爷所看到的讲解员是单独为团队服务的，只有带上与此位讲解员讲解频道相同的耳机才可以听到，老爷爷最后只能尴尬地朝我笑笑，说了一句听不见。		
一个小女孩与自己的父母	与自己的爸爸妈妈一起同行，在观看展品的过程中，一边看一边和自己的妈妈讲述，说我们要像红军叔叔一样保护我们的祖国。妈妈一边夸赞他一边向他更详细地介绍有关抗战的历程。最后在快结束的时候，在休息区域地板凳上，还在兴奋地和自己的爸爸妈妈叙述自己的所见。		

图5-6 用户行为观察记录1

时间	2021.5.3	地点	八路军太行纪念馆
被观察人	行为、动作、表情、语言		
一位单独参观的男青年	在购票口并没有选择人工讲解服务，而是进入展厅内，直接走向自助语音讲解设备的租赁地点，拿着租赁的设备插上自己的耳机，径直走往展厅内部进行参观学习，遇到外放的人工讲解人员时，把自己的耳机摘下来，跟随着人群，一起去听讲解，讲解员讲解结束后，自己又单独返回展厅，开始观看展品，最后还了租赁设备。		
一个小男孩和自己的一家人	跟着家人参观，听家人给自己讲述展品的内容，听完后立即提出自己的疑问，家人及时给出回复，遇到导览台，过去点击观看里面内容家人考验他的识字能力，紧接着去到雕塑展品前，即使雕塑前有警示带阻挡游客进入，然而小男孩钻进去跟小朋友玩耍，家人发现后及时制止，让他立刻出来。游览结束后一家人到了纪念品柜台，大人询问小男孩想要买什么，小男孩挑选了一个小徽章，家人购买后，又问小男孩想不想要手枪玩具，小男孩摇头，拒绝家人再三确认后，还是购买了，最后离开纪念馆。		
一位女青年和一位奶奶	进入展馆后，看见有人使用自助讲解设备租赁机器，女青年也想租赁一个，拿到手后又开始摸索着怎么操作，看见机器上说可以佩戴耳机使用，就拿出自己随身携带的耳机插着看能不能配对，最终还是选择了外放声音。进入展览厅参观，发现讲解设备需要输入产品的编号才能进行对应的讲解，但始终找不到产品的编号在哪，看见供人工讲解员使用话筒讲解，就关掉了讲解设备，跟着人群听人工讲解。看见老物件的展品，就像随行的老奶奶说我看见过那个谁家，现在还有这种老物件。游览结束后，到自助租赁机那里归还了讲解设备，离开纪念馆。		

图5–7　用户行为观察记录2

和分级研究，从而确定产品实现过程中用户体验满意度的优先级，将用户满意度属性分为魅力型、期望型、无差异型、必备型、反向型五种，分别对应用户需求痛点进行归类。

① 必备型需求分析

支付需求：可以支付的方式，移动支付、现金支付（针对不会使用电子设备的老年人）。

等待需求：游客需要先进行网上预约，再在门票口排队领取门票，排队检票进入展厅。

认知需求：纪念馆需要有明显的路标指示设计，以便游客能尽快找到游览路径。

安全需求：景区中有水、桥等区域应该有明显的安全标识，增加防护栏保护措施，保证游客安全。

② 期望型需求期望型需求分析

定位需求：景区需要有明确的导视路线图提供给用户，让用户准确知道自身所处位置和其他参观地的方位，防止迷失方向。

卫生需求：景区的环境卫生保持整洁，做到及时清理。

通信需求：进入展览馆，游客的手机信号体验较差，无法有效地连接到互联网。

导向需求：没有明显的指示标识，没有明显的语音指示。

舒适需求：在场馆内提供或者改进供游客休息所需的座椅，且座椅设计符合人体工程学设计原理，确保舒适性，体现不同年龄段游客的舒适度需求。

快速需求：希望游览过程中根据游客需求制定相符的游览顺序和景点重要程度排序，便于用户和游客能在必要时做出有所取舍的恰当选择。

③ 魅力型需求

助人需求：当有老弱病残孕等需要帮助时，希望能便捷高效地引导游客做出恰当选择。

审美需求：纪念馆辅助设计需要有趣、新颖，摈弃常规设计原则，满足用户的审美需求带给游客不一样的游览体验。

尊重需求：有效地处理好游客以及各个利益相关者之间的关系，处理好游客与景区之间的关系。

④ 反向性需求

场馆内不提供餐饮区，与景区的庄严肃穆的整体氛围不符合。

⑤ 无差异需求分析

预先设置旅游路线图，根据景区的条件和体验变化，游客的游览需求也在随时在发生变化，生搬硬套地预设游览线路将阻碍游客的游览，有的游客会根据游览现状即兴变化，如通过询问、观察旅游路线图等形式快速满足需求，因此，此项不作为设计重点。

在对以上用户需求进行分析的基础上，分别将必备型需求、期望型需求、魅力型需求的用户设计需求对应于用户体验设计中的易于使用、便于使用、乐于使用的特性，进行用户需求的汇总与分类，如图5-8所示。

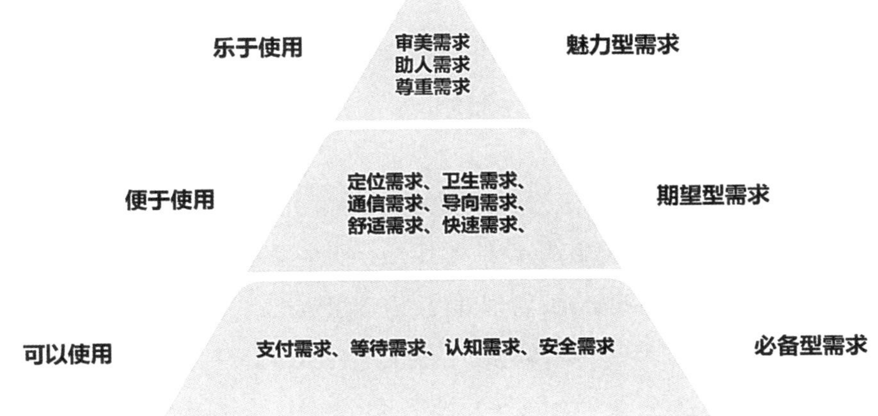

图5-8　用户需求总结

（三）服务优化设计

1. 用户画像

在进行用户需求、用户特性研究基础上，用标签化的方式对用户属性、兴趣、行为等特征进行人与人、物、环境（场景）间的需求与供给模型的抽象与描述，对用户进行分层特征描述，如图5-9所示。

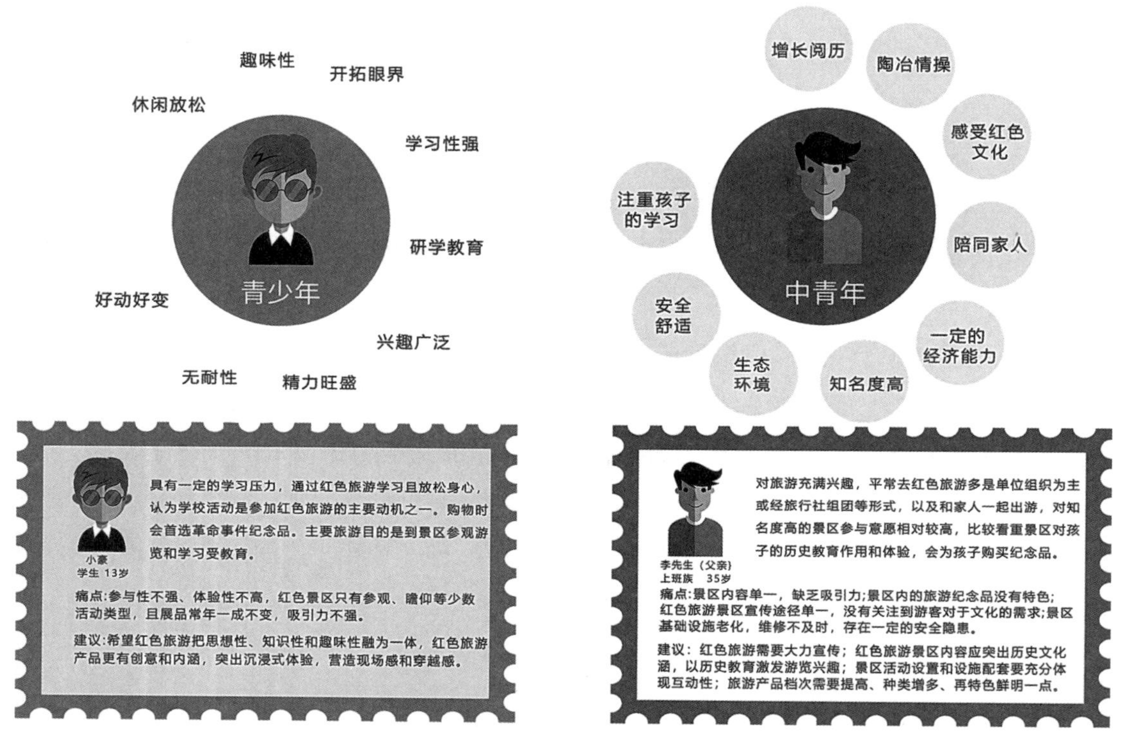

图5-9 用户画像图

2. 服务设计

在权衡各方需求与利益基础上进行服务优化设计，并贯穿于整个服务系统，对于服务系统设计的视觉表现来说，服务优化设计体现整个服务系统的质量和用户体验的层级高低。志愿者、景区、餐饮服务、设计师、管理部门、语音租赁机、讲解员、游客、当地居民形成整个系统的服务流，为游客体验提供保障；员工、线上平台、管理部门、居民、商业、语音租赁机、为游客体验提供信息流服务；员工、设计师、管理部门、线上平台、支付或地图平台、景区、讲解员等形成服务系统的资金流，为整个系统的运转提供资金支持，如图5-10所示。

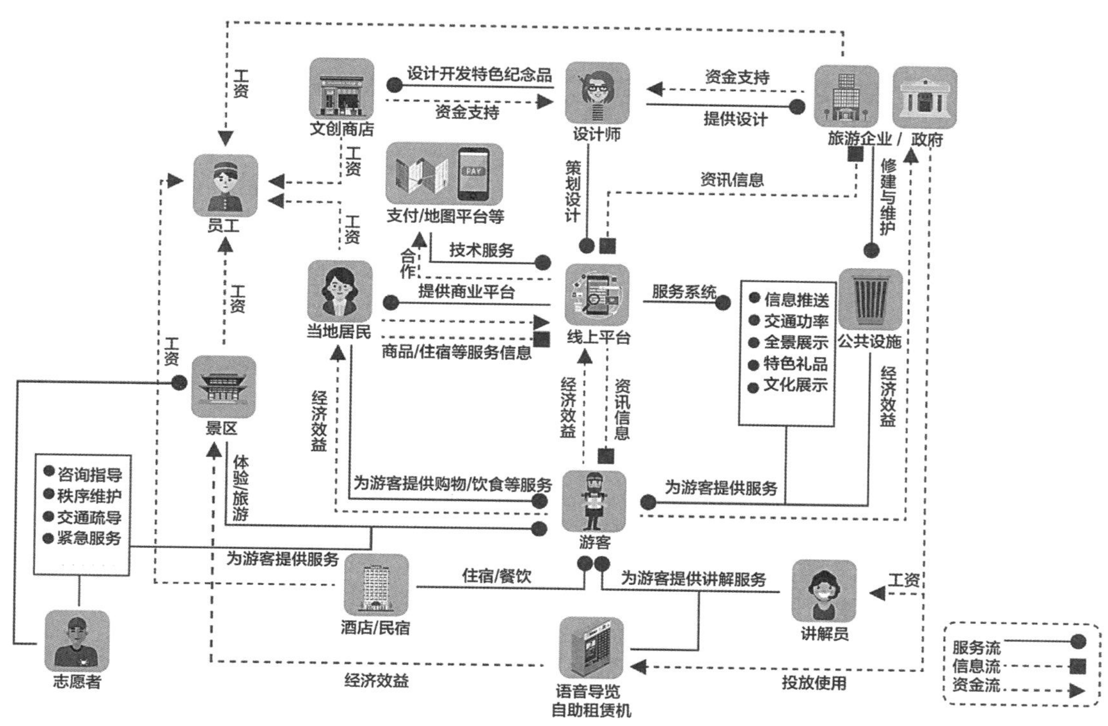

图5-10　服务设计图

3. 用户旅程图

在项目设计中，分析游客从到达至离开的全部过程中的行为、用户触点、情绪体验、痛点、用户需求等，从中发现用户体验中存在的机会点，并将其通过视觉化表现出来，具体用户旅程图分析如图5-11所示。

4. 服务优化设计

基于以上分析进行用户体验的服务优化设计，将提升用户在红色文化景区的流程体验作为设计挖掘宗旨，分为互动接触线、可见线、内部活动线三条主线进行分层分阶段优化设计，进而整体改善系统服务能力，提升用户体验，如图5-12所示。

（1）新旧流程设计对比图

通过设计优化进行用户游览体验模型设计，对照新旧流程进行用户体验对比。针对

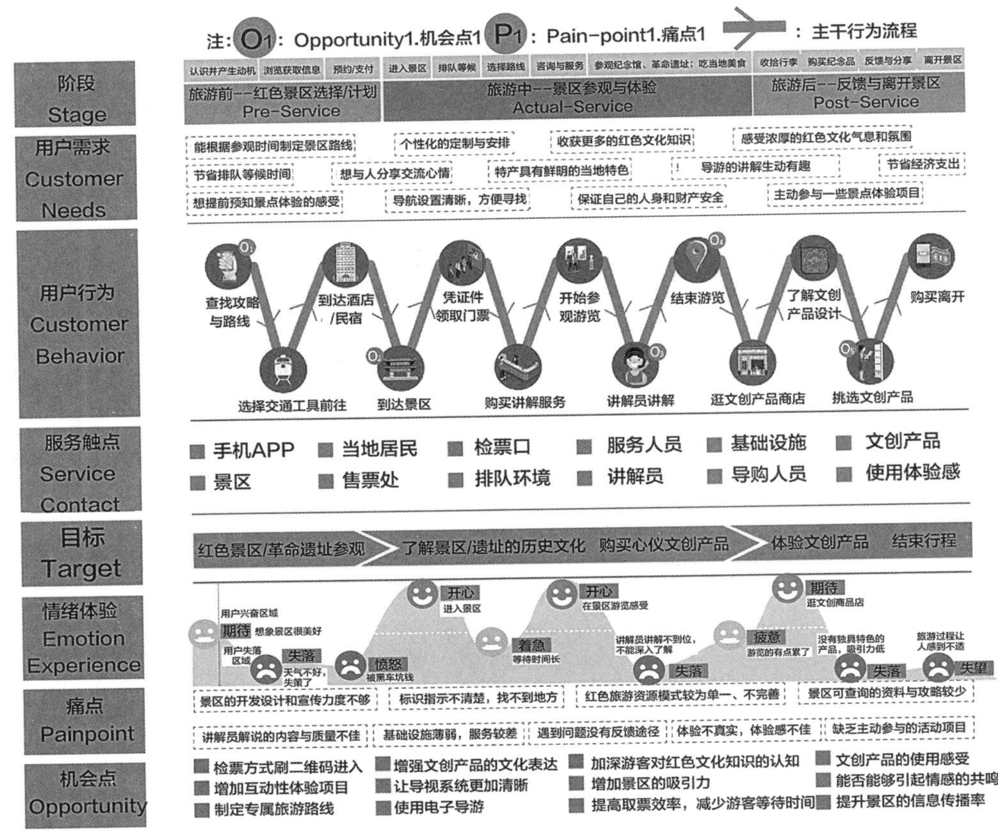

图5-11 用户旅程图

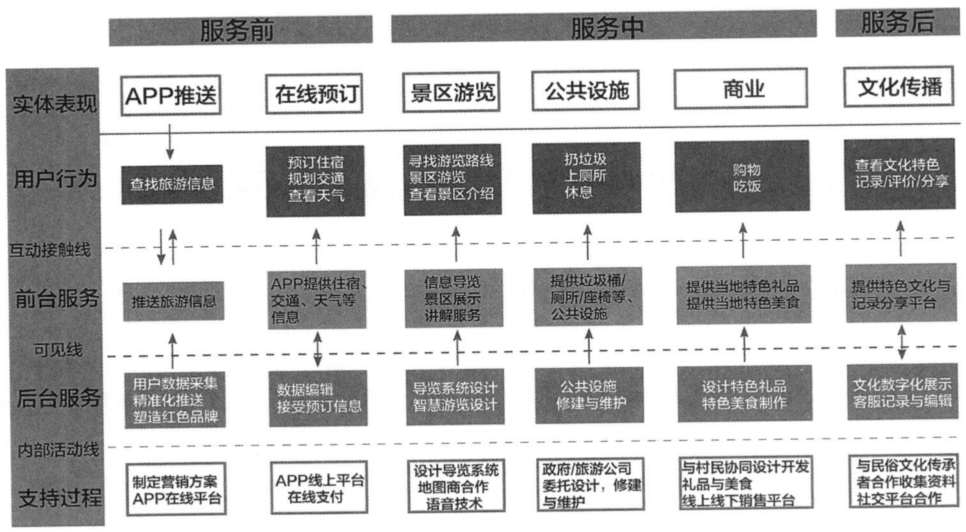

图5-12 服务优化设计图

旧流程中馆内导览台数量很多，但开放不多，没有很好利用起来；讲解功能还是以图文讲解重点知识为主，不能激发深入学习等内容进行设计，新流程中增加答题功能，寓教于乐，还能凭积分兑换特色文创产品，在一定程度上带动景区的经济效益，进行流程设计，如图5-13、5-14、5-15、5-16所示。

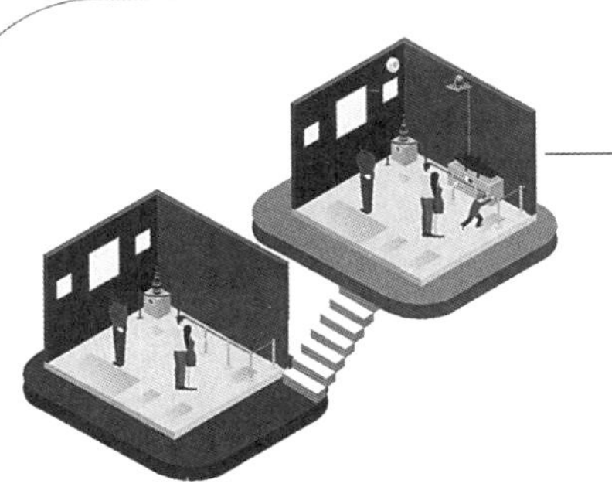

图5-13　新旧流程服务对比图1

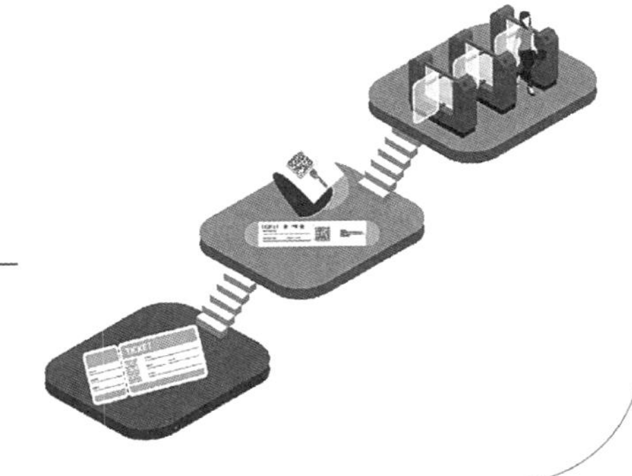

图5-14　新旧流程服务对比图2

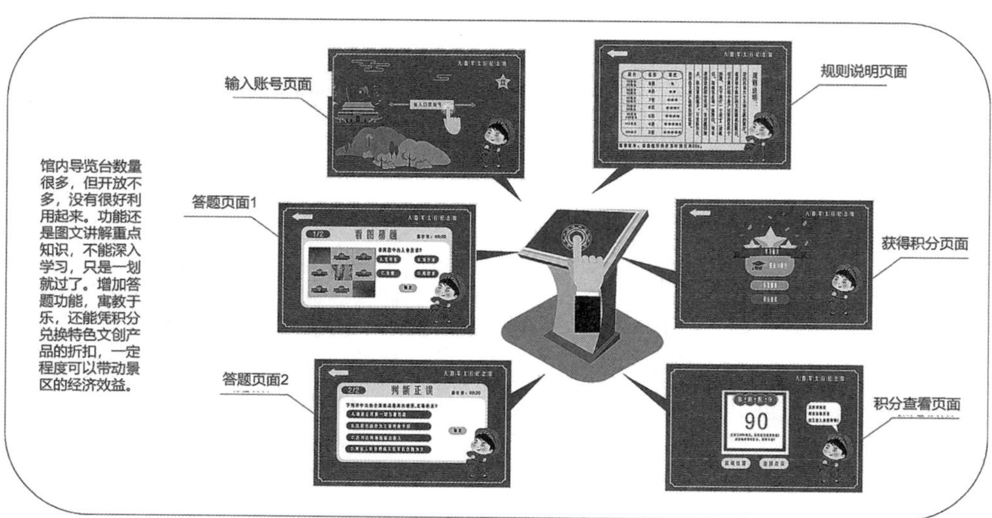

图5-15　新旧流程服务对比图3

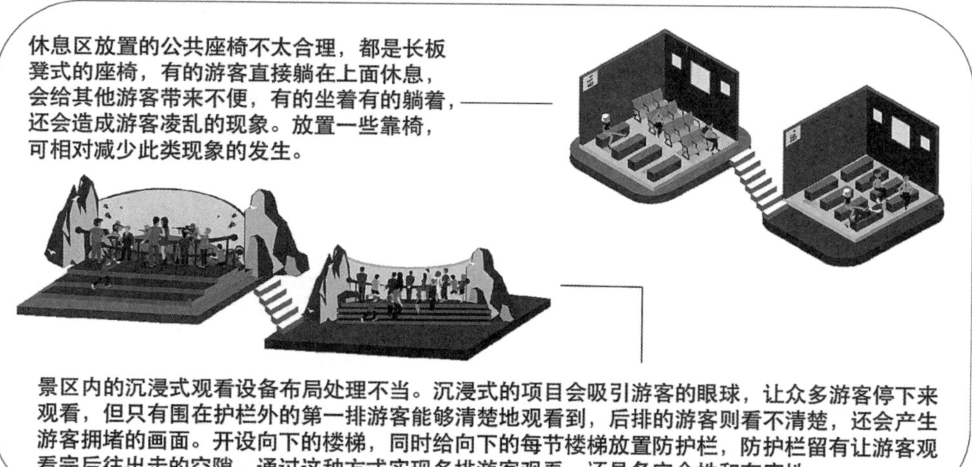

图5-16　新旧流程服务对比图4

（四）文创产品设计

1. 红色建筑元素提炼与设计

针对红色文化进行显性基因和隐形基因的分类，显性基因即视觉看到的红色文化，如红色建筑、革命场景等；隐形基因则表现为红色文化精神。通过红色文化设计因子的提取、创意转化再设计、结合地方特色进行文创产品设计的思路，形成具有山西地方特色的红色文化景区文创产品，分类与红色文化因子提取如图5-17、5-18所示。

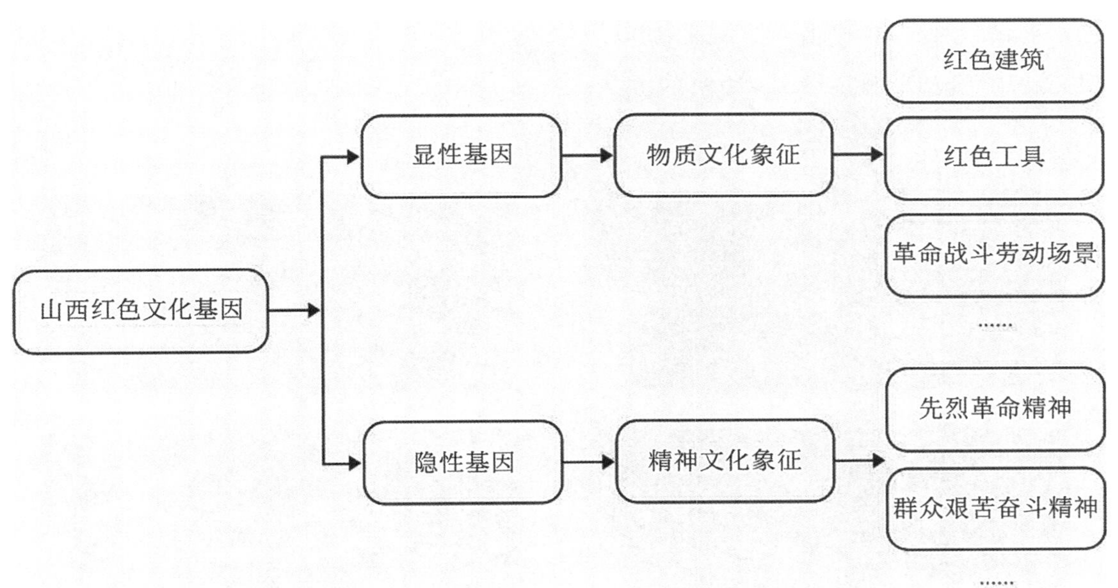

图5-17　山西红色文化基因分类

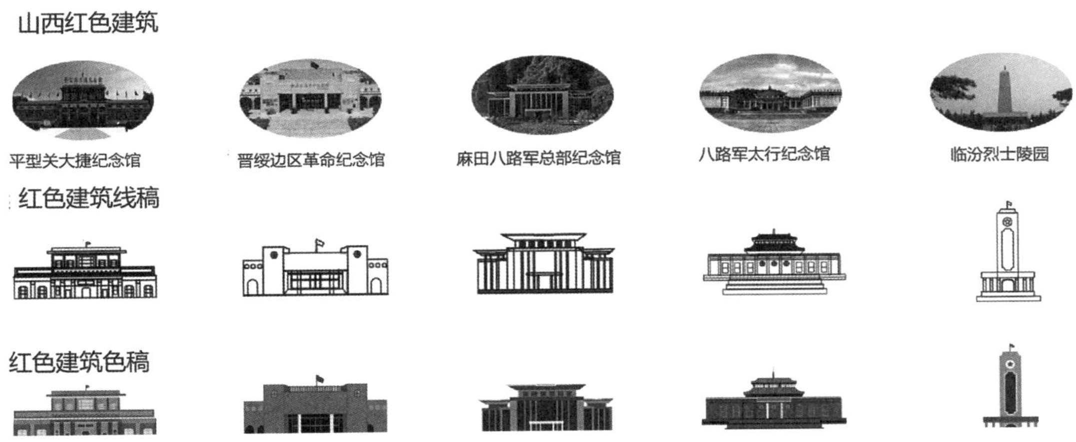

图5-18　红色文化因子提取图

2. 办公产品设计

红色文旅产品是对红色文化的提炼和凝结的产品化表现形式。文创产品是红色革命精神的载体。地域特色的融入为产品增加了更多的可能性，在办公用品中融入山西本土的元素，不仅仅使得产品更加美观，而且使得产品更加富有红色文化精神和内涵。提取红色元素和山西地域、建筑造型元素，加以简化、重构，再与办公产品相结合，形成办公用品相关设计方案，如图5-19、5-20所示。

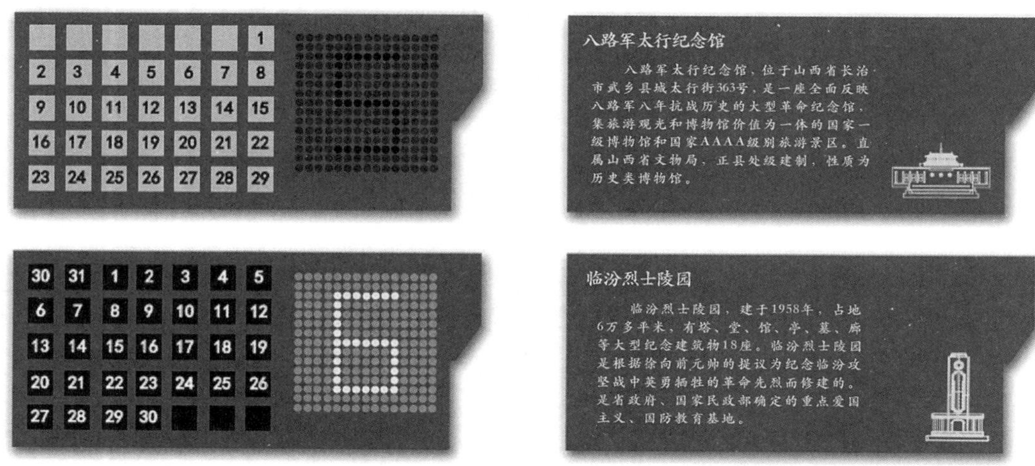

图5-19　红色场馆台历设计

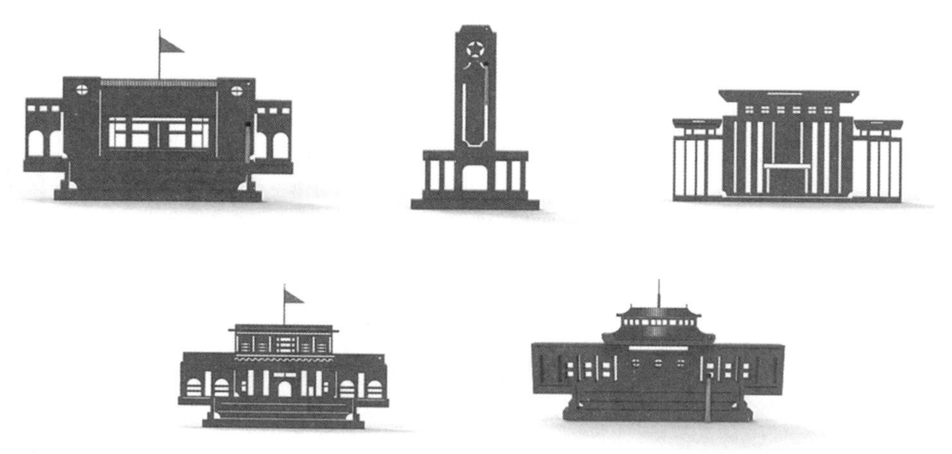

图5-20　办公书签设计

3. 红色文化景区可视化设计

针对山西红色文化景区数量多、地理位置分散的现状，结合山西地形进行地理位置标识设计，为用户深入了解山西红色文化景区提供定位和展示服务，如图5-21所示。

图5-21　红色文化区域分布图

四、用户体验设计下的智能婴儿床产品开发

随着人工智能、物联网和大数据技术的不断发展，智能产品在用户生活中扮演着越来越重要的角色。智能产品设计的核心在于提供智能化的功能和服务，用户界面和交互设计也是智能产品设计的关键要素。设计团队需要设计直观、友好的用户界面，使用户能够轻松地与智能产品进行交互。通过运用交互设计原则和用户体验设计的最佳实践可以创造出易于使用、富有创新性的智能产品界面和交互方式。

随着生活质量的提高，人们对于婴儿产品的应用需求越来越高。婴儿床是一类最为常见的婴儿用品，备受家长们的关注。传统的婴儿床可分为轮式和固定式两大类，可以解决婴幼儿养育基本功能，随着技术的发展与智能化的介入，家长对养育婴幼儿有了更多更新的要求。对于婴幼儿来说，每天会在床上度过较之成年人更长的时间，因此，婴儿床的设计改进对于看护者和婴幼儿本身都很重要，本研究针对婴儿床设计的局限性进行改良，设计出一种具有哄睡功能的智能婴儿摇摇床，并增加哭声安抚、尿床提醒、智能早教、环境自洁等辅助功能，旨在为婴儿提供更为舒适的睡眠环境，帮助婴儿更快地进入睡眠，培养独立睡觉的习惯，做家长的好帮手，减轻婴幼儿睡眠中频频出现夜醒需要反复看护、智能安抚等情况，为看护者提供更为省心、省力、智能化的婴儿照顾方式。

(一)设计研究

1. 家居智能婴儿床的问题洞察

关注婴儿睡眠需求的多样化与家长监护婴儿的痛点，寻找婴儿睡眠给看护者造成困扰的原因，针对现有传统婴儿床功能单一的弊端进行改良设计，满足辅助婴儿睡眠的多功能需求，增强婴幼儿与床的交互功能，帮助婴儿更快地进入睡眠，培养独立睡觉的习惯。同时，辅助家长减轻照顾幼儿婴儿睡眠的负担，提供更为省心、省力的婴儿照顾方式。

2. 智能婴儿床市场数据分析

我国智能婴儿床产业呈现起步晚、发展快的特点，目前婴儿床类型以智能产品与非智能产品为主，在产品定位上不同类型的产品对应的目标不同，从产品的选择角度来说，智能可交互是未来的趋势。我国智能婴儿床市场的产品分类不够清晰，各年龄段产品定位不够准确，难以真正激发消费者购买欲，竞品分析如表5-3所示。

表5-3 竞品多元化设计分析

序号	品牌	描述	产品标签	分析图
1	Culla Belly婴儿床	采用以小型睡篮固定于大床的形式，婴儿床固定于大床边缘，与大床有较高的契合度，方便母亲夜间对婴儿的喂哺和照顾，使用时间很短，稳定性不高	#亲子床 #造型简约 #母婴同眠 #尺寸小 #使用时间短	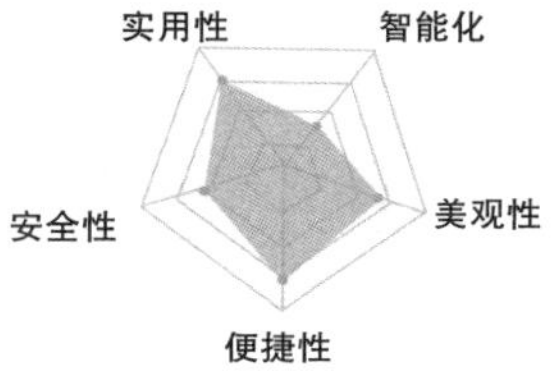 实用性 智能化 安全性 美观性 便捷性
2	Leander组合婴儿床	稳固、造型美观，可拆卸满足婴幼儿不同年龄使用需要，没有智能功能，无法替代母亲安抚与安全感，占据空间较大，使用率不高	#稳固 #可拆分 #持续利用 #安全性 #造型简约美观	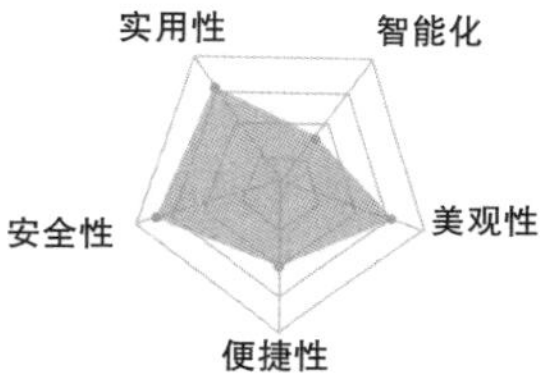 实用性 智能化 安全性 美观性 便捷性
3	Snoo智能安抚婴儿床	Snoo婴儿床配置了智能AI系统，能根据宝宝的反应做出相应反馈，自动感应婴儿哭声并据此调整声音大小和晃动频率，播放白噪音和模拟子宫摇晃，可以用App控制婴儿床	#智能AI #造型简约美观 #安抚摇床 #智能化 #App控制	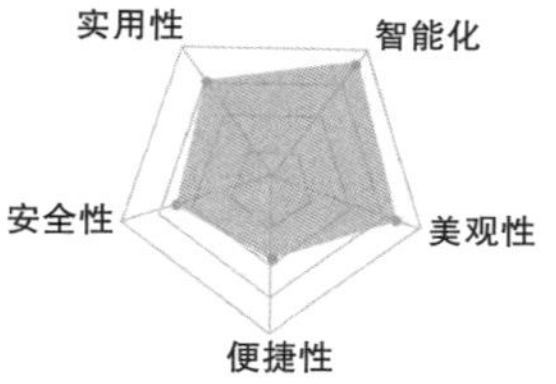 实用性 智能化 安全性 美观性 便捷性
4	Reibbie电动婴儿床	有自动摇床，手摇充电模式，可拆卸为亲子床模式，能暂时缓解母亲双手负担，不能真正地满足婴儿拥抱需求。尺寸只适合新生儿，使用年限短	#自动摇床 #造型美观 #新生儿 #安抚音乐	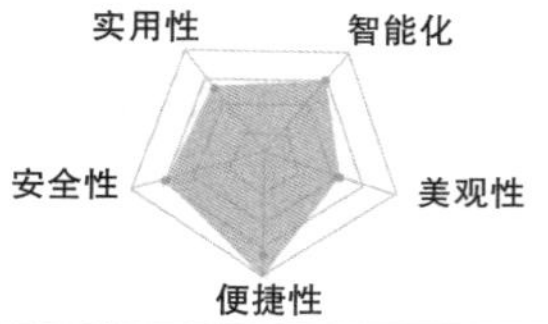 实用性 智能化 安全性 美观性 便捷性

3. 产品目标人群定位

针对目前的市场来看，选择智能婴儿床的人群以新生儿群体为主，可以进一步进行人群的细分，能够满足特定人群的需求。64%女性群体为核心目标群体，虽然婴儿是产品的使用者，但是父母才是消费的控制者，研究父母对婴儿床的心理需求是设计一款婴儿产品的重点，婴儿床用品群体数据图5-22（左）所示。

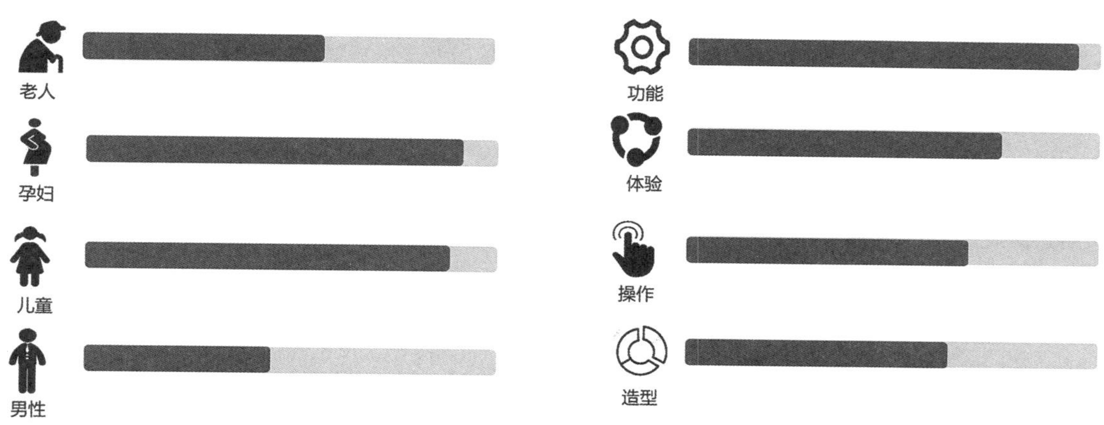

图5-22　婴儿床用品群体功能需求数据图

4. 用户对产品的关注要素

用户选择产品时会关注几大核心要素，将功能、交互方式、造型美学等方面要素作为消费需求考量内容。45%关注产品易用性问题，随着用户生活质量提高，对婴儿产品功能的要求也变得越来越高，如婴儿床用品群体数据图5-22（右）所示。

（二）用户模型构建

通过前期的调研分析初步确定用户角色，即产品的主要使用者，对用户进行深入定义和理解，全面认识用户的需求和行为模式，深入了解用户角色、动机和行为，并依此构建用户模型，如图5-23所示。

（三）育儿用户体验地图

根据婴幼儿家庭用户使用婴儿床情况，将使用场景分为睡眠前、入睡中、入睡后三个阶段来进行用户体验分析，结合使用过程中的行为与体验，对此过程中的需求、行为、想法融入用户体验流程中进行分析，并将用户体验分为良好、一般、较差三个等级进行描绘，如图5-24所示。

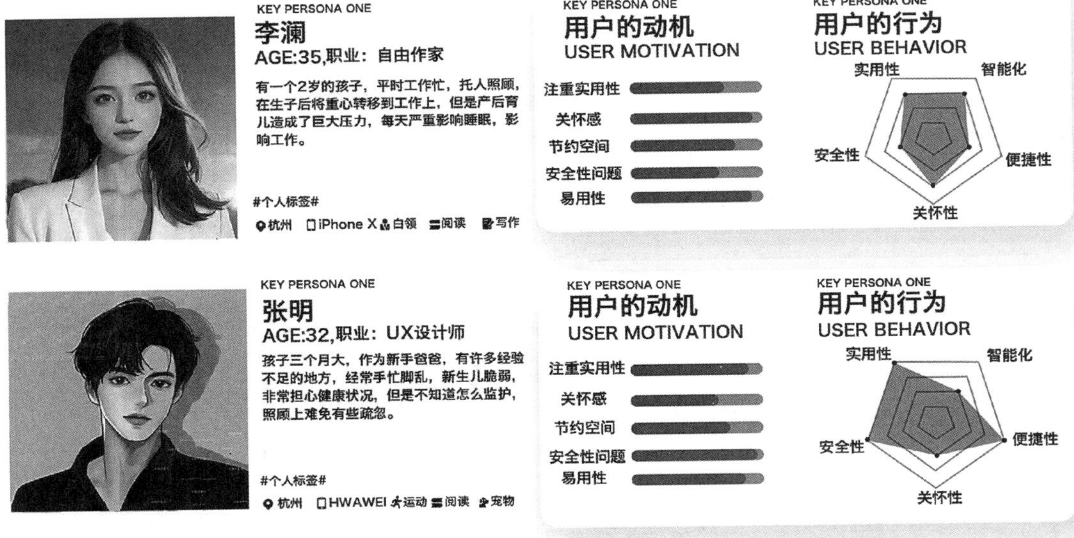

图 5-23 用户模型构建图

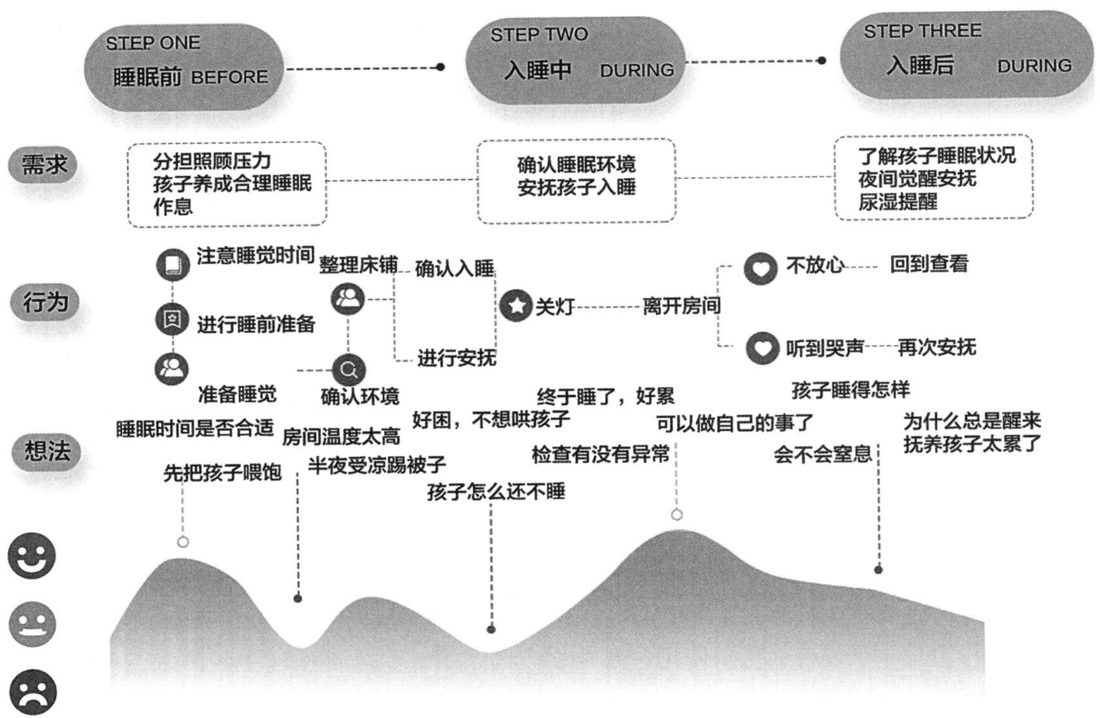

图 5-24 用户体验地图

(四)设计过程

1. 智能婴儿床机会点分析

将前期分析与机会分析相结合，能更加全面地对产品交互模式、功能操作、技术、人机关系、用户群体定位、设计概念等产品涉及的内容进行全方位的认知，通过产品的SWOT内容分析与归类处理，凝练出更加精准的机会点及设计方向，如图5-25所示。

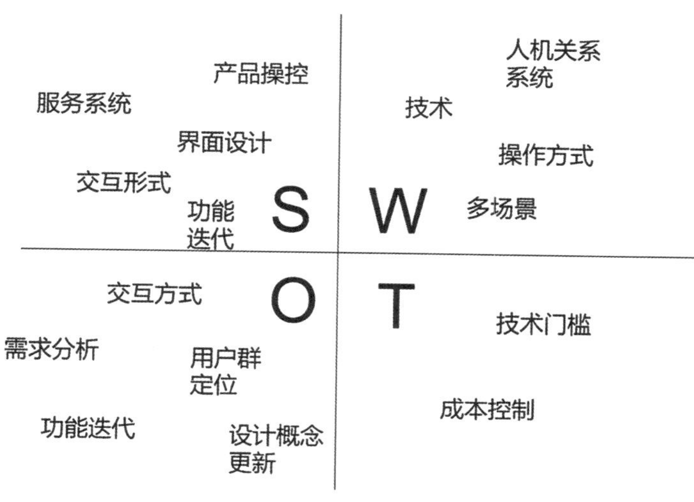

图5-25 SWOT机会点分析图

优势(S)：服务系统是设计过程中的核心因素，通过对服务系统的分析，全面链接功能、界面、交互形式等产品使用场景。

劣势(W)：在产品开发过程中，开发技术成本过高导致产品研发周期过长；操作方式太过复杂将导致功能不实用；多场景切换会对用户造成操作负担。

机会点(O)：在产品设计过程中恰当的交互方式是App成功的关键，只有好的交互方式才能点燃产品使用者的体验意愿，以替代安抚为导向，进而引导孩子形成良好作息、减轻照看者的负担。

威胁(T)：在产品设计过程中，开发技术门槛过高将导致产品研发周期过长，操作太复杂且功能不实用。

2. 创新之处

(1)智能交互+创新结构

通过带有智能性的交互形式满足助力婴儿睡眠的多重需求，帮助婴儿体验类似母体的安抚感、音乐助眠、智能检测、网络同步等功能，使婴幼儿体验感与接纳度更好，利于培养独立睡觉的习惯；在床体设计上考虑模块化组合的形式，增强其可持续利用性。

（2）界面优化+智能操作

优化用户的视觉导视体验和操作便捷性，通过智能操作引入感应技术和智能控制系统操作界面，结合语音指令、远程控制、床体倾斜等智能性操作满足用户多样化需求与体验。

3. 家居智能婴儿床设计

（1）设计草图

前期设计研究过程结合项目目标提出了系统的概念设计，确定了包括设计理念、人机场景关系、用户体验系统、交互模式等在内的设计核心细节和设计草图，如图5-26所示。

（2）智能婴儿床的三视图及尺寸

为适配产品的使用场景，通过前期大量研究确定最终的人机关系及产品各个模块间的比例关系，产品三视图如图5-27所示。

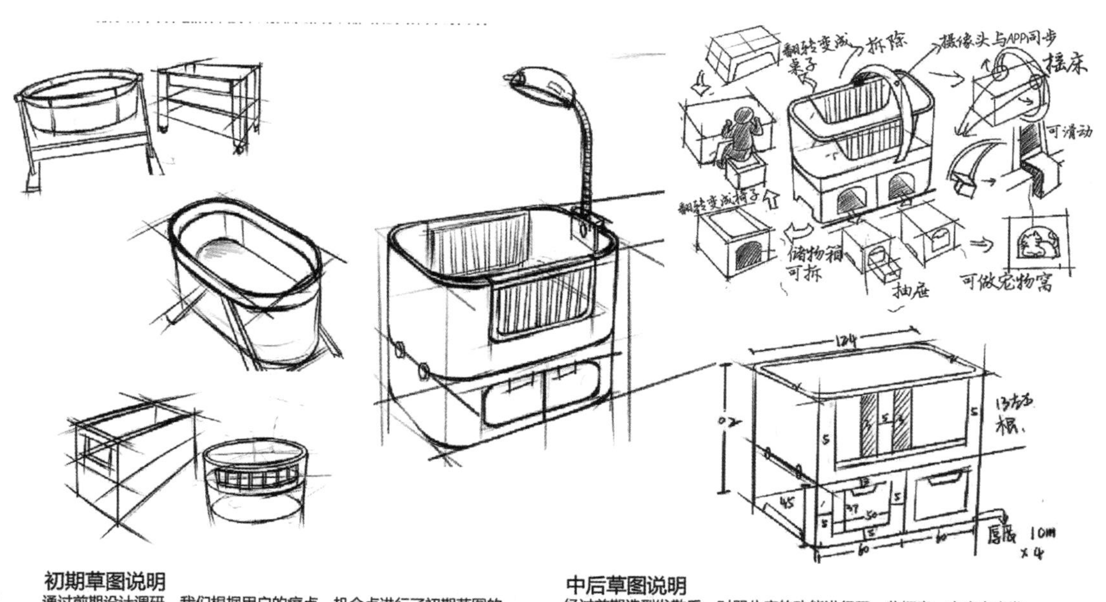

图5-26　智能婴儿床设计草图

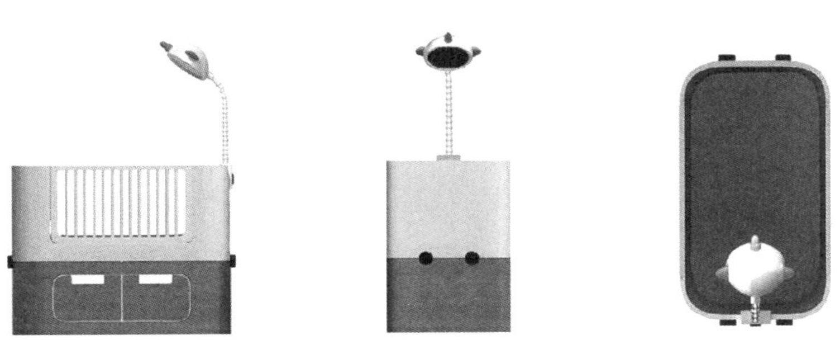

图5–27　婴儿床产品正视图、侧视图、俯视图

(3) 智能婴儿床的结构细节阐释

针对婴儿床设计从产品创新到用户操作、使用场景进行了细节阐述，展示了婴儿床作为床体功能的正常使用场景，并设计了需要照明的卡通造型灯饰；通过将婴儿床简单翻转可改装变形为桌子、椅子等实现多功能使用的展示场景；通过对比度高的色彩将床体从视觉上分为上下两部分，床体上半部分为普通的满足婴幼儿“躺”的功能，床体下半部分设计有可供拆卸做储物柜的延展功能，解决了家长与看护者需要的床体收纳空间需求；通过早教机器人的智能感应实现其借助表情与婴儿间的表情互动等功能细节，描绘了智能婴儿床的设计细节和结构，如图5–28所示。

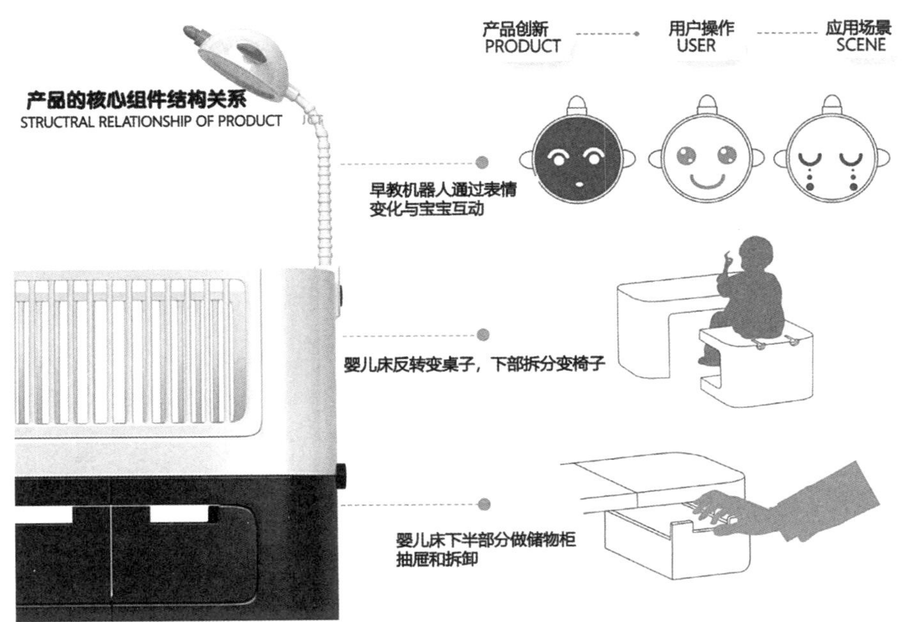

图5–28　智能婴儿床细节图

（4）智能婴儿床的交互细节阐释

为了适配产品的使用场景，整体产品的系统设计由更多功能组成，包括组件之间的关系、产品结构与场景的关系、产品的交互操作之间的关系等，将产品的智能性与交互性进行详细阐述，包括床体左右、水平摇动的交互安抚方式，给婴儿提供模拟母体哄睡的功能，如图5-29所示。

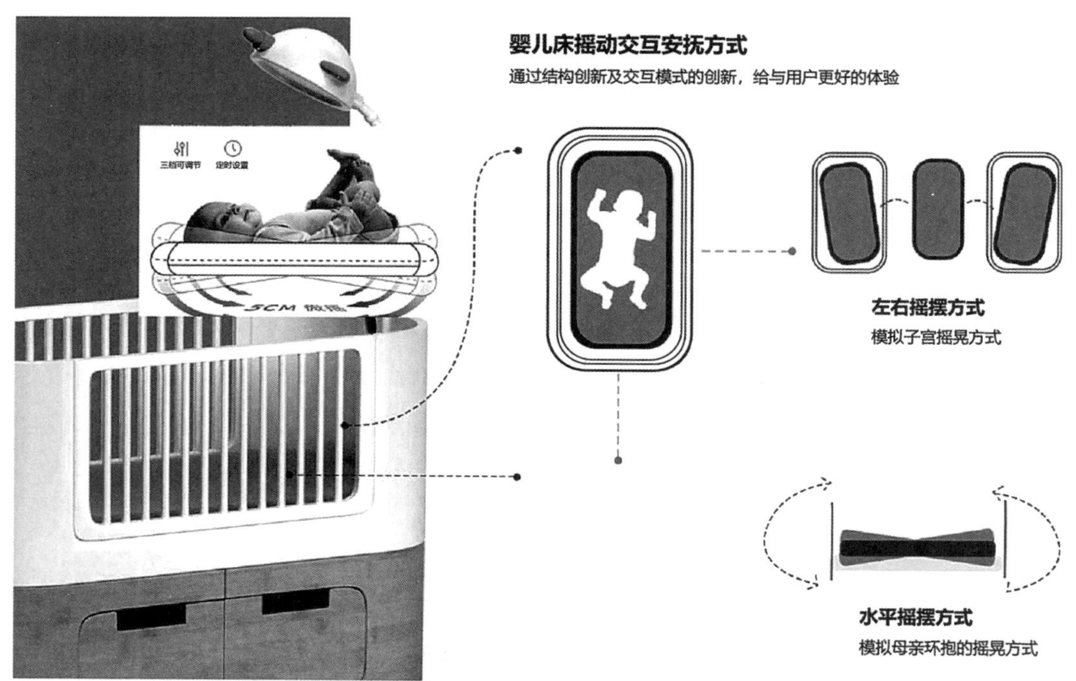

图5-29　智能婴儿床交互细节图

五、价值共创理念下的社区儿童创造力培养服务设计

数字媒体产业涉及广泛的产品和服务，包括网站、应用程序、社交媒体平台、数字内容等。随着用户对服务品质需求的提升，越来越多的文化产业、服务业等开始注重用户在使用产品时的体验，服务设计与数字化转型相结合，给用户带来更为优越的服务体验，并通过服务设计研究来提升用户满意度和忠诚度。服务设计研究着眼于用户的整体体验，关注用户在使用数字媒体产品和服务过程中的感受、需求和期望。通过深入了解用户群体、用户行为和用户需求，服务设计研究可以帮助数字媒体企业理解用户的痛点和挑战，并提供相应的解决方案。

价值共创的概念是由著名经济学家Vargo和Lusch在2004年服务主导逻辑中提出的。价值共创是指通过不同利益相关方之间的合作与互动，共同创造和提供价值的过程。在价值共创体系中利益各方需要共同参与，通过协同工作和资源共享，进而共同开发、设计和提供产品、服务模式等，以满足各方的需求和期望，交互性地创造共同的利益和价值。

"社区"一词源于拉丁语，意思是共同的东西和亲密的伙伴关系。社会学家对设计的定义有多种形式，定义也各不相同，但在构成社区的基本认识上是一致的。社区是若干社会群体或社会组织聚集在某一个领域里所形成的一个生活上相互关联的大集体，是社会有机体最基本的内容，是宏观社会的缩影。社区是一个综合生活的共同体，在特定的空间区域里有着某种互动关系和共同维系力量，在一定共同区域里面相互关联的人群一起形成的共同体和活动的区域。通过以上社区概念中提到的现状，本研究将社区定义为一群在一定区域里共同管理社会生活的人，也就是说生活在一定固定区域里面，在从事多种社会活动的过程中，产生了很多互动社会关系的一个共同体。

创造力就是一种综合性的能力，表现为人们在遇到问题时可以无定向的思考，通过发散思维去探索未知的一种创意思维，是能够别出心裁，最后能通过能被接纳的方式去解决问题，或制造出一个与众不同的产物。本案例研究认为儿童创造力是儿童在内部因素或者外部因素的影响下，主动联想发散思维，产生好奇心，从而自主探索并创新思维实践等一系列的行为。

价值共创的核心理念是以用户为中心，强调理解用户的需求和期望，与用户进行密切合作与互动，以设计和提供更加符合用户需求的产品和服务为宗旨。在价值共创的过程中，各方之间的互动和合作是至关重要的。在本案例价值共创理念研究中，强调了孩子、家长、活动组织方等其他利益相关方在该理念下的积极参与程度，提出利益相关者各方不仅仅是作为活动的被动接受者，更是作为主动参与者和价值创造者，只有各方在活动中的紧密合作才能实现活动中的价值共创。通过共同参与和贡献，各方会发现问题、提出解决方案、共同创新，并最终共同享受创造的成果，提升价值共创理念在社区儿童创新活动中的价值。

国家为有效减轻义务教育阶段学生负担着力推行"双减政策"，鼓励儿童参加更多的户外活动，儿童活动场所作为居住区中必要的组成部分是儿童在校园和家庭之外的一个重要的活动空间，也是激发儿童思维、培养儿童创新能力的综合性创造力生成时空。儿童

创造力生成的时空结构是指儿童在创造过程中所经历的时间、空间的组织和演变，在儿童创造性思维的时间维度、创造环境的空间维度层面上反映出儿童在不同时间点上的创造性思维的变化和发展，同时揭示儿童在不同空间环境下的创造力表现和发展，以及儿童与环境之间的互动和适应过程。社区作为正在蓬勃兴起的新型管理机构，拥有丰富的各类教育资源，是儿童创造力培养的理想场所。

（一）社区儿童创造力活动的必要性

社区内配置有一些儿童活动设施，也会组织一些儿童性活动，但有针对性的儿童创造力培养的活动几乎没有，且社区儿童活动设施相对简单，没有专业人员看管，不利于社区儿童创造力培养活动的展开。

1. 家长对开展社区儿童创造力培养活动的期待

尽管社区没有进行相应的儿童创造力培养活动，但是社区居民对于社区开展社区儿童创造力培养活动的需求还是很强烈的。社区开展儿童创造力培养活动有很多的优势与便利条件，具体表现在离家近安全性高，而且也让孩子有了更多的户外活动体验，不能一味地让孩子参加各种培训，无负担的自由探索也是儿童创造力培养的重要环节，鼓励孩子“在玩中学”是目前应该提倡和发扬的。近年来也有很多关于儿童创造力培养的研究，促使越来越多的家长意识到儿童创造力培养的重要性，培养儿童创造力的需求也越发强烈。家长对于儿童参加户外活动的意愿是很高的，但对参与的主题与质量有一定的期待。

2. 社区开展儿童创造力培养活动的条件储备

社区内部居民是具备多样化技能的群体，很多居民愿意利用空闲时间为社区儿童的探索需求提供帮助，与社区内的儿童分享自己的专业才能与兴趣，同时为社区孩子创造力的培养做出贡献。社区与志愿活动组织有多渠道的联系，掌握着多样化的志愿者活动信息，将志愿者活动引入社区儿童创造力培养过程中，帮助更多的家庭和儿童在创新探索上持续发力，为国家培养创新人才，同时，也可以拓展志愿组织服务社会的领域，更好完善社会志愿组织的职能。

对于社区管理来说，良好的社区环境与氛围是社区管理的目标，常规的管理模式存在居民与社区的对立情绪，导致很多工作的开展出现障碍，进一步催化了社区管理者与居民间的关系恶化与对立。在人性化社区管理模式转化的需求下，社区管理者与居民间的友好互动与沟通是改进两者之间关系发展的探索方向，开展儿童社区创造力培养活动可以在一定程度上满足居民、孩子、社区环境、社区管理方之间的互动需求，以开展社区儿童活动为契机，构建新型特色社区，满足各方的需求，共同营造社区文化。另外，社区作为家长及孩子的主要生活区域，对其身心发展及创造力的培养都发挥着重要的作用。社区是百姓生活和发展的平台和空间，不仅仅要提供民众生活的物质环境及配套的设置，同时也要注重民众的精神文明和综合素质的提升。

（二）社区儿童创造力服务研究分析

1. 访谈及分析

访谈过程如图5-30所示。

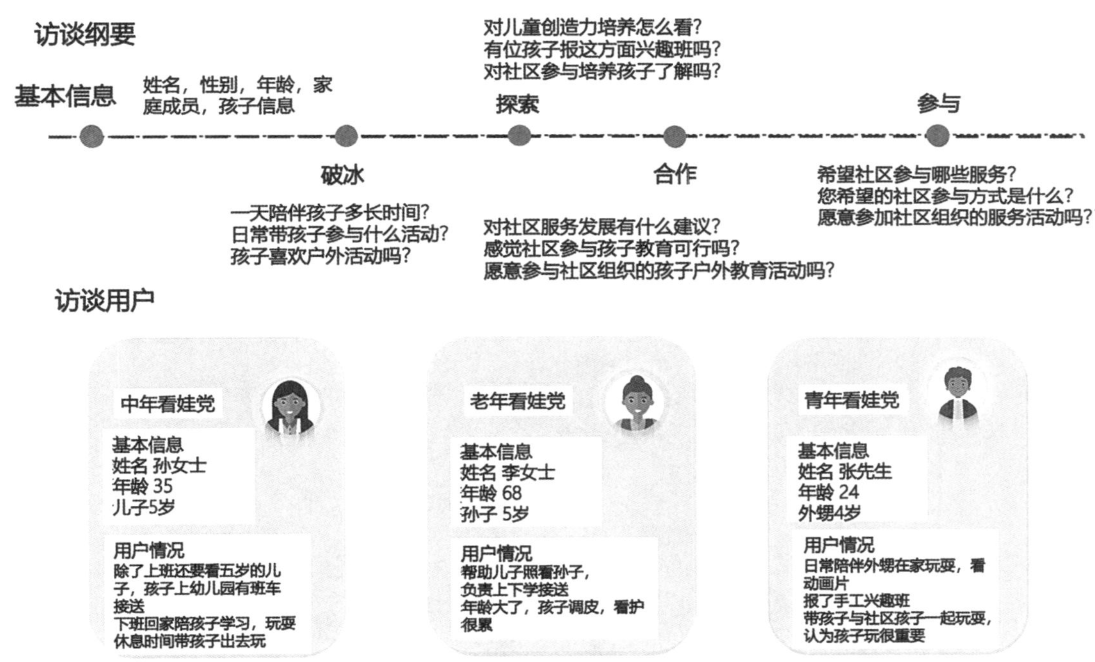

图5-30　访谈过程

通过访谈得知，社区居民普遍表示创新能力的培养很重要，关系到孩子未来的发展，希望通过培养儿童创造力来提升儿童创新整体水平，如果能在社区内完成此项内容将能省去孩子外出培养的一切麻烦，对此表示肯定和欢迎的态度。社区工作人员也表示社区的创新工作希望能有新的发展方向，在多方参与的前提下、在本社区内能提升社区内儿童创新能力社区是很关注和支持的；社区是居民生活和发展的根基，不仅仅要提供民众生活

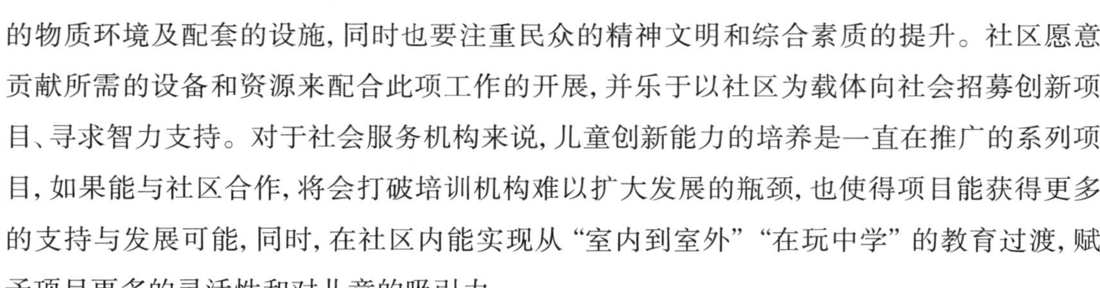

的物质环境及配套的设施，同时也要注重民众的精神文明和综合素质的提升。社区愿意贡献所需的设备和资源来配合此项工作的开展，并乐于以社区为载体向社会招募创新项目、寻求智力支持。对于社会服务机构来说，儿童创新能力的培养是一直在推广的系列项目，如果能与社区合作，将会打破培训机构难以扩大发展的瓶颈，也使得项目能获得更多的支持与发展可能，同时，在社区内能实现从“室内到室外”“在玩中学”的教育过渡，赋予项目更多的灵活性和对儿童的吸引力。

2. 利益相关者

利益相关者是整个服务设计链条的关键节点，贯穿于整个服务系统始终。梳理在儿童社区创造力培养活动中各利益相关者，包括儿童、父母、看护人员，作为核心参与者，与整个服务系统的各个环节形成主要连接；系统中次要参与者包括居民、志愿者、社区活动场所、活动组织和设计者等，围绕整个服务链条为用户提供对接服务；外围参与者包括社会爱心组织、服务管理组织、教育资源、培训、社会管理组织等，通过与制度管理、资源提供等形式间接参与活动流程，成为活动顺利展开的保障。各方利益相关者图如图5-31所示。

3. 同理心地图

在用户体验设计中，同理心地图是一种工具和方法，以用户为中心，通过研究、用户调研和用户洞察等方法收集和整理用户的观点、情感和需求。从用户角度出发，尝试理解用

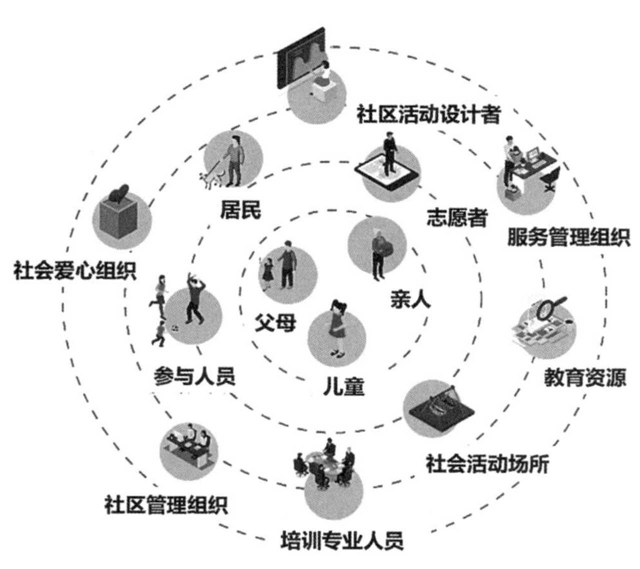

图5-31　利益相关者

户的感受、情感和体验，以便更好地设计出符合用户期望的产品或服务。同理心地图通常包含用户的情感状态、需求和期望、关键触点等多个维度，通过绘制这些维度，可以更好地理解用户在使用产品或服务时的感受和体验，从而有针对性地进行设计决策和改进。同理心地图的优势在于能够帮助设计团队从用户的角度出发，以用户的需求和期望为导向进行设计，能够揭示用户的真实需求和潜在问题，从而避免设计上的盲点和偏见。

基于以上观点从语言与动作、听觉器官、视觉感官感受到的信息、用户内心的真实想法四个维度绘制了社区儿童创造力培养的同理心地图。从地图中发现，随着社会不断发展，家长格外重视孩子创造力的培养，但对如何培养孩子创造力的方式了解不多，因而有一定焦虑情绪；很多孩子家里都有益智玩具，但其对创造力的培养效果是家长不能确定的；家长有很高的意愿带孩子去户外玩耍，但有很多家长因工作忙碌而无法陪伴孩子，便转而抱希望于儿童兴趣班来培养孩子的各种创新能力，而兴趣班接送孩子的时间与家长工作时间重叠等新问题的出现给家长带来困扰；家长对社区内以及附近的服务接受度更高，但对社区组织的培训活动抱有怀疑态度；同时社区交流的模式也是家长更喜欢的闲聊、轻松的方式，通过网络聊天或面对面聊天了解各位家长更多的育儿经验，社区成员互相了解交流增进社区互动氛围。如图5-32所示。

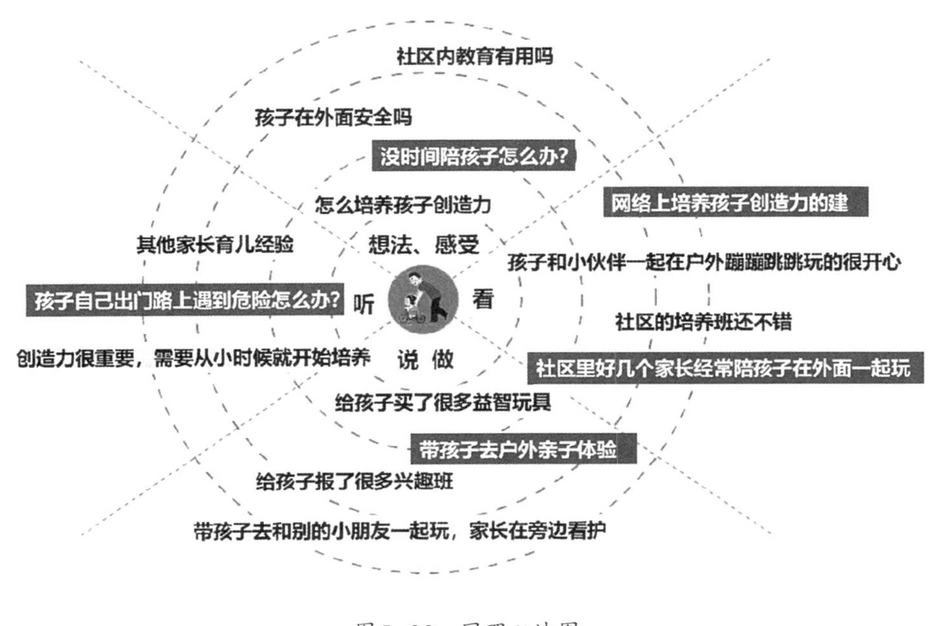

图5-32　同理心地图

4. 用户旅程图

通过对儿童和父母一天的行为和情绪分阶段进行分析，发现用户需求与期望，寻找服务设计点。通过解决孩子父母忙碌而无法陪伴孩子活动，为确保孩子安全只能居家活动的现象，寻找服解决问题的突破口，构建服务流程。如图5-33所示。

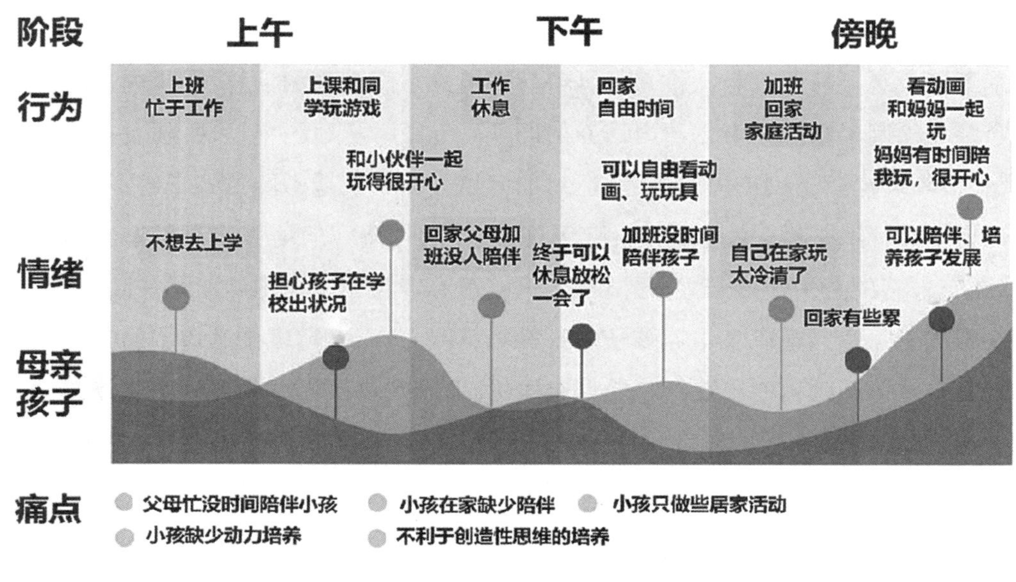

图5-33 用户旅程图

（三）社区儿童创造力培养的服务设计

1. 价值共创服务体系

社区儿童创造力培养服务体系是对参与者有一定要求的复杂系统。参与者在其中扮演着重要角色，在社区活动中志愿者、活动组织者、社区居民角色、管理者等功能定位各不相同，但各个角色会因为兴趣、需求等共同的目标聚集在一起，各个角色通过与系统之间的交互为共同价值做出贡献。社区作为组织者，招募活动志愿者，营造包容的环境，在开放式的环境下开展活动可以吸引更多的人参与其中。搭建服务系统为价值共创提供平台，借助网络平台整合资源，优化参与者参与渠道，志愿者和居民作为利益相关者通过服务平台参与共创服务，创造共同价值，共同构建儿童创造力服务体系。

（1）优化社区资源利用

社区拥有丰富的人文、教育、场地等资源，但很多未被合理利用，因此，要优化社区资源的配置，充分利用社区内的自然、人力、物力、教育信息、组织管理等资源，升级完善社区内的配套设施，为开展社区儿童创造力培养活动的目标而努力。

大自然是最好的教科书，户外环境对儿童创造力的培养有着重要的作用。社区一般都拥有良好的自然环境，可以让幼儿在户外活动中心情愉悦，有助于大脑思维的发散和培养，可以充分利用自然环境优势来开展儿童创造力培养的活动。社区一般都有一些简单的儿童游乐园，但游乐设施较为常见，对儿童创造力的培养方面贡献有限，且随着社会的不断进步，人们对儿童创造力的培养越来越重视，针对培养儿童创造力需求提升的现状，需要联合各相关利益方共同开发一些适应儿童身心发展的设施，保障安全性、趣味性的同时，在培养儿童创造力方面进行有意识的引导。通过营造良好氛围、对设施的接触和了解，可以提升儿童动手探索的能力和动手实践的能力，不仅仅可以给孩子带来趣味性的体验，还可以满足孩子的求知欲，进一步激发孩子的好奇心，通过孩子动手创作，培养他们独特的思维方式和创新能力。

(2) 构建多元服务队伍

儿童创造力的发展受很多因素的影响，个体与个体之间对于新生事物、创新意识的萌发途径也存在较大差异，因此，可以通过引入社区儿童服务参与者的多元化方式来触动儿童创新能力的培养，不同的参与者拥有多样化的教育方式、专业背景、沟通手段、亲和能力等，为该项目提供开放多元的智力支撑，因此，社区民众共同参与有助于在社区儿童创造力培养中起到积极作用。例如，社区内很多家长对孩子创造力培养有很多经验，可以通过与其他家长的交流发挥家长在社区儿童创造力培养工作中的重要作用；社区中有部分居民是教育工作者，在空闲时间可以为孩子传授知识，普通群众在日常生活中看护孩子，陪伴孩子；有的居民是活动组织者，具有在特定领域的活动组织的丰富经验，可以为社区儿童提供活动团队定位、组织、协调各方关系等帮助；对于管理方来说，通过社区儿童活动的直接或间接介入，可以充分了解儿童活动现状，更好地对接社区外教育、服务、社会实践等领域的资源，拓宽社区儿童创造力活动的深度与广度，探索更具有特色的社区儿童创造力发展模式。社区本身有丰富多元的人才，社区人员建立广泛联系，在儿童创造力培养活动中发挥其特长，丰富服务资源，共同培养孩子。社区人员是受益者，也是主要参与者。换而言之，社区可以通过内部组织资源和志愿者相结合的方式，建设志愿者立体化的服务队伍，为社区工作注入多样化多层次的发展模式。

（3）打造共创服务平台

构建社区儿童创造力培养服务体系，不仅仅是将社区资源进行整合与优化，更重要的是建设服务平台，将社区资源整合后由平台进行标准化和统一化，维持和规划社区服务的运行，通过平台实现资源最大化，服务最优化，为社区儿童创造力培养活动提供保障。

在互联网数字科技时代，社区儿童服务也应当紧随科技发展的脚步，充分利用互联网的优势为此类活动提供服务。现如今，学习的方式发生了很大的转变，互动学习、以游戏的心态学习、在实践中学习等模式均得到人们的认可。远程联络使得互联网方便、快捷的优势更为突出，以网络平台丰富社区服务的内容，拓宽社区人员参与方式与渠道，建立社区内部资源等全方位的儿童创造力培养体系，借助网络平台整合与利用资源，拓宽参与者的参与渠道，全社区共同参与，创造共同价值，共同构建儿童创造力服务体系。社区可以借助网络平台定期发布儿童创新能力培养活动的计划、需要的志愿者专业、能力背景等需求信息。线上App可以宣传招募志愿者，登记志愿者信息，全方位、智能化整合资源信息，构建志愿者信息资源库。对各项工作活动信息发布至系统中，志愿者可以选择在空闲时间报名参与活动。家长也可以在App中为孩子报名参与社区活动，也可以陪伴孩子参加活动，忙碌时可以在手机上与志愿者沟通，了解孩子活动时的信息，网络平台减轻父母忙碌时照顾陪伴孩子的压力，同时为培养孩子创造力提供一个舒适的环境。

2. 价值共创服务流程

（1）服务系统框架

构建社区儿童创造力培养服务体系，搭建社区服务乐创App平台，包括社区管理组织、社区志愿者、社区参与人员、乐创App社区服务平台。线下社区组织管理人员对社区资源信息的整合管理，专业人员制定儿童创造力培养方案，通过线上乐创App信息的传递，志愿者和用户都可报名参加。社区各方共同参与培养社区儿童创造力，为儿童创意思维培养提供支撑。服务系统框架图如图5–34所示。

（2）共创服务流程

① 线下服务流程

线下志愿者招募流程包括招募宣传、招募组织、专业行业背景需求、相关培训、资源整合等实现招募过程，具体管理组织流程如图5–35所示。

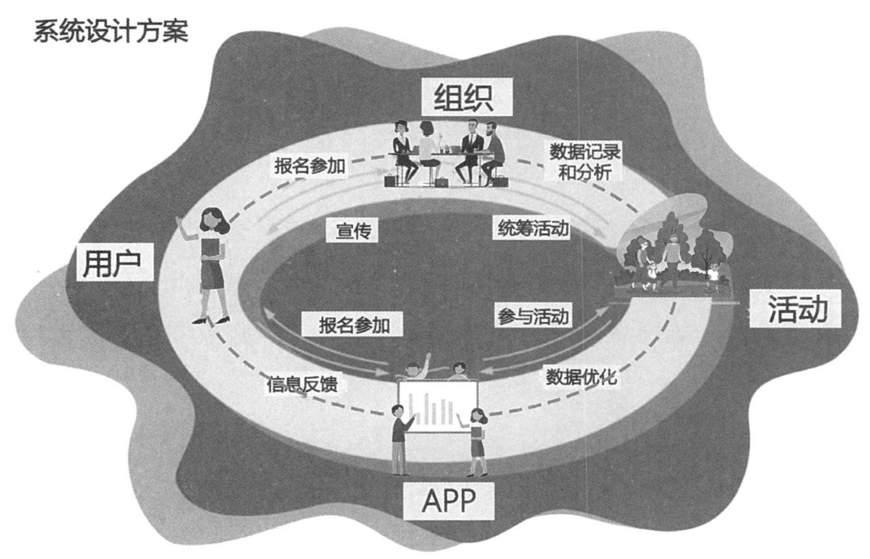

图 5-34　服务系统框架

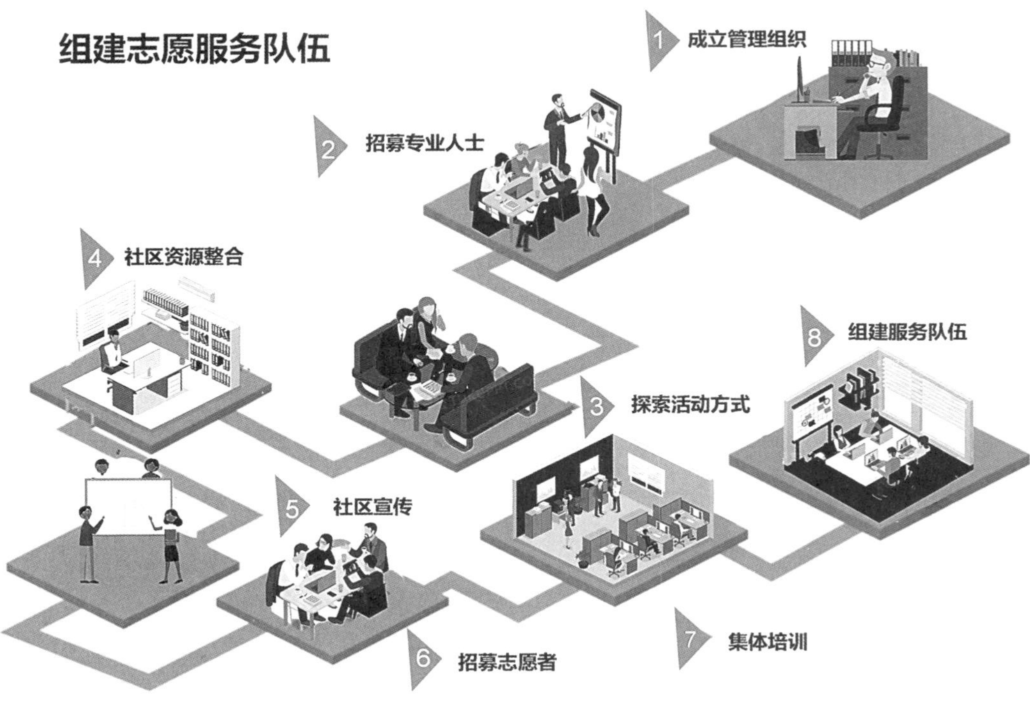

图 5-35　线下志愿者服务流程图

社区成立专为儿童创造力培养的管理组织，组织管理工作者对社区内资源进行整合，制定符合儿童身心发展规律、适用于儿童创造力发展培养的活动方案。可利用社区场地成为开设儿童创造力培养活动的场所和载体，通过对志愿者进行实名认证的方式来招募社区志愿者。

对志愿者进行与项目相关领域内容的集体培训，便于志愿者了解更多关于项目的受众群体特征、管理模式、运行模式、项目总体目标等基础内容，并在此基础上培育志愿者组织，通过社区管理人员和志愿者共同为社区儿童创造力培养服务体系的构建和后续活动顺利展开提供有力保障。

② 线上App系统

线上App主要分为志愿者和用户两个版本，组织人员通过线上乐创App发送社区儿童活动信息和志愿者招募详情信息，用户选择登录不同版本App查询活动信息，了解活动开展或招募详情，报名参与自己所感兴趣的活动即可。

③ 服务流程

志愿者通过App报名活动后根据活动要求到指定地点集合并定位打卡，随后工作人员分配活动任务，志愿者开始参与活动。居民报名预约活动后会有志愿者在活动时间根据居民发送的儿童情况进行相应的志愿服务，如带领儿童去参加活动、及时上传活动流程、及时与家长沟通等。家长也可陪伴孩子玩耍，若时间忙碌，为解决儿童在活动中父母的担忧，父母可以在App中与志愿者了解情况，查看孩子活动的状况，让父母、志愿者、儿童之间做到有效沟通。活动结束后志愿者和居民可以在App广场功能中查看今日活动照片，也可与社区人员聊天交流。如图5-36所示。

（四）交互产品界面设计

1. 交互界面流程分析

乐创App交互流程的设计以居民和志愿组织、志愿者的使用习惯、使用意向等特征进行研究分析。满足用户逻辑和习惯，减少不必要的页面跳转，直观显示用户所需要的信息，以便利性为主。如图5-37所示。

2. 界面功能设计分析

App登录界面会选择志愿者版和居民版，两个版本相互独立又可随时切换，满足用户身份的互换需求。

志愿者服务主要为首页志愿者招募信息的推送、我的个人信息和广场三大部分。

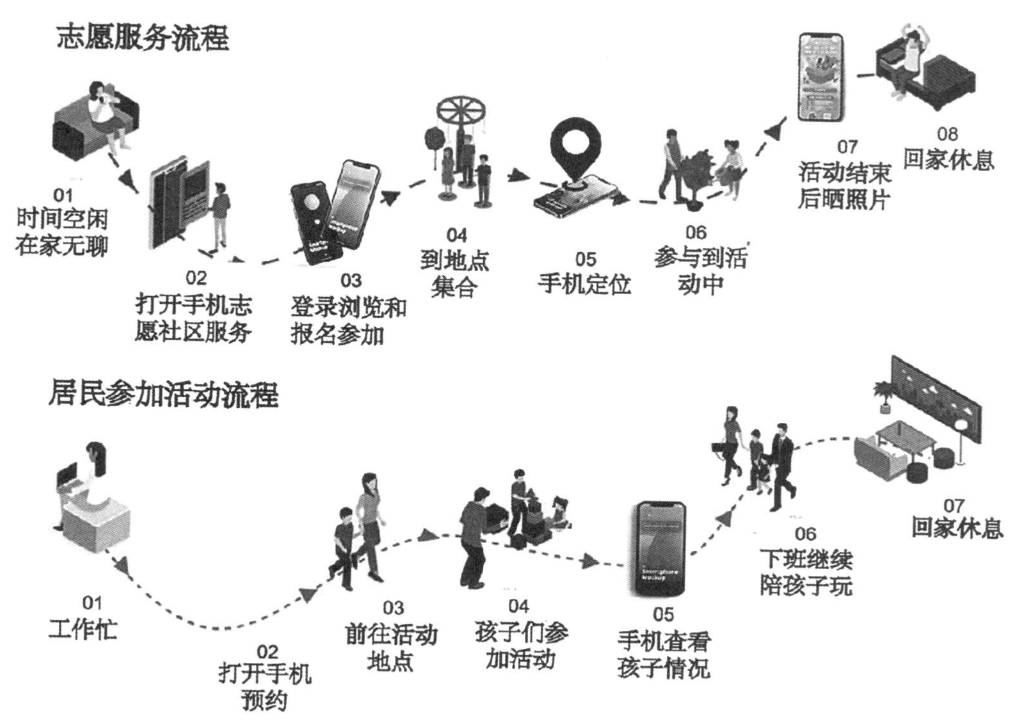

图 5-36　服务流程图

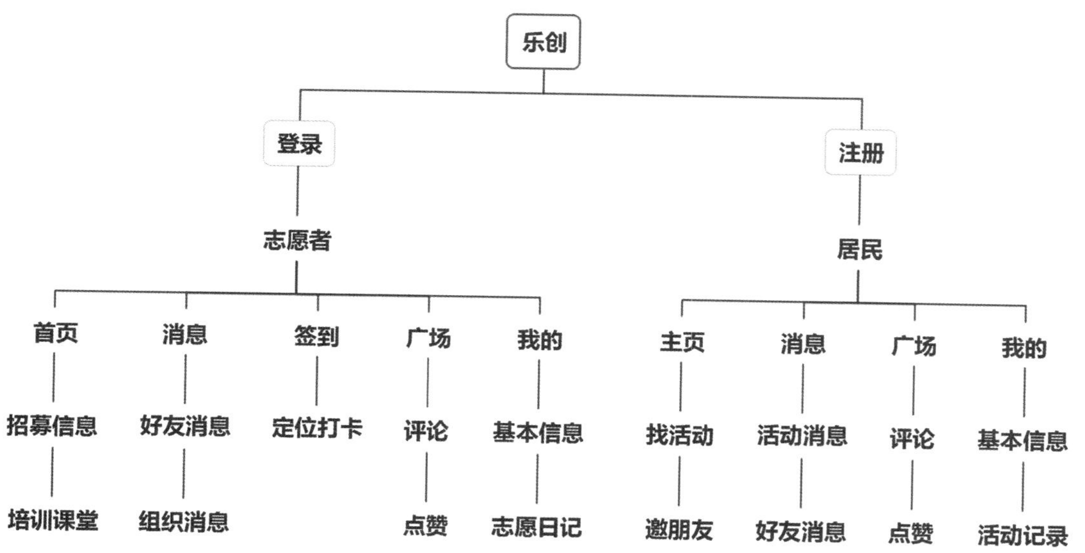

图 5-37　App信息框架图

首页为招募志愿者信息，会有活动详情和活动安排，可以根据自己的情况进行报名。报名后会对个人信息进行审核，通过审核即可参与活动。

广场主要内容为好友排名来增强社会关系互动，优先对自己的志愿者服务排名置顶和显示，方便用户快速知晓自己的排名，激励志愿者参与服务。广场可以为志愿者服务点赞评论，拉近社区内志愿者的关系，促进其互动和相互关怀，获得社会认同感。

我的页面主要是个人信息的填报，需要进行实名认证，可以记录自己所擅长的领域技能等，也可以把自己的空闲时间进行标记。如果没有擅长领域或技能但是想参与服务，可以报名培训课堂进行培训。

居民服务主要是我的、主页和消息三大部分。

我的需要填写家庭成员的信息，主要是填写家庭中孩子的信息，完整的孩子信息可以为组织者提供详细资料，根据孩子情况进行活动规划。我的页面可以查看孩子参加的活动的活动记录，同时也可以查询志愿服务记录，志愿服务与参与活动达到统一，居民既是服务的提供者也是服务的参与者。

主页有很多活动精选信息，也可以根据自己的要求查找所需要的活动，根据信息概况报名参与，也可以邀请朋友一起参与。

消息页面主要是给家长提供孩子活动的实时概况，父母在无法参与的情况下，会很担心孩子的状况，实时信息可以让家长了解孩子的情况，从而放心与督促。有任何问题也可以与负责人联系沟通解决。

组织主要分为两部分：志愿者招募、志愿者管理。

编辑志愿活动详情后便可以发送志愿者招募信息。志愿者招募后进行信息审核，审核通过后进行志愿组织分配和线下活动分配。线下活动的通知签到等都通过线上App数据统上传到组织系统，再由组织人员进行统计和整理，构成庞大的线上数据库，为社区儿童创造力培养系统提供强大的数据支撑。如图5-38所示。

3. 界面设计展示

（1）App原型图

App原型图如图5-39所示。

（五）交互界面设计评估与用户测试——可用性测试

测试对象：交互界面框架结构和交互原型

测试目的：为了探讨用户与框架结构和原型在交互过程中的相互影响，进而对现有的

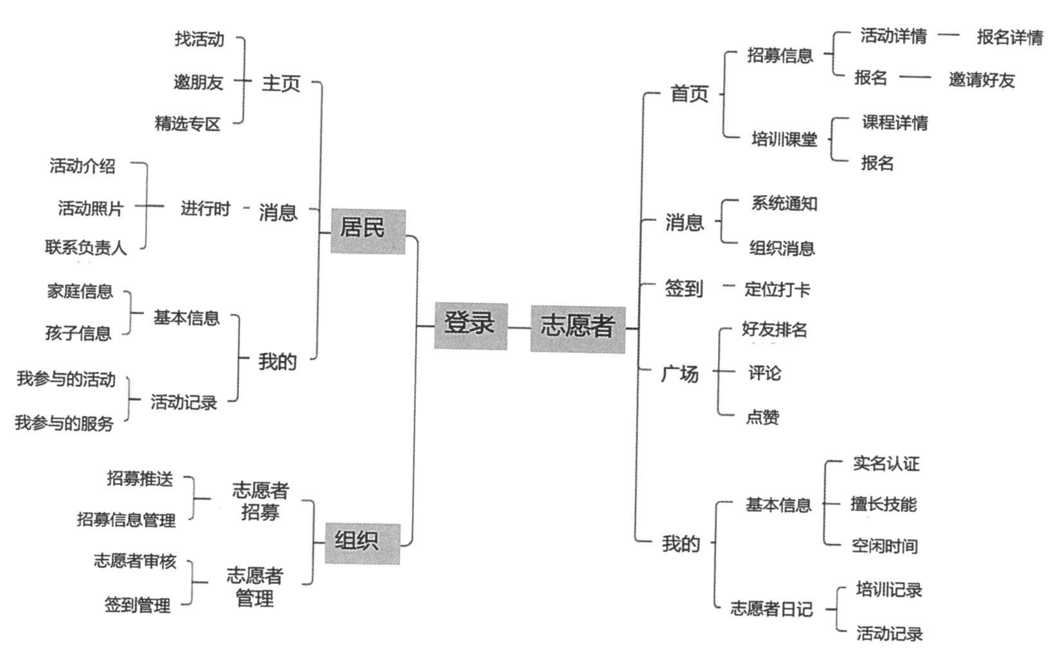

图 5-38　App 功能框架

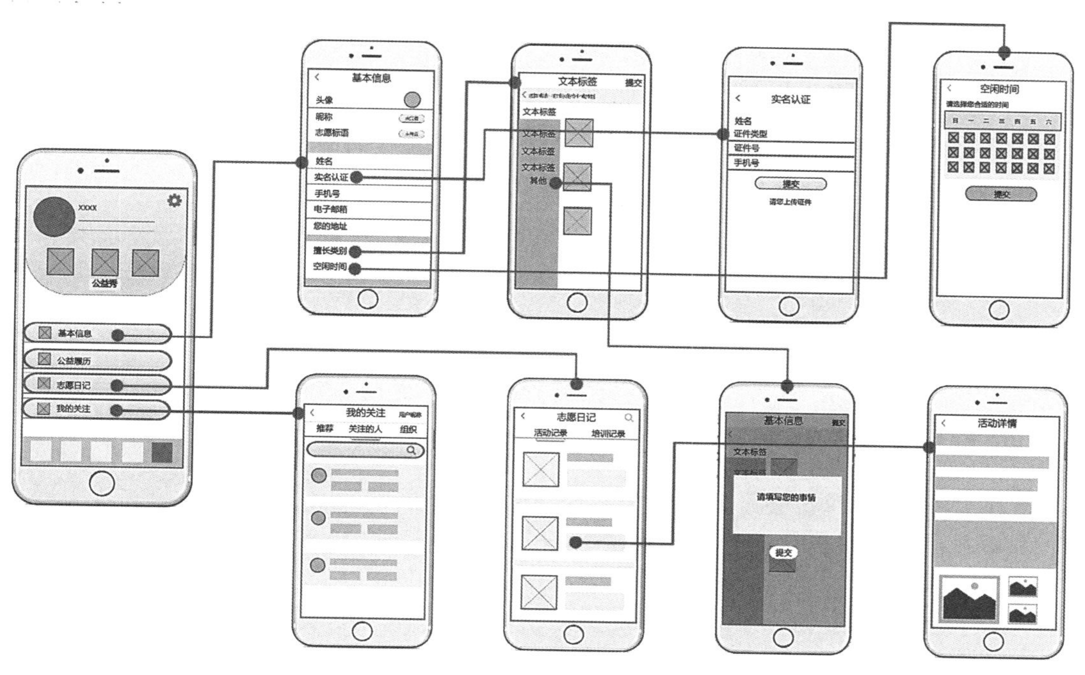

图 5-39　App 低保真原型图

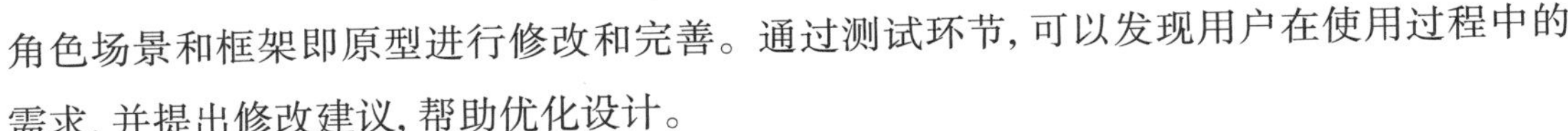

角色场景和框架即原型进行修改和完善。通过测试环节，可以发现用户在使用过程中的需求，并提出修改建议，帮助优化设计。

1. 测试准备

在测试过程中要对受测者做好引导工作，掌握测试现场的主控权，做好场景测试；测试人员注意观察、倾听受测者的行为、评价和反馈，做好记录、现场录制工作。

本次可用性测试确定选取社区工作人员、家长、孩子、社区居民四类人群。

测试前向受测者描述项目背景和本次测试的目的，设置测试场景和测试任务，向受测者简单描述需要完成的任务，便于观察、记录受测者在特定场景下对产品的流程和界面的运用情况。

2. 招募受测者

通过发布网络信息、电话等方式告知受测者本次测试的主题、测试地点、测试时长等内容，且要确保能如期招募到指定数量的符合测试用户特征的相关人员。

通过招募计划选取4位受测人员参与本次测试，包括1位社区管理人员，有3年的社区管理经验，参与过社区的养老院志愿活动的系列组织工作，先后带领志愿者去往2家养老院进行志愿护理帮扶工作，有一定的社区活动组织经验；1位是带孩子的家长，1位是4岁的孩子，经常在社区进行户外活动，对目前的社区内户外活动形式和种类不满意，孩子每天都会下楼活动，也对社区内的活动器材感兴趣并经常玩；1位社区内居民，是教育工作者，愿意对社区内的孩子户外活动进行帮扶，工作中对孩子实践教育有一定的接触，有这方面工作经历。所选的4位受测者均满足测试的要求。

3. 测试过程

在测试中，准备了低保真原型、纸笔、录音设备用于记录受测者的测试过程。每位测试者的时间为10分钟，测试前先要说明项目的背景、设计的相关内容等需要受测者了解的内容，参与者按照要求完成设定的交互流程，并在此过程中随时说出流程体验和困惑。测试过程中测试执行人员与观察员尽量与受测者少交流，避免不必要的误导，保证受测者独立完成测试任务。注意记录体验细节，记录文档需要包含受测者类型、测试角色和任务、具体操作的详细流程和步骤、完成时长、操作时发生错误的细节与出错次数、尝试解决问题的表现和所用时长以及问题解决结果等，在测试后需要对刚刚完成的测试的总体感受进行打分，并将分数用体验过程的满意度来体现。

4. 测速过程的整理与分析

测试团队对测试收集的数据进行整理和分析，撰写测试细节，完成完整的测试报告。

在本次测试中有一些发现，如受测者认为该流程设计体验感为一般顺畅，在招募志愿者环节，出现志愿者申报和信息填写时界面层级产生并行关系，导致受测者会出现短暂的犹豫和停留，不确定是不是自己的错误导致的；在家长与孩子的受测过程，家长认为社区提供的户外活动种类偏向于商业化的户外运动项目，有较强的目的性和清晰的任务，会给孩子造成“上课”的感觉，失去了“玩耍”带来的无拘无束的本意，在创新创意启发上不能达到预期目标；社区管理者角色的受测者在体验流程设计时，提出该流程设计层级关系上出现层级过深的情况，会打消用户参与的热情，不利于激发社区用户参与的积极性，要充分考虑到照看孩子的群体中有很多老年用户，对层级关系很复杂的界面在操作上是有困难的，要降低操作难度、减少操作次数等。

通过以上测试得出了改进意见，将用户分为管理者、用户、志愿者三方面进行设计，注意考虑用户的操控需求，在此基础上进行了原型设计的迭代和具体页面设计。可用性测试在设计流程中可以反复使用，在设计的每个阶段都可发挥重要作用，当然，在测试的各个阶段，可用性测试的动机和过程会相应发生变化。

（六）儿童创造力培养系统设计

在设计流程及原型测试基础上进行内容、功能的调整和设计迭代，设计更符合用户期望的界面和体验流程。

1. 系统图标设计

将项目名称定为“乐创”，标识的设计表达了积极乐观的态度，突出了儿童志愿服务的主题，如图5-40所示。

图5-40　图标设计图

2. 系统界面设计和形象宣传

在原型设计基础上进行具体模块的界面设计，如图5-41所示。

运用卡片式简单呈现信息，突出重点，避免信息繁重，并方便将用户视野和关注点吸引到重要信息位置。如图5-42左（首页面信息呈现）、右（活动页面信息呈现）所示。

图5-41 登录引导页面

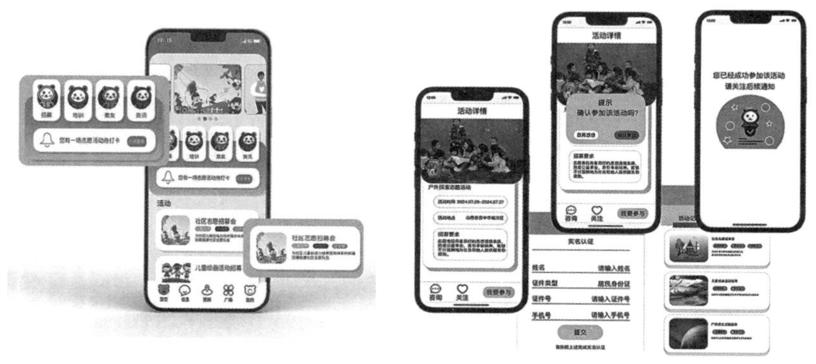

图5-42 卡片式信息呈现页面

居民版和志愿者版主要内容为活动信息的展示和个人信息的填报，重要活动信息放在首页轮播图展示，动态图片抓人眼球，点击即可进入活动详情页面。四大活动板块居中心位置，重要信息将会在信息栏提示，也会在首页适时提醒。在整体设计中采用简单卡片式设计风格，突出活动信息主体，对界面信息起到简化作用。居民和志愿者板块如图5-43所示，IP形象和宣传如图5-44所示。

图5-43 居民板块、志愿者板块页面

图 5-44　IP 形象和宣传图

六、"互联网+"智能烟头回收交互系统设计

在数字媒体产业中，交互系统设计是非常重要的一环。随着数字媒体的快速发展，用户对产品的期望也越来越高，因此交互系统的设计也变得至关重要。交互系统设计涉及设计和开发数字媒体产品和平台的用户界面及用户体验，以满足用户的需求并提供良好的交互体验。数字媒体产业下的交互系统设计需要充分考虑用户的感知、认知和行为特点，注重用户体验和界面设计的创新性、易用性和可访问性，以满足用户的期望并提供优质的数字媒体体验。

在服务设计的理念与方法基础上，对"互联网+"烟头回收服务进行设计与研究，旨在通过收集大众对烟头回收的痛点、回收意愿的研究，进行与"互联网+"相关的服务系统设计研究，通过流程改善与创新设计，进而提高烟头回收率，促进"互联网+"烟头回收市场发展、增强人们保护环境的意识。智能烟头回收系统设计主要针对抽烟人群、环卫工作者、社区居民和各大场所流动人群，通过废旧烟头的归属问题设计探索，引导城市美化环境新方向。

（一）烟头回收现状分析

1. 问卷调研与分析

通过问卷调查收集不同年龄用户对烟头回收问题的看法，挖掘更多的潜在需求，发现问题所在，同时根据当前烟头回收的现状设计问卷，分别为用户信息、生活习惯、烟头的危害、对烟头回收的看法、对现有回收装置的看法、个人偏好以及对公益助力的看法。问卷分为单选和多选，无效用户直接结束问卷调查。

问题描述与分析：针对用户对烟头回收的偏好，调查了抽烟用户与不抽烟用户对烟头回收的意愿，调查结果显示两类用户选择相近，69.7%随意丢弃烟头，57.58%的用户因烟头垃圾桶塞满其他垃圾而随意丢弃，45.45%的人群因垃圾桶位置不够明确、太小随意丢弃。这与当下烟头垃圾桶的设计有一定的关系。如图5-45、5-46所示。

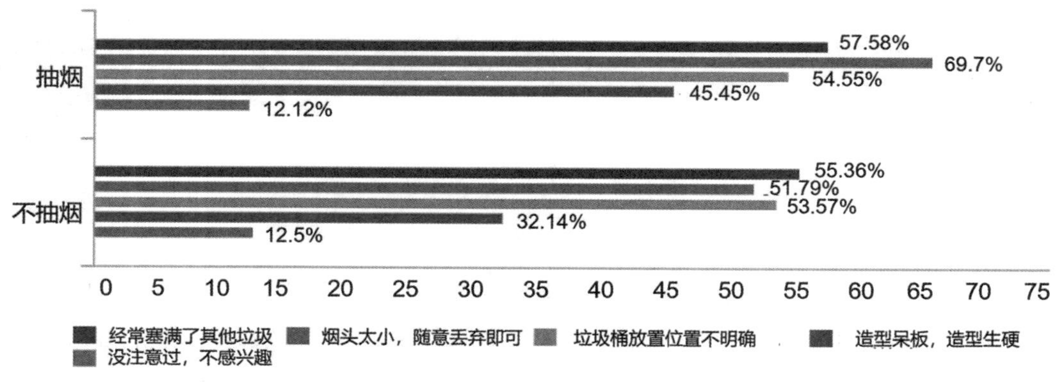

图5-45 用户调研分析图1

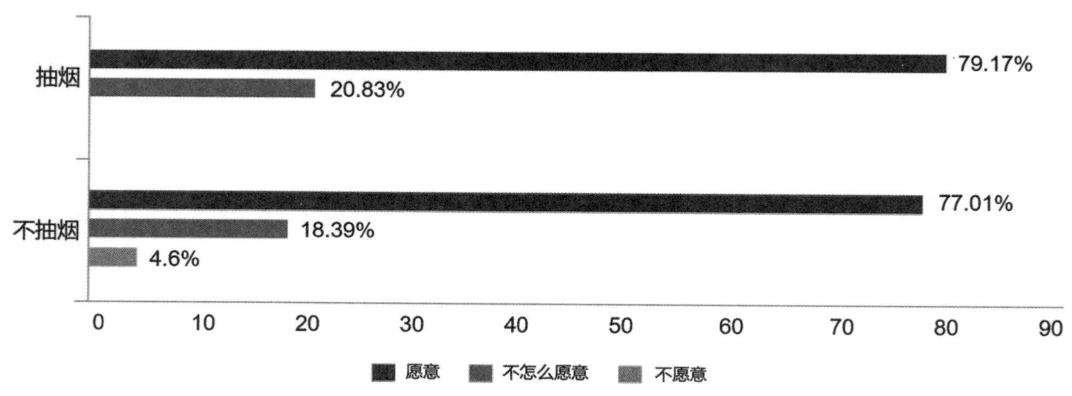

图5-46 用户调研分析图2

针对现有烟头投放设备的弊端展开调研，根据调研结果显示79.19%的抽烟用户、77.01%的不抽烟用户都有意愿将烟头投放到烟头指定回收装置中，从调研中发现烟头回收系统设计的可行性，如5-47所示。

2. 用户访谈

（1）访谈提纲

① 了解烟头回收与环境保护的关联，观看相关资料视频，观察记录受访者的细节动作和表情。

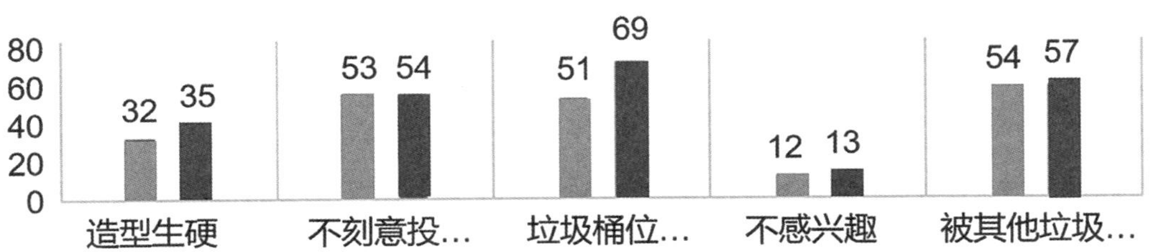

图 5-47 烟头投放设备弊端调研数据图

② 询问受访者关于抽烟及烟头危害的了解情况。

③ 请受访者谈谈常见的烟头处理的方式，对这些处理方式的看法。

④ 关于烟头回收利用可能的方向，谈谈受访者的看法。

⑤ 关于烟头回收设置投票箱是否有兴趣参与。

⑥ 询问受访者对现有的烟头垃圾回收桶的看法，说说感受和体验障碍。

⑦ 关于智能烟头回收，询问访谈者的看法和建议。

通过对社区居民用户的访谈，总结了用户行为和需求并进行整理和提炼。用户在家里抽烟时会扔进烟灰缸里，在户外抽烟会随手丢弃或者熄灭放进口袋；用户对现存的环境污染状况不明确，也不了解烟头对环境的危害；用户希望改良现在的烟头投放装置，增加灭烟的环节以及烟头投放处的网点分布；积分奖励机制对受访者没有太大的吸引力，需要增加其他监督措施或激励他们；受访者重视分类App的使用体验，对界面功能要求较高。

经过调研，发现社区居民在投放烟头时不好的体验和痛点真实存在，现存的烟头投放箱存在着不少的问题需要改善。同时，烟头回收还面临着人力成本高、工作效率低、工作难度大等问题，需对其进行系统的资源整合和再设计。

3. 现场观察

通过观察发现，烟头随意丢弃情况较为常见，烟头投递处过小、不容易被发现或者投递、设计没有辨识度。观察者中有用户进行投递，但是烟头丢弃处塞满其他垃圾，甚至有烟头未熄灭便丢弃。环卫工人清理角落里的烟头，要么用夹子夹，要么用手捡，刚捡完一片草丛，再返回来又发现被丢弃的烟头。大众对烟头随意丢弃有一定容忍度，如图5-48所示。

图 5-48　现场观察图

4. 用户需求痛点分析

通过用户问卷调查和访谈，对用户需求痛点进行了归纳和总结，具体如下：

(1) 随意丢弃烟头的情况确实存在，问题主要表现在烟头垃圾桶被别的种类垃圾塞满、垃圾桶位置标识不明确、垃圾回收点偏少等情况。

(2) 受访者对传统烟头回收装置满意度偏低，对烟头垃圾回收系统期望有新的设计。

(3) 用户对烟头对环境的危害了解还停留在传统的图片、视频展示形式中，对用户的视觉刺激带来的观念变化和影响不足，无法激起参与兴奋点。

(4) 受访者对智能时代新的垃圾回收系统设计有一定期待，期望系统有更多功能和好玩的设计与反馈机制激励用户参与。

(二) 回收产品对比分析

随着网络联结的理念深入渗透到生活中，传统的回收模式已经落后，将“互联网+”的理念及技术应用到绿色环保中的案例也日益增多。家具、衣物、塑料瓶、书本、电子产品等传统的回收再利用模式也可以介入网络进行回收模式的升级，本文整理了三类线上参与回收的产品，以线上 App 与线下终端产品对接的方式进行对比与分析，总结现有回收产品的功能设计方面的优势与不足，如功能单一、管理机制不完善、整个回收流程不够透明化、参与回收所得的利益无法得到保障、用户参与回收等待时间过长、操作流程复杂等，为烟头回收系统设计提供参考，如图 5-49、5-50 所示。

(三) 交互系统设计

在综合考虑如何让用户能够轻松、高效地与系统进行沟通和操作的同时，结合烟头回收项目的现状与设计目标，进行交互系统设计相关的细节分析。

	调研图片	LOGO图片	LOGO设计要素	产品理念	用户目标	回收类型
爱回收		爱回收	爱心图案加文字一目了然，唤起用户的爱心意识；LOGO黄色为底色引人注目，终端产品与LOGO颜色统一，汉字使用黑色，具有一致性	减法新生活；回收交易性；	商圈及附近居民；	废旧电子产品；
小黄狗		小黄狗DOG	以“小黄狗”图案为主，富有创意，汉字经过了设计，活泼有趣，英文中有箭头组成的字母，排列整齐，加强环保意识；LOGO图案以黄色为主，整体活泼、可爱，汉字以黑色为主，体现信任、安全与稳定；	助推居民分类回收习惯的养成；公益性；	社区人群；	旧衣、玻璃、纸张、废旧电器等再生资源分类回收；
飞蚂蚁		MAYI 蚂蚁 环保回收	以“蚂蚁”为原型，“飞”字变形作为蚂蚁的身体，整体有动物、叶子、箭头等元素组成，双重意义，具有独特性；LOGO以蓝白色为主，简单干净；	环保为世界，公益为你；公益性；	白领、学生、在18-40岁；	旧衣回收、旧书回收、家电回收等；

图5-49　回收产品对比分析图1

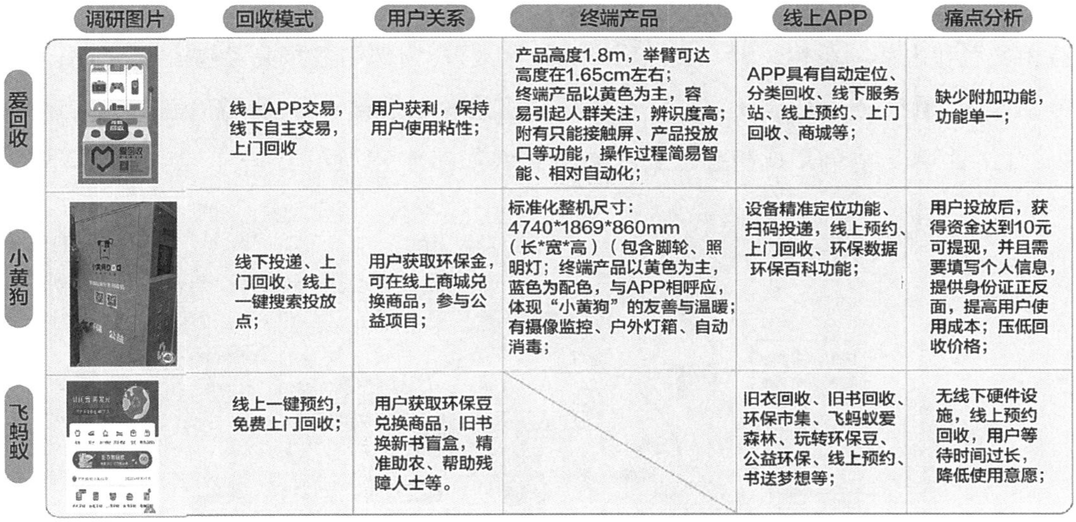

	调研图片	回收模式	用户关系	终端产品	线上APP	痛点分析
爱回收		线上APP交易，线下自主交易，上门回收	用户获利，保持用户使用粘性；	产品高度1.8m，举臂可达高度在1.65cm左右；终端产品以黄色为主，容易引起人群关注，辨识度高；附有只能接触屏、产品投放口等功能，操作过程简易智能、相对自动化；	APP具有自动定位、分类回收、线下服务站、线上预约、上门回收、商城等；	缺少附加功能，功能单一；
小黄狗		线下投递、上门回收、线上一键搜索投放点；	用户获取环保金，可在线上商城兑换商品，参与公益项目；	标准化整机尺寸：4740*1869*860mm（长*宽*高）（包含脚轮、照明灯；终端产品以黄色为主，蓝色为配色，与APP相呼应，体现“小黄狗”的友善与温暖；有摄像监控、户外灯箱、自动消毒；	设备精准定位功能、扫码投递，线上预约、上门回收、环保数据环保百科功能；	用户投放后，获得资金达到10元可提现，并且需要填写个人信息，提供身份证正反面，提高用户使用成本；压低回收价格；
飞蚂蚁		线上一键预约，免费上门回收；	用户获取环保豆兑换商品，旧书换新书盲盒，精准助农、帮助残障人士等。		旧衣回收、旧书回收、环保市集、飞蚂蚁爱森林、玩转环保豆、公益环保、线上预约、书送梦想等；	无线下硬件设施，线上预约回收，用户等待时间过长，降低使用意愿；

图5-50　回收产品对比分析图2

1. 服务蓝图

系统的服务蓝图分为三个阶段：用户行为、前台、后台，用来梳理用户行为与前台、后台分别在服务前、服务中对用户行为形成的数据支持与服务功能，为用户服务提供清晰明了的服务体系，如图5-51所示。

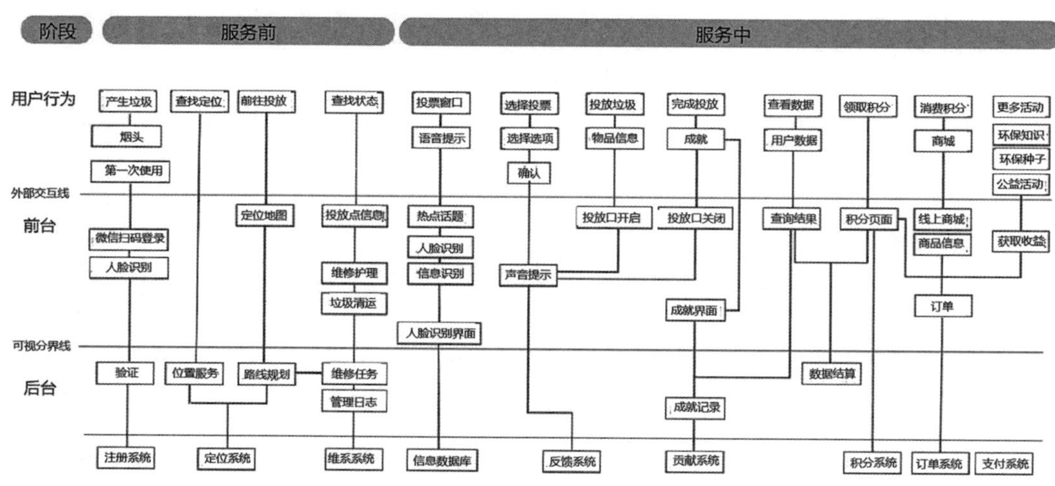

图 5-51　服务蓝图

2. 利益关系

在智能烟头回收服务系统中，将利益关系者划分为以下三个方面：关键用户、外部利益相关者和内部利益相关者。关键用户为社区人群，内部利益相关者包括社区工作者、环保工作者、项目委托人、合作者等，外部利益相关者包括竞争者、受益者、投资者、政府组织、合作者等，三者间形成利益相互关联的行为，如图 5-52 所示。

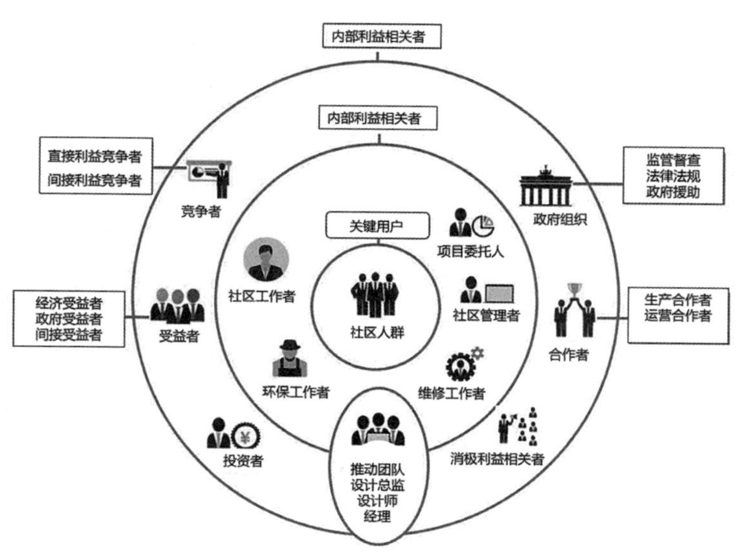

图 5-52　利益关系图

3. 关键人物地图

根据利益相关者中的关键人物，结合“互联网+”烟头回收服务系统中的利益相关者，分析关键人物地图。在智能烟头回收服务体系中，社区管理者、维修工作者、社区人群、项目推动团队、环保工作者、潜在用户等是关键人物。通过绘制关键人物地图，明确关系网，进一步为设计服务流程服务。智能烟头回收服务系统关键人物地图如图5-53所示。

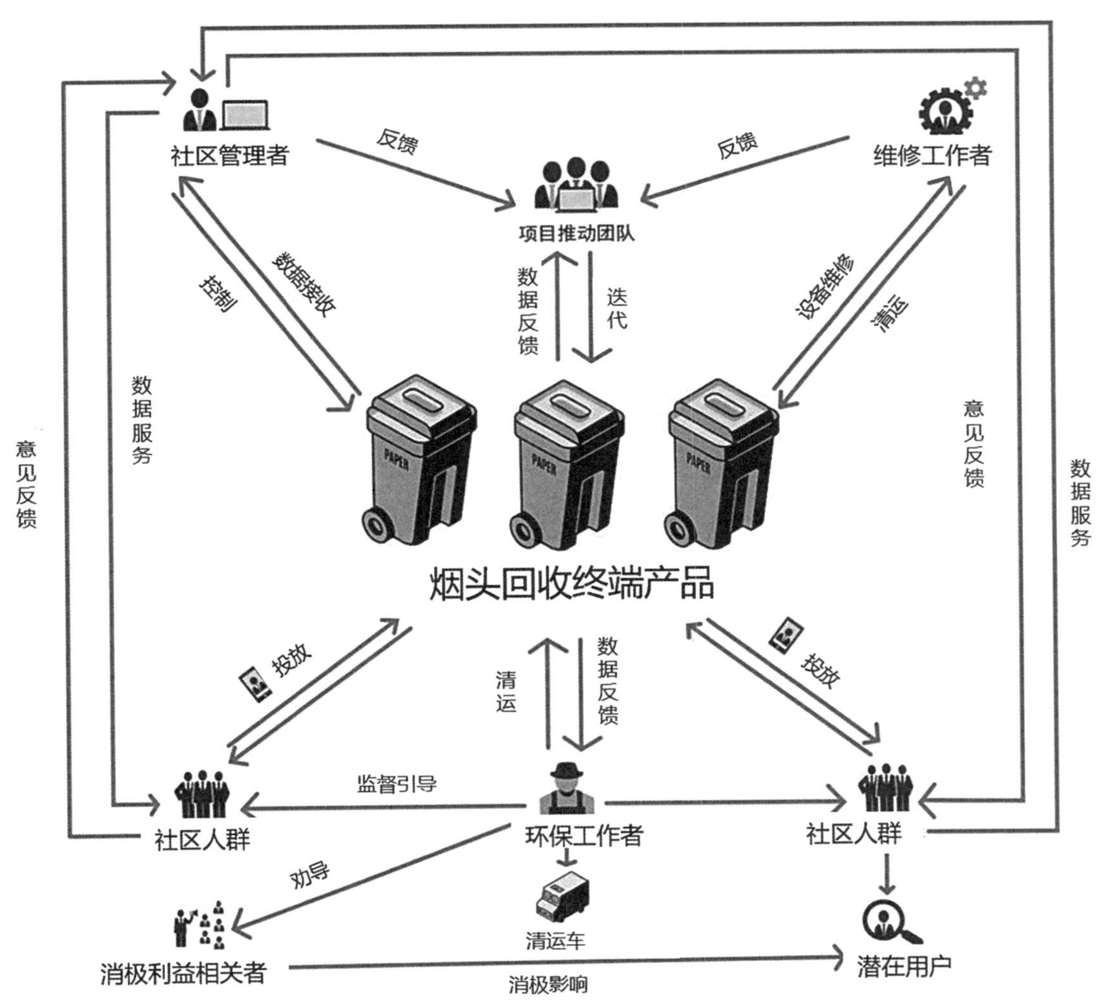

图5-53 关键人物地图

4. 用户流程图

关键用户服务流程图主要分为投放前、投放中、投放后三个阶段。在投放前阶段，主要表现为用户产生烟头垃圾；在投放中阶段，用户抵达投放点，通过人脸识别、选择投票、投放等流程进行操作，实现烟头精准投放；在投放后阶段，主要是用户获取积分、使用积分、分享、环保等的过程，体现用户整体投放流程，如图5-54所示。

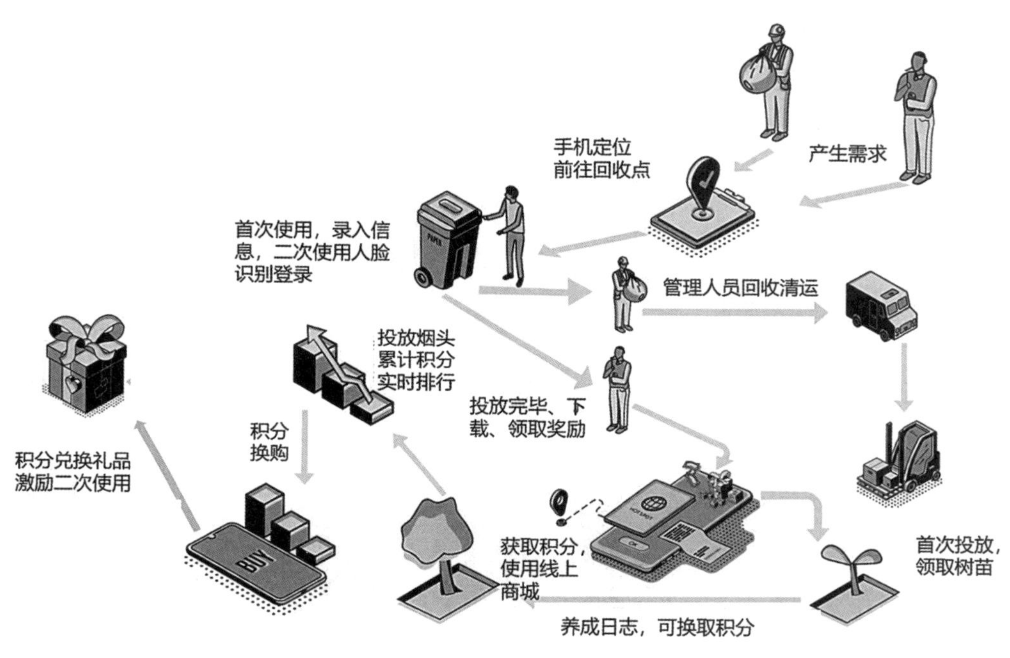

图5-54 用户流程图

5. 流程架构

信息架构就像产品的骨架一样，为用户提供了一个有序、结构化的信息环境，良好的信息架构能够有效组织和呈现大量的信息，使用户能够轻松浏览和导航。考虑到用户的认知方式和行为模式，通过分类、层次和链接等方式，将信息按照用户需求和上下文关联性进行组织。合理的信息架构设计可以使用户能够快速定位并获取所需的内容，减少学习成本，避免用户流失。App设计分为“首页”“发现”“商城”“我的”四大主要功能，如图5-55所示。

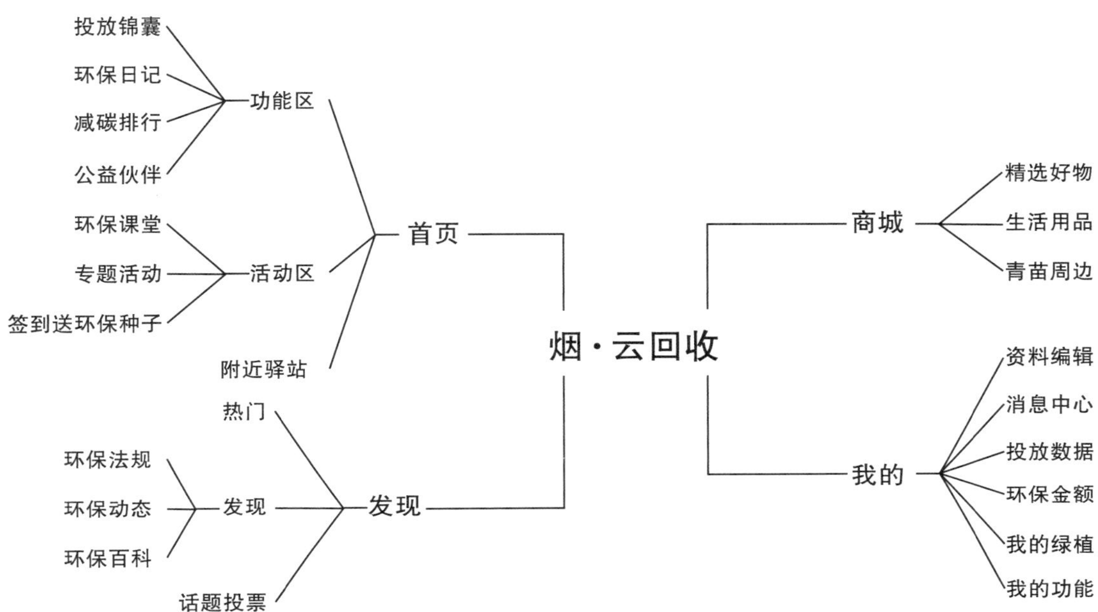

图5-55 流程架构图

6. 原型设计

产品原型是设计方案的一种比较直观且容易进行沟通的表达方式，更是交互设计的重要产物之一，根据流程设计框架进行相关关键页面的手稿绘制，达到理清交互系统流程的目的，在此基础上利用计算机对低保真原型图进行绘制，更好地表达产品功能及意图，针对界面之间功能跳转时系统流程细节的梳理，从中发现问题并进一步改进，设计手稿及原型设计图如图5-56、5-57、5-58所示。

7. 界面设计

根据产品的需求和用户体验的要求对界面进行详细的规划和布局，通过流程图及草图、原型图设计来理清设计思路，梳理界面的功能和交互流程，确保设计的合理性和一致性。原型图的制作是将设计概念转化为具体的界面视觉展示，通过交互元素的布局和组织，展现用户与产品的互动过程，如图5-59、5-60所示。

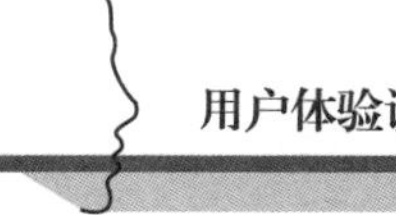

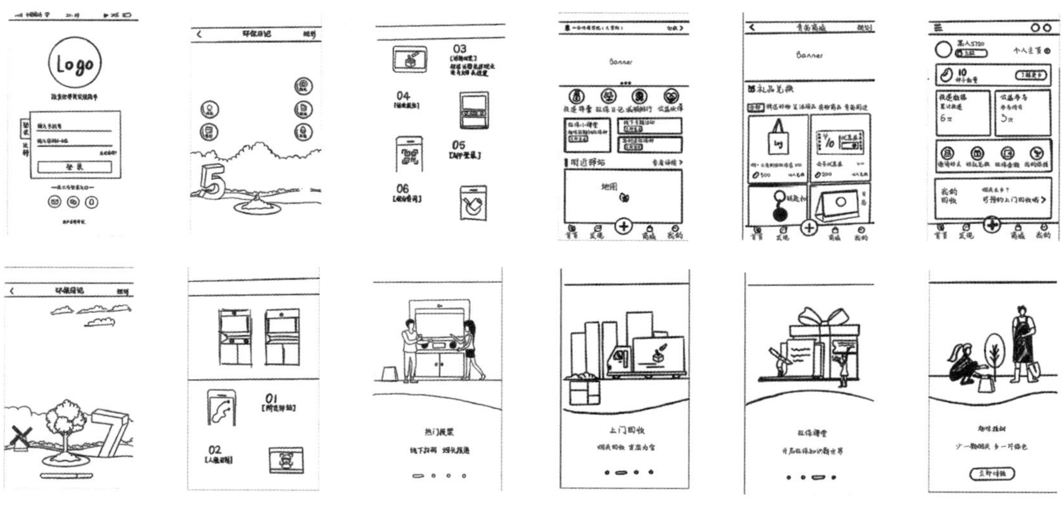

图 5–56　界面设计草图

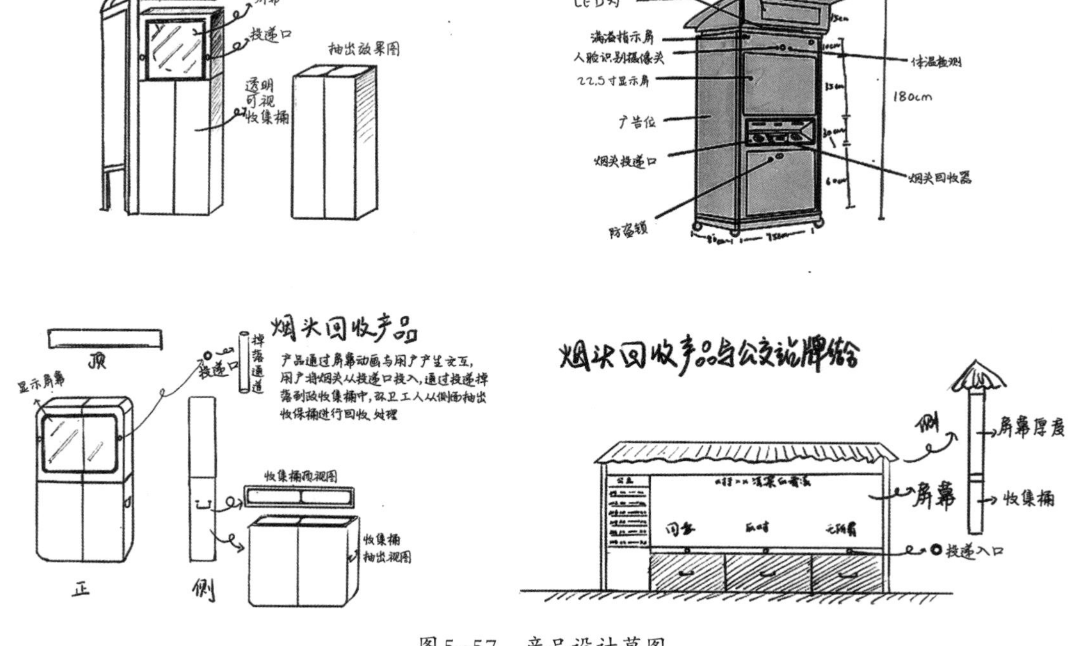

图 5–57　产品设计草图

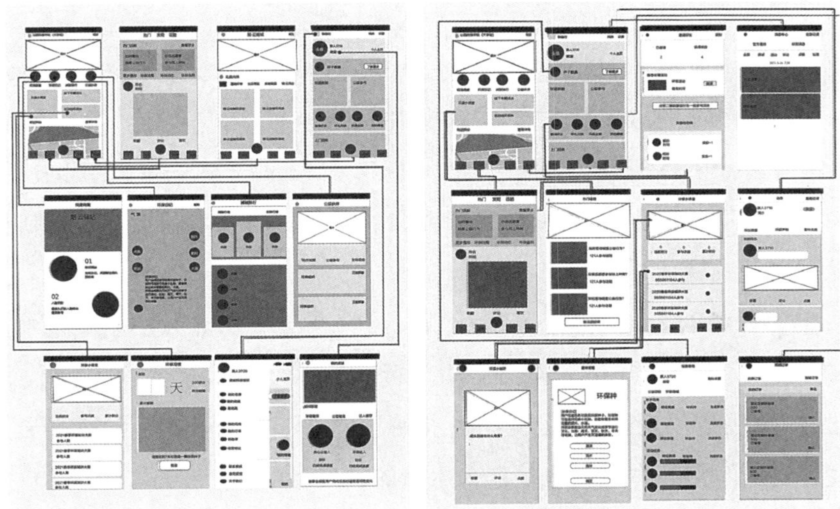

图 5-58　原型设计图

图 5-59　引导、登录界面设计

图 5-60　主要页面设计

8. 产品展示

用户使用产品时在感官、情感、思考和行为等方面的内在感受即为用户体验。好的设计可以提高用户对产品的满意度和忠诚度，使用场景差异、用户不同产生的用户体验也不同。根据美国著名社会心理学家亚伯拉罕·马斯洛（Abraham Maslow）的需求层次理论，可从感觉需求、交互需求、情感需求、社会需求和自我需求进行该项目产品设计研究。

（1）产品形态和颜色

该产品作为大型的公共设施，考虑到烟头回收产品的功能并不限于回收烟头，还可以负有公共宣传、提高公民环保意识的作用，设计以简洁为主。产品颜色是代表环保的绿色、黄色，此外，绿色还代表循环、可持续发展的理念，代表了人类为了恢复绿色生态的美好愿景；黄色代表了明亮、力量和地球未来生活的美好激情。

（2）产品展示

本方案设计的亮点是在烟头回收装置上加装了人脸识别设施，在用户发现或者路过装置的时候，人脸识别摄像头识别人脸进入用户的主页，然后用户进行投放烟头的动作，烟头进入回收装置并计入用户的投放数量，数量达到一定程度将会兑换环保小树，之后用户就可以在手机App上培育小树，培育到一定的程度，小树长成为大树之后系统会兑换奖品给用户，实现线上线下结合的方式激励用户参与投放，如表5-4所示。

表5-4 界面产品功能展示表

界面	界面名称	功能介绍
	首页界面	用户身处远场时，用声音、动画的方式将用户吸引到中场、近场，从而引起用户对产品的好奇心
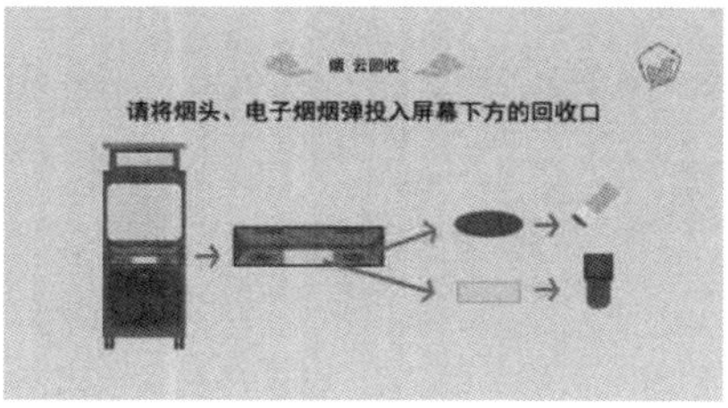	引导界面	用户带着烟头到回收产品附近时，产品感应人的靠近然后弹出引导投放的界面

续表

界面	界面名称	功能介绍
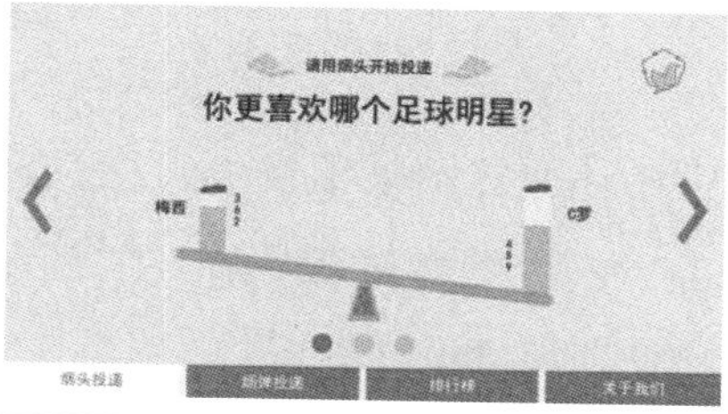	烟头投放界面	烟头投放界面：趣味的动画投票方式吸引用户将烟头主动投入回收箱，根据喜好投放
	成就达成界面	烟弹投递完成后给予用户成就达成奖励，制造用户黏性
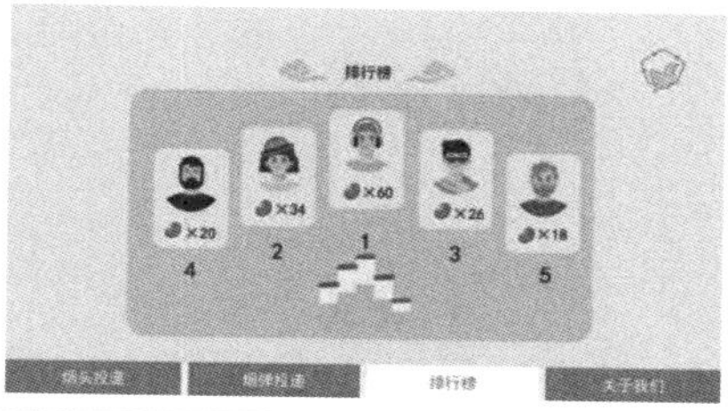	排行榜界面	区域排行榜，让用户有比较和竞争保护环境的想法，达到主动投放烟头的效果

七、用户体验驱动下的数字媒体互动创新设计

随着技术的发展和用户需求的不断演变，数字媒体互动创新设计致力于提供更加出色的用户体验，在数字媒体互动创新设计中，用户体验驱动的设计方法可以应用于多个方面，包括界面设计、交互设计，内容创新也是数字媒体互动创新设计中的重要组成部分。用户体验驱动的数字媒体互动创新设计对数字媒体产业具有重要意义。通过关注用户体验，数字媒体产业可以提升产品和服务的竞争力，吸引更多的用户，增强用户黏性，良好的用户体验还可以促进数字媒体产品的传播和市场影响力的提升。

（一）用户体验下的地摊经济创新互动设计

随着数字媒体产业深入生活的方方面面，人们对生活实时互动性、个性化、定制化服务的需求越来越高，备受关注的地摊经济也面临着与数字媒体产业接轨的现状，传统的地

摊经济在数字媒体时代在经营模式上也进行了改良，但仍然存在商家与顾客互动频率低、线下监管松散、线上交易随意、商户办事流程烦琐等问题，与顾客的消费体验满意度存在一定差距。在体验经济时代，人们摈弃了粗放型服务模式，转而追求体验，这成为服务转型的方向。

作为地摊经济主体的顾客、商户在经营、消费过程中的体验逐渐被重视，通过对消费者、流动商贩、市场管理方的调研，了解三者在消费、服务、经营、管理过程中存在的问题，通过创新设计手段为未来城市中的流动地摊经营、消费和管理提供设计参考。

服务创新设计在日趋注重服务质量的社会服务行业中逐渐凸显出其重要性。系统、服务和体验已成为设计创新活动的重要目的和价值衡量标准。随着创新设计与体验经济的来临，设计的关注点由“物”转向“行为”，继而转向“体验”，服务设计从用户角度出发进行研究，消费者对产品的需求不再仅限于传统消费模式，而是更加注重消费过程中的体验感。好的服务不仅可以为用户提供好的体验，还可以提高用户黏性。

1. 地摊经济需求分析与模型研究

(1) 数据分析

1) 用户调研分析

用户调研的数据表明，地摊经济的样本主要为年轻用户，集中在21 –30岁，占到样本的52.2%；目标性消费占样本的63.9%。样本中占54.63%消费时段主要集中在晚上进行娱乐、食品消费。消费类型主要集中在饮品小吃（68.78%）以及生活日用品类（48.29%），商品价格单价较低，用户对于购买商品的品质没有过高要求，如表5–5所示。

2) 用户对于流动摊贩的态度

样本数据表明，消费者希望流动地摊可以集中在人群聚集的区域。对于流动地摊，消费者诉求表现在污染环境、阻碍交通（55.61 %），商品质量保障（51.22%），经营位置的不确定（48.78%）。可见，用户肯定流动地摊带来的便利性，也对其有不满意之处，如表5–6所示。

结合SWOT分析对其进行分析，从中挖掘流动商贩在整个地摊经济模式中的优劣势、对经营的威胁、可能的机会点，如图5–61所示。

3) 商家分析

对于商家而言，在进入地摊市场前对地摊零售市场估计过高，未做详细的计划和学习，对选品的不确定，不清楚市场运行规律，对营业收入和利润无法进行合理预估，担心在

表5-5 用户研究部分数据表

类别	内容	人数	占比
Part1 性别	男 女	64 141	31.22% 68.78%
Part2 年龄	20岁及以下 21-30 31-40 41-55 55岁及以上	12 107 34 43 9	5.85% 52.2% 16.59% 20.98% 4.39%
Part3 逛地摊频率	几乎不去 偶尔，有需要才去 经常去，可以淘到喜欢的东西	35 101 39	17.07% 63.9% 39.02%
Part4 逛地摊时间段	6:00-10:59 11:00-13:00 17:00-19:00 19:00及之后	39 11 43 112	19.02% 5.37% 20.98% 54.63%
Part5 喜欢的商品类型	饮品小吃类 果蔬类 报刊类 服饰类 生活用品类 熟食类 其他	141 73 20 53 99 24 26	68.78% 35.61% 9.76% 25.85% 48.29% 11.71% 12.68%

表5-6 消费者对商贩的态度调研表

	内容	人数	占比
地摊经营 存在的问题	污染环境，阻碍交通 商家资质不可信 影响市容市貌 损害商铺商家利益 商铺质量不能保障 受损失后难以找到商家维权 摊位不固定，难以快速找到同一商家 其他	114 70 54 27 105 67 100 13	55.61% 34.15% 26.34% 13.17% 51.22% 32.68% 48.78% 6.34%

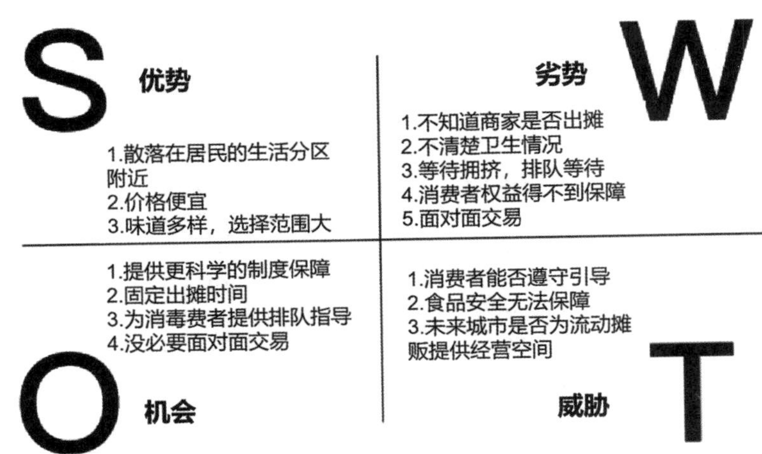

图5-61 消费者对流动商贩态度SWOT分析图

未来经营过程中无法收回前期的投资资本以及达到较大的利润收入。同时，一条街的流动摊贩较多，竞争较为激烈，能否尽快收回前期投资，在市场中脱颖而出，并且有持续的客流量作为支撑，最终形成以自身产品为核心的竞争力。对于无数流动地摊商贩而言，无论是否从业都会受到政府、市场管理部门的管控和限制。商家数据调研表如表5-7所示。

表5-7 商家调研数据表

	内　容	人　数	占　比
Part1 摆地摊的担心	政府管制趋严	60	32.43%
	同行竞争激烈	62	33.51%
	利润空间小，无法支撑经营活动继续进行	75	40.54%
	不确定自己可以售卖哪种类商品	99	53.51%
	前期投资超预算	24	12.97%
	感觉工作不体面	25	13.51%
	其他	19	15.68%
Part2 经营遇到的问题	与城管发生冲突	9	45%
	不知道如何处理营业产生的垃圾	6	30%
	货品售卖情况不好，产生亏损	10	50%
	摊位被占	8	40%
	摊位空间狭小，不够用	8	40%
	夜间灯光照明不佳	7	35%
	阻碍交通，造成驱赶，影响经营	5	25%
	收到假币或顾客逃单，无法追回	3	15%

在调研分析的同时，结合SWOT分析法对其进行分析，从中挖掘商家在整个地摊经济模式中的优劣势、对经营的威胁、可能的机会点，如图5–62所示。

4）管理者分析

城市管理系统中欠缺合理、适应城市发展的管理系统，流动摊贩资格认证较为简单，没有统一规范，不能满足商贩和管理者的需求与利益保障，从管理者的角度对整个地摊经济流程进行梳理，分析其优劣，并在此基础上寻找地摊经济持续健康发展的方向，如图5–63所示。

SWOT-流动商贩

劣势

得不到相关部门的认可；没有稳定的经营收入；没有足够醒目的招牌；地摊车自行改造存在安全隐患。

威胁

管理部门批准；商家没有较高的素质；相关人员不能及时得到相关信息。

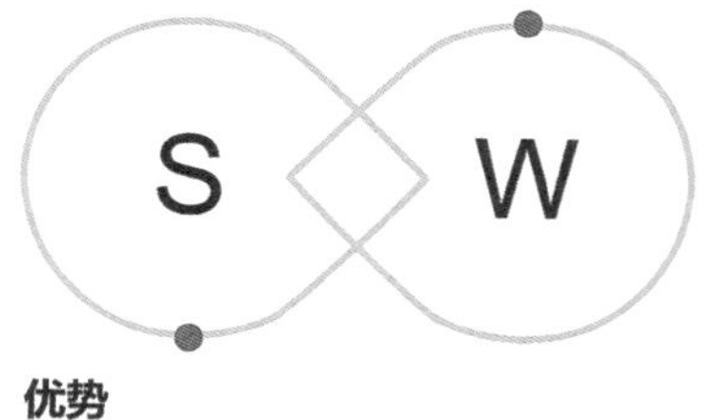

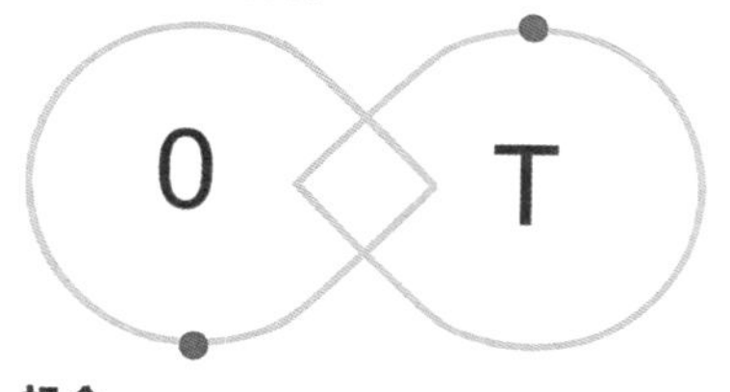

优势

价格便宜；处在高人流量街区、高利润；投资成本低，回本快；入行门槛低。

机会

规范化管理；为商家提供智能化设备；为商家提供就业指导。

图5–62　商家SWOT分析图

SWOT-管理者

劣势

有时需要大量人力；出于舆论的劣势；不能很好的照顾到商贩的利益；没有足够科学合理的处理方法。

威胁

消费者能否遵循引导；食品安全无法得到保障；未来城市是否为流动摊贩提供经营空间。

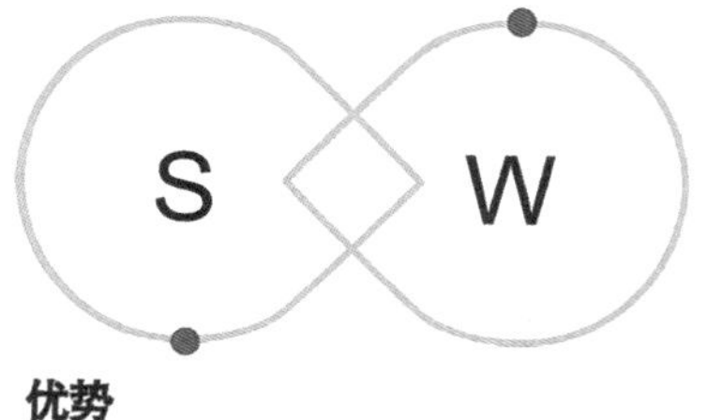

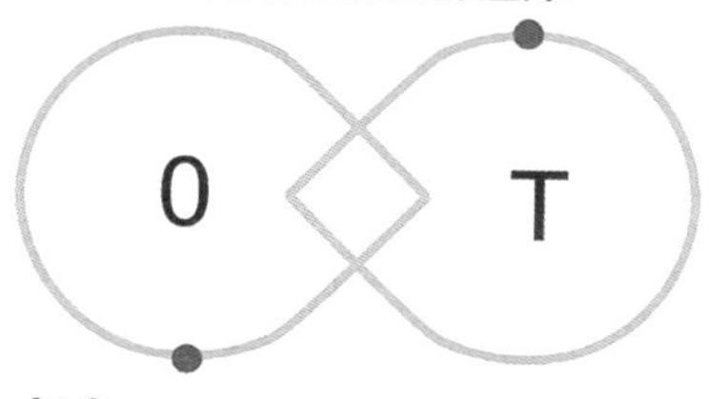

优势

维护城市市容市貌；使商贩承担一部分社会责任。

机会

为商贩管理建立起足够科学的管理制度；为从业者提供指导及工具；为相关人员缔结条例，规范管理。

图5–63　管理者SWOT分析图

(2)利益相关者的研究现况

围绕地摊经济利益相关者是在整个服务链条中最直接影响收益的消费者、服务的实施者商家和整个地摊经济的管理者政府机构。商家接受管理、服务于用户;用户享受管理者与商家共同营造的服务;管理者对商家进行统一的调配和管理,维系市场体系正常运转,服务于商家和用户,如图5-64所示。

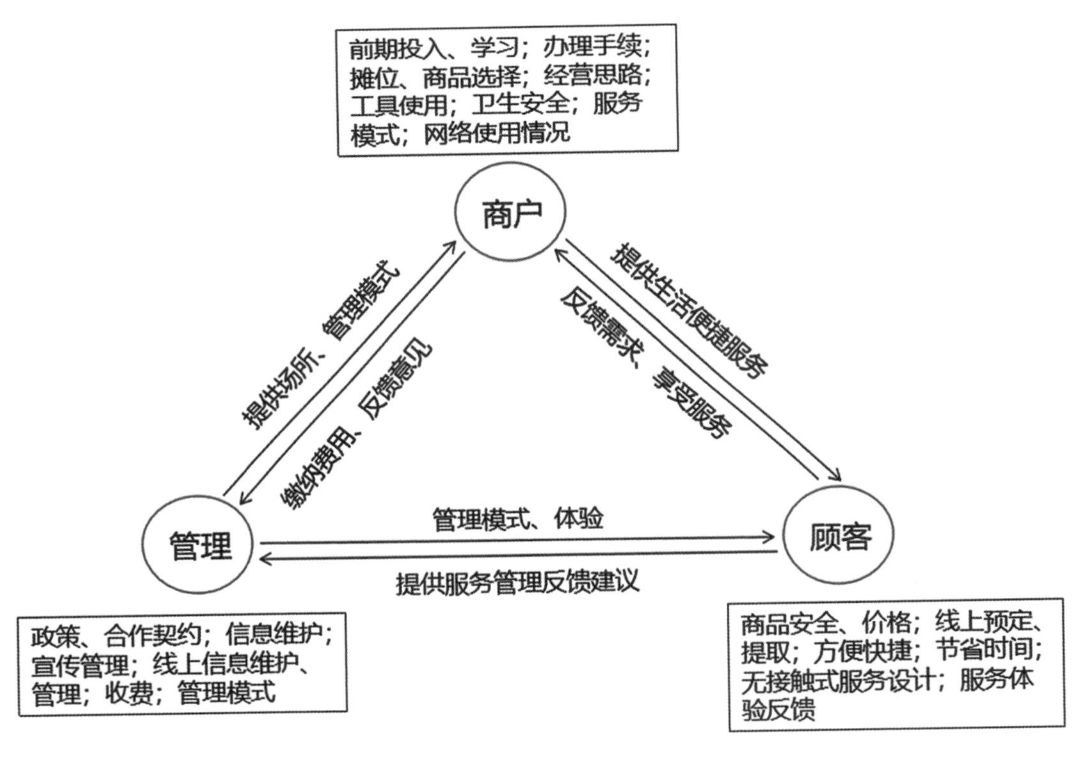

图5-64　利益相关者研究图

(3)商家访谈

为进一步了解商家的需求与现状,选取3位不同家庭情况的商家从指导、经营工具满意度、管理体验、法律监管、保障等不同层面进行访谈,如表5-8所示。

(4)观察

运用实地观察法,对地摊摊位运营现状与对周边环境影响进行现场观察,从中发现地摊经济相关联的各方在经营、管理、服务体验等方面的痛点和机会点,如图5-65所示。

表5-8 访谈记录表

分类	基本情况	商家1	商家2	商家3
Part1 基本信息	家庭情况 工作背景 经营收入 垃圾处理方式	一个孩子 曾经有正规单位工作，但收入少，不足以负担生活。 5千—6千元/月 自己处理或物业处理	单身 蓝领，收入微薄不足以还房贷 8千-9千元/月 地摊物业集中处理	已婚 讨厌原来的工作环境，首次从事地摊工作 刚刚从业，暂无 地摊物业集中处理
Part2 用户语言	从事地摊工作的缘由及工作诉求	每天晚上6点出摊经营 需要提前向城管备案，需要注意经营区域环境卫生 上午准备经营所需食材 希望通过地摊收入补贴还房贷及房租 前期投入几万元	白天上班，晚上出摊经营 初中文化，学习摊位经营 需要准备的食材少，省事 希望通过地摊收入还房贷 前期投入1万-2万元 之前有过卖冷串的经历	白天上班，晚上出摊经营 希望有更好位置的摊位 地摊经营毛利高，学历要求低 经营收入受到政策、位置的影响 已经向有经验的摊主学习经营 从简单商品做起，逐渐拓展 有更好更醒目的招牌
Part3 用户痛点	希望有什么提升	希望可以稳定经营 希望可以经营合法化 可以高效收纳垃圾 希望有足够空间收纳经营所需的物料 招牌更醒目	希望经营时间灵活 地摊设施可以简单、省事 成本低、利润高 前期更少的投资 能体现经营特色的招牌	灵活的经营时间 更好的摊位位置 希望得到更多的指异 可以学到更精湛的手艺 稳定的经营环境
Part4 产品机会	对未来的期望	流动摊位合法化 经营、运营合法化 更好地处理、收纳多种垃圾 科学的物料收纳空间 摊位自带招牌	灵活的经营管理制度 为摊主提供就业指导 提供技术培训 特色招牌设计	灵活的经营管理制度 提供就业、经营指导 提供技术强化培训 特色招牌设计 经营合法、透明

图5-65 现场观察

(5)需求汇总

通过观察、调研、访谈,汇总消费者、商家的痛点与机会点,如表5-9所示。

表5-9 痛点及机会点分析表

消费者	摊主、商家
1. 等待交付订单过程中消费者出现拥挤现象 2. 等餐时秩序差 3. 摊位附近没有明显的等待区域规划 4. 不知订单处理进展 5. 不知道商家经营情况,无法在线下单 6. 招牌不醒目,商品展示也不醒目 7. 付款形式单一,不能提前下单、多渠道下单 8. 对商品质量不了解 9. 食品类商品保温工作不到位 10. 无法得知商品质量和评价 11. 消费环境需要合理规划	1. 商家需要事先预订摊位 2. 布置经营摊位和工具,为营业做准备 3. 经营区域混乱,物品摆放无序 4. 食品卫生缺乏安全保障 5. 工作区域开放 6. 商家的联系方式一般在招牌上,缺乏隐私保护 7. 经营工具简单,均为自行改装而成,缺乏安全保障 8. 对待取的食品类货品无法做到定时消毒 9. 未及时取走的货品没有科学标记,容易出现纰漏 10. 经营权限没有统一的管理机构 11. 经营环境单一,公共设施支持有限 12. 商家经营垃圾收集方式单一

(6)基于KANO模型的利益相关者三方分析

根据以上分析,结合KANO模型,对消费者、商家、管理三者间进行基本型、期望型、兴奋型需求分析,对三者间的需求进行定位,如图5-66所示。

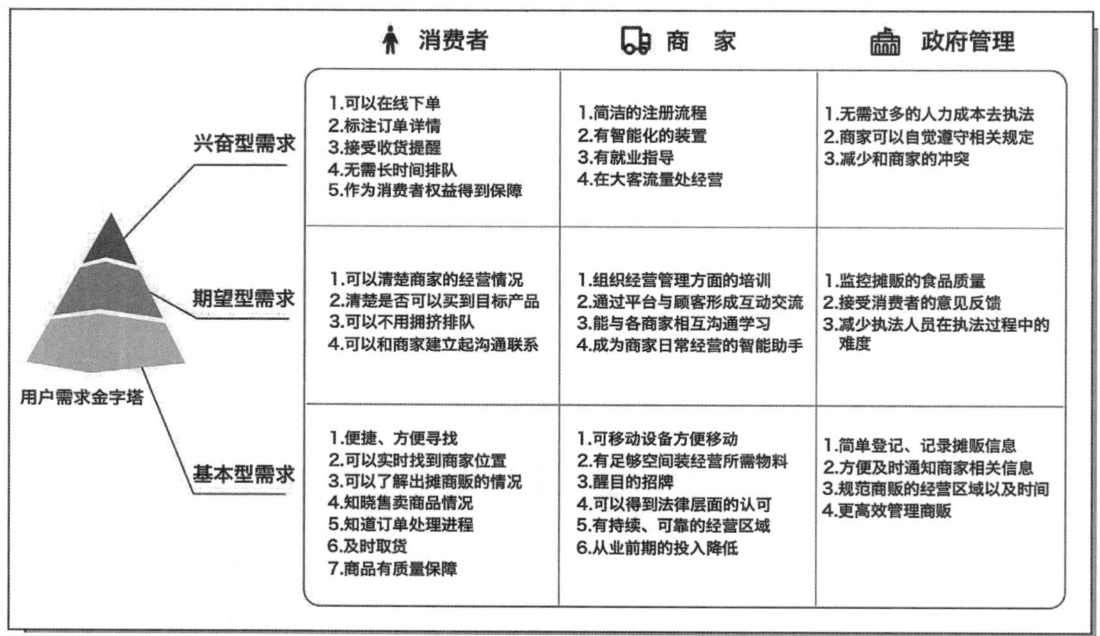

图5-66 KANO模型需求分析

2. 设计思路整理

在对消费者、商户、管理者进行需求研究基础上将地摊经济分为运营平台、运营模式、管理体系、体验模式等模块，通过信息汇总、整理、设计思路提取等操作，提出设计方案解决思路，如图5-67所图示。

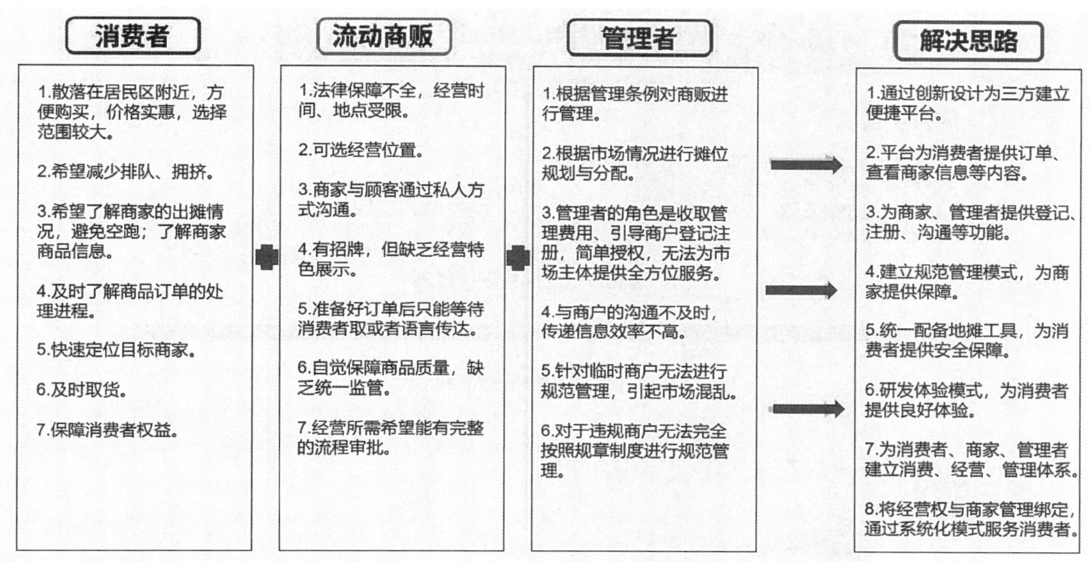

图5-67 设计思路解决方案

3. 体验经济下创新互动设计在流动摊贩中的应用

(1) 创新设计核心：消费者

在创新设计中，分析消费者的共同利益诉求、地摊经济市场所提供给消费者的聚集因子。在保证原有地摊经济与消费者达成服务品质的同时为消费者提供更优质的消费体验，用户画像和用户旅程图如图5-68、5-69所示。

将消费者路程图分为服务前、中、后三个状态进行研究。

服务前，消费者可在手机端查看商家出摊情况，及时了解目标商家是否营业以及所在摊位是否正常营业，查看商家的相关信息，了解商家的经营资质等相关信息。通过平台查看是否可以购买到自己的目标产品以及提前预订产品，定时提取商品等便捷服务。

服务中，通过信息化的呈现方式，消费者可以备注订单细节要求，以此来解决口头

图 5-68 消费者画像

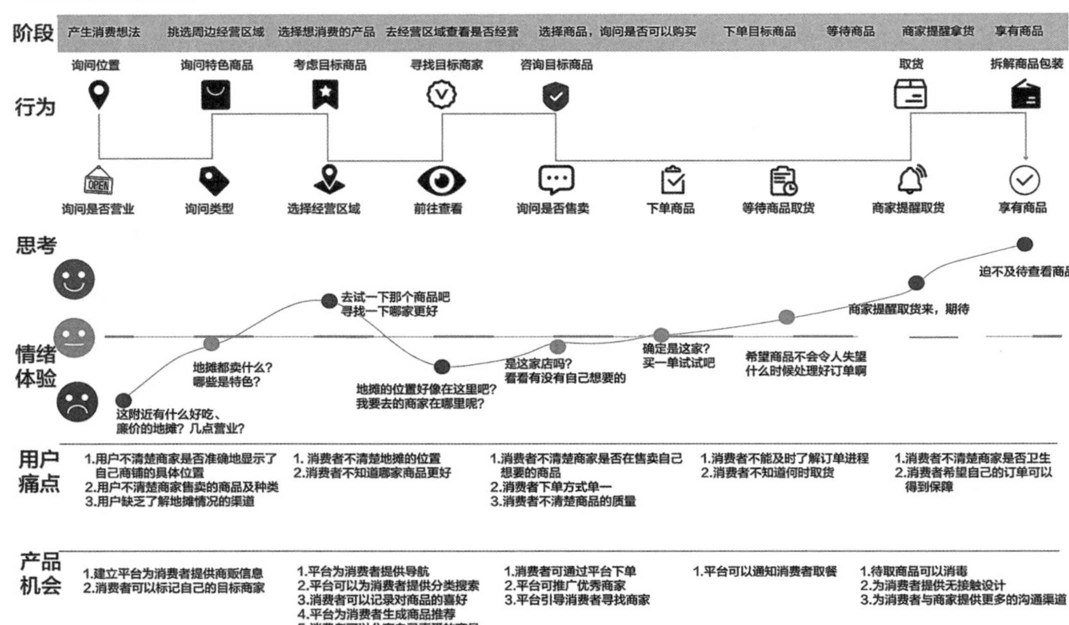

图 5-69 用户旅程图

下单过程中因信息传达误差产生的信息错位问题，在服务过程中生成的票据、订单编号等可以便捷标记顾客订单，减少消费者提取的商品误差。消费者可以通过平台安全联系商家，接受商家发送的商品相关信息，如待取商品通知、商品相关信息等，使得商家与消费者达到实时互联与信息传递。通过云端传达信息、解决现存的流动摊贩消费服务中产生的信息沟通障碍、排队拥挤和提取时出现的人群聚集接触等问题。

服务后，消费者可以通过平台向管理者、商家反馈自己的消费体验、消费评价、消费期望；在需要通过平台维护消费者权益时安全、有保障、方便快捷地达成目的。

通过软件云端在地摊经济体系的运用，为消费者在地摊消费过程中提供更优质的消费体验。从前期的选择地摊下单、交付订单到最终的消费者反馈，通过云端在线平台可以有效提升消费者的消费体验，从而增加消费者对于地摊经济消费的好感，为促进消费者在地摊的消费增加动力。

（2）创新设计实施者：商家

商家作为服务体系中的发起者、实施者是整个服务流程中的核心环节，从消费者需求出发实施商品售卖、消费服务提供、与管理方联通等活动，其服务场所与设备的配备是此环节的重点，因此，需要为商家设计提供足够储存空间、便捷的移动性等功能的经营工具；解决消费者查看商家详细信息所需的网络运营情况展示，如是否经营、提供何种订单产品、等待队伍长度情况、下单、取货，以及商家摊位排布间距等情况。

经营前期，商家可以结合自身特色通过平台在线查看适合地摊经营的优势商品。在线注册、学习地摊经营涉及的相关知识、参加经营管理制度等培训。与此同时，为了降低商家在入行前设备投入，管理者与商家签订租赁合同；运营平台与各个相关管理部门联网，商家在线上传个人信息、营业情况说明，获得政府备案认证，成为合法、合规受到法律保护的流动摊贩。

经营中，平台为商家提供相匹配的订单、客流量、智能化的订单显示、收付款服务、流量广告推广等，成为商家经营的智能助手；在消费者端口为其设置提醒功能，并及时提取订单货品。为商家与消费者之间架起便捷沟通桥梁；服务过程中可以减少商家与顾客的直接接触行为，提高交易中的安全性，商家画像及旅程图如图5-70、5-71所示。

炸鸡夫妇

已婚

每晚专职经营摊贩

主要收入来源：白天固定上班工资和晚上摆摊收入

白天有自己的工作
白天空闲时间还需为晚上的经营做准备
生活压力大，希望通过经营增加家庭收入
希望能将地摊生意经营好

服务期望

有稳定的经营时间
有更为安全的经营工具
用更加醒目的招牌
更低成本的入行需求
有专门的从业指导，最好免费
市场管理上简洁化，不要复杂了

用户类型

希望可以拥有更美好的生活
学历较低
有一定的地摊经营经验
勤恳、热情
生活压力负担较重

图 5-70　商家画像

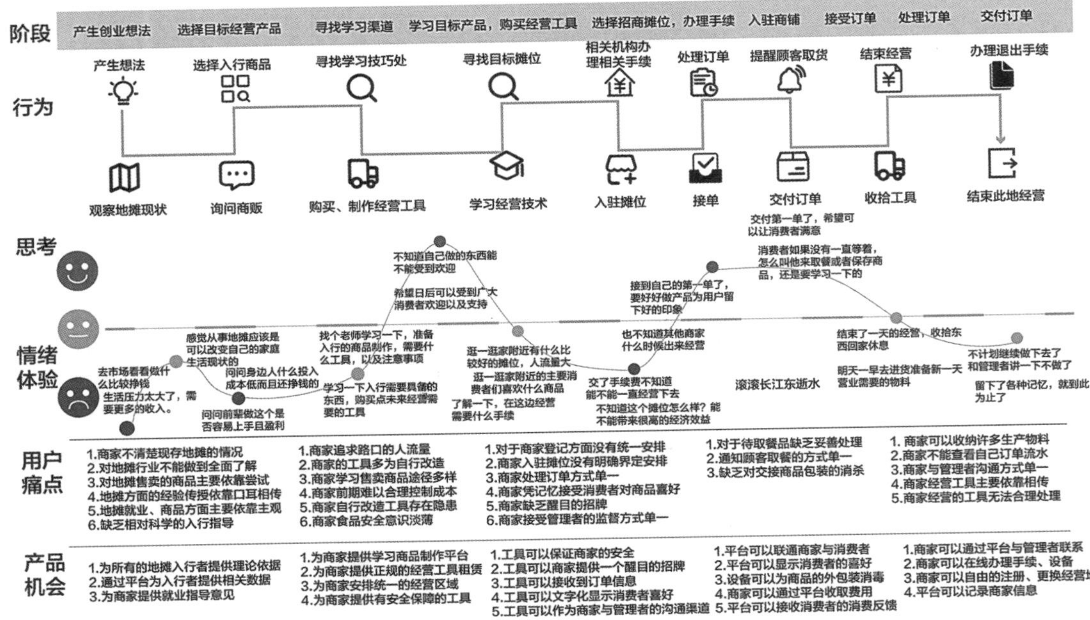

图 5-71　商家旅程图

从商品品牌传播特性来看，每个商家都代表着其独特的品牌特性。因此，为商家在经营工具中提供用于特色展示的区域，不仅可以成为商家的招牌广告，还可以成为政府政策宣传、广告招商宣传等多方面的工具。

垃圾的回收在商家的经营过程中是必不可少的一部分，如何处理好商家经营产生的垃圾是设计中应该关注的问题，在经营工具设计中提供垃圾收纳区域，将因地摊经营产生的垃圾及其对城市环境影响降到最低。

在服务后期，商家通过查看消费者的服务反馈从而进行有针对性的服务优化、商品品质提升、满足消费者与商家消费互动需求，针对经营中存在的问题，及时与管理方沟通协调，共同提升服务模式与服务品质，营造高质量服务型地摊商业模式。如租赁经营工具出现问题后，及时申请官方维修，降低商家经营损耗、增加商家经营体验；在商家选择退出地摊经营后，可以在线便捷办理相关手续，简化退出流程等。为商家提供可靠、柔性经营、管理模式，凸显商家在经营中的主体地位，改善经营关系网络中各利益相关方的关系。

（3）顶层设计构架：管理方

管理方作为设计的核心，是决定设计能否落实与实施的关键。对于商家而言，需要有管理方的授权、接受管理规则规范经营；对于消费者而言，需要在制定的经营模式下享受便捷服务体验。在此流程设计中需要注意作为经营主体商户的具体情况，如普遍学历较低，对于过于复杂的网络流程显得力不从心等，需要精简登记注册、管理、提供服务等流程。

商户多为经济条件偏差群体，其经营工具多为自行改装而成，安全系数较低、需要前期经济投入。管理方为商家提供安全、统一、规范的经营工具，通过与商家缔结契约形成完善的租赁制度；为商家提供入行培训、指导以降低商家在入行前的学习投资成本；为城市规划、商业广告注入、政策宣传提供便捷，管理者画像及旅程图如图6-72、6-73所示。

消费者是商家服务的接受方，消费者通过相关平台可以举报不良商家以及监控商家的商品品质。为政府提供最直接的监督反馈信息。管理者可以综合商家之间的投诉举报以及消费者之间的申诉对商家进行金钱以及经营、销售权方面的惩罚，反之，对于美誉有加的商家提供相应的奖励政策以及支持。

对流动摊贩的经营时间管理方面，管理者最大的顾虑当属城市的市容市貌以及城市

Robot

男，35岁

市场管理员

主要工作内容：办理各种手续、巡察

希望通过和平方式解决市场经营中的争端
热爱本职工作
希望政府在市场管理方面有更加科学合理的政策
希望商家和消费者能遵守规则

服务期望

希望有更加合适的管理方式
有更合适的管理平台辅助

用户类型

追求正义、人性化管理

寻求管理和商贩间的合作平衡关系

图 6-72　管理者画像

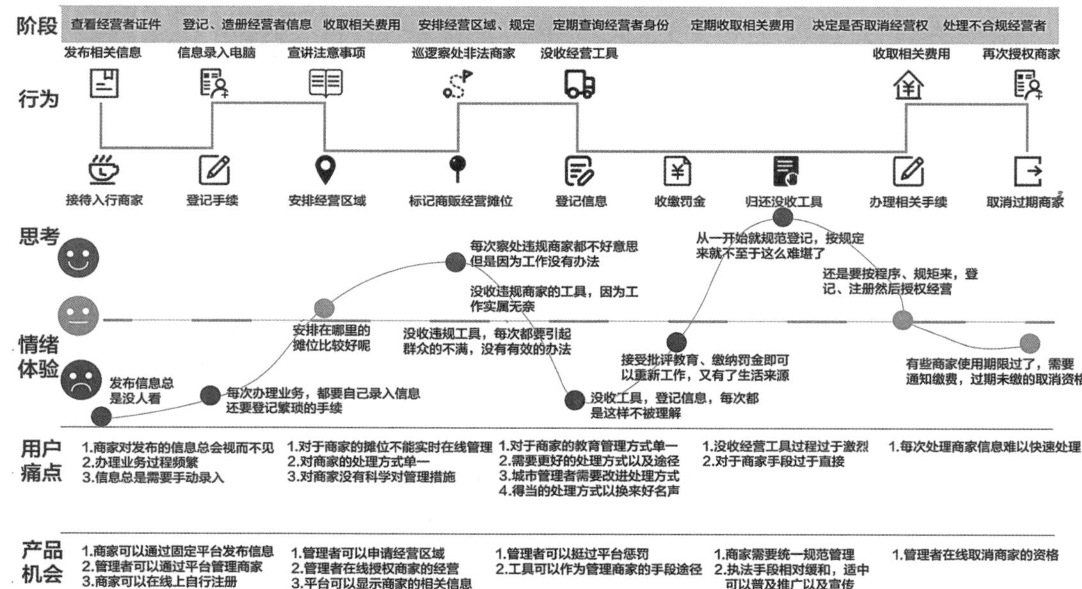

图 6-73　管理者旅程图

居民的生活便利。综合两个方面，确定相关的经营时间以及区域。在保证居民生活便利的同时，维护城市的市容。科学的管理政策可以增加居民对自己所居住城市的热情以及信心。

（4）服务体系设计

地摊经济是地方经济文化中极具地方特色的存在。以“人”为本，从消费者、商家、管理方角度出发，提供科学合理的设计解决方案。为消费者提供更方便便捷的地摊经济消费体验；为商家提供更加科学的登记注册、政府契约、工具租赁回收等合理流程；为管理方在未来城市建设、管理中提供更加完善、多样化的管理模式。未来的城市建设，通过服务设计手段，优化的不仅是服务过程，还包括涉及服务体验的各个环节。为“人”而设计、优化各个环节体验，各方利益体验才能达到最优化，服务系统设计与服务蓝图如图5-74、5-75-1、5-75-2所示。

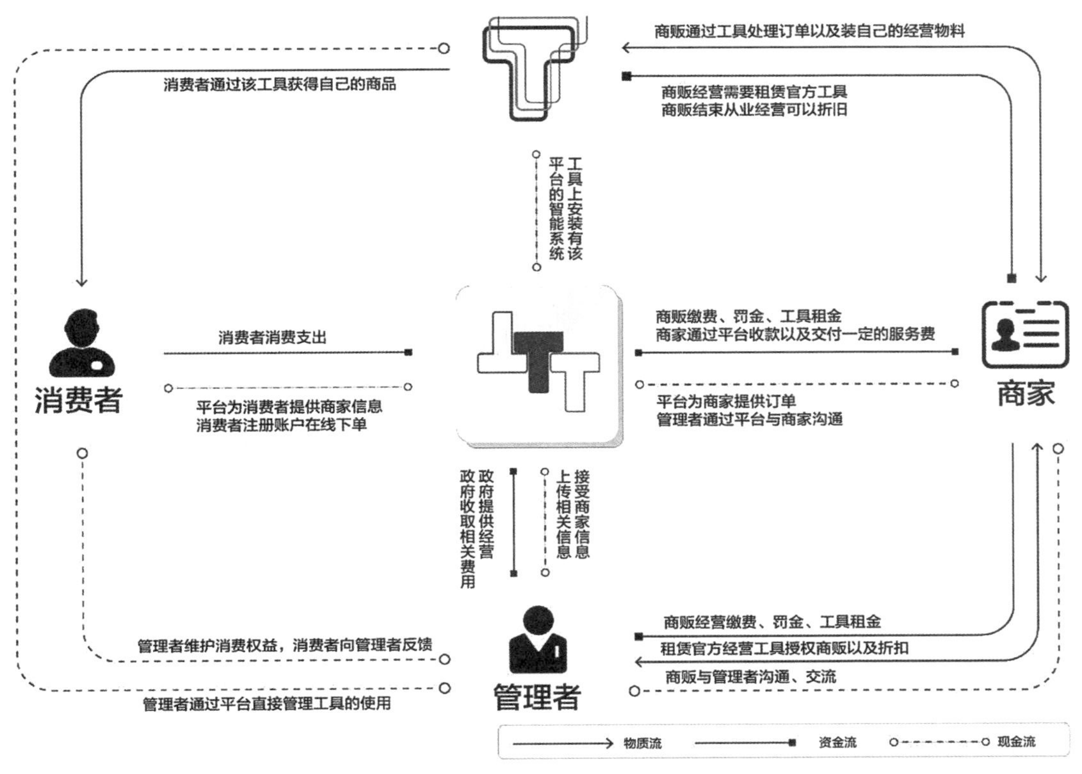

图5-74　服务系统图

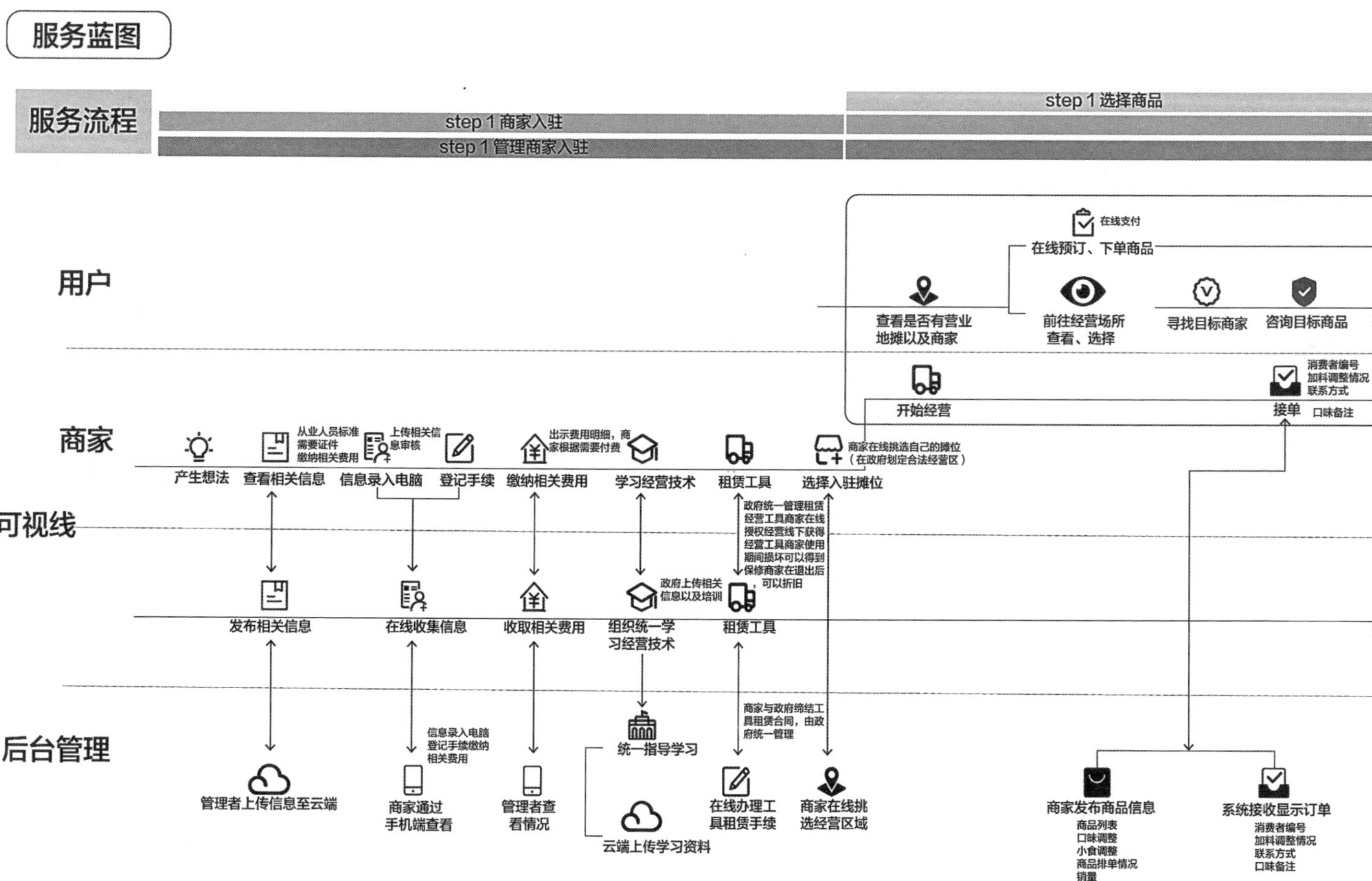

图 5-75-1 未来地摊经济服务蓝图

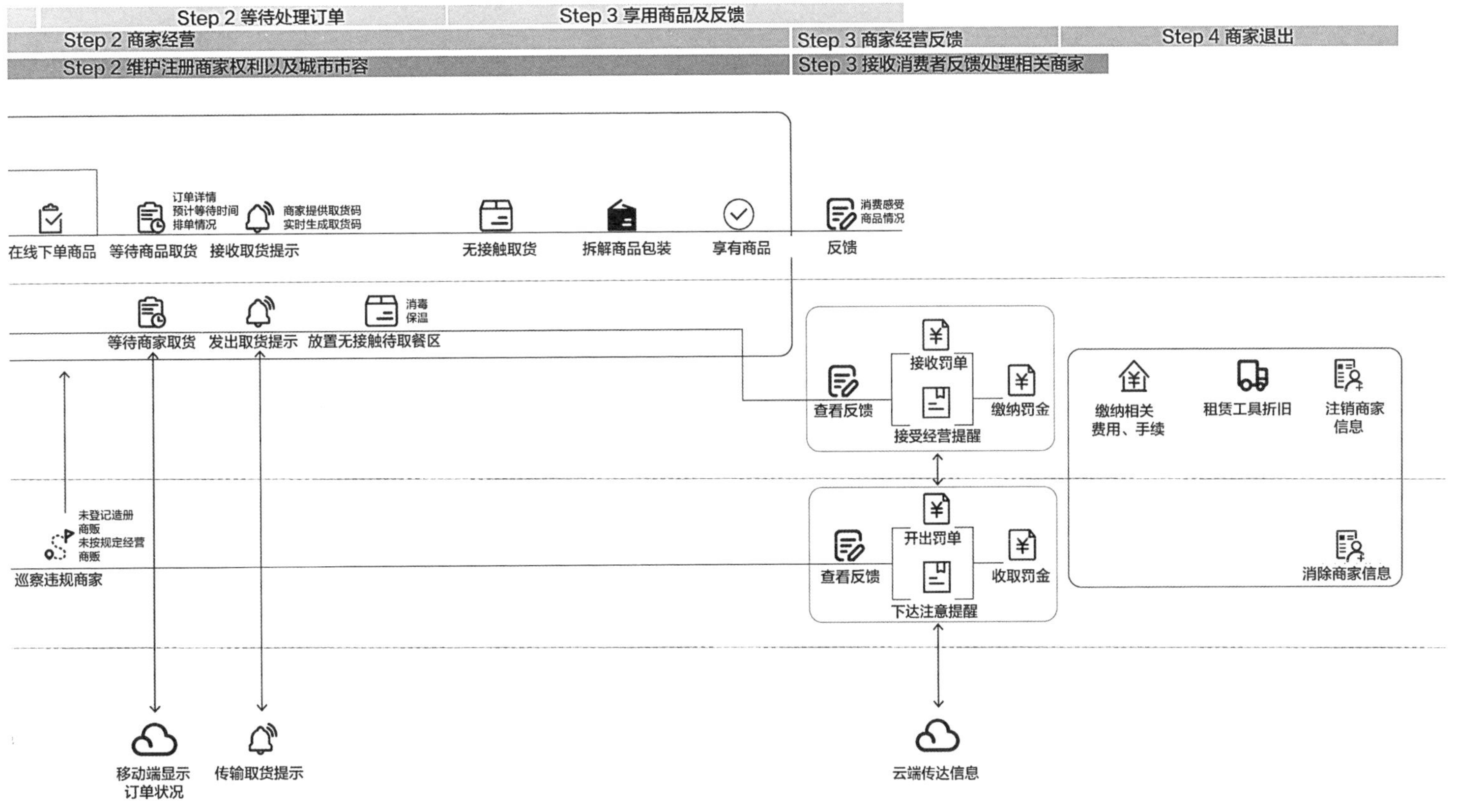

图 5-75-2　未来地摊经济服务蓝图

4. 创新互动设计实现

在创新互动设计中，服务对象可以根据特征和需求进行分类，进而通过设计实现和满足不同用户群体的需求，并为各分类用户提供个性化的服务体验。地摊经济创新互动设计可分为以下两方面：

（1）服务对象分类

1）针对商家

在地摊经济服务过程中，设计互动平台App取名为“摊玩”，商家可以利用该App与管理方对接，例如申请营业执照、申请地摊车的使用、地摊车的健康状况检测、维修上报等；商家需要在移动端App上报营业当天个人健康状况、摊车消毒状况，上传经营许可证，做到公开透明；商家在该App上传菜品种类、数量，设置营业时间；在线接单，与顾客进行无接触交易，查看日交易额、交易申请单数，有效避免逃单现象；同时该App为商家提供社交模块，查看其他商家优秀的经营模式，以此达到激励作用。

2）针对消费者

在地摊经济的服务过程中，消费者可以利用该App观看目标地段人流量、地摊种类、心仪商家信息，在平台实现与商户交流、网上下单，达到无接触交易的目的；通过平台享受售后保障服务，如电子发票、申请售后、保障权益等；消费者通过平台发表服务体验、完成服务推荐等。

3）针对管理者

管理者在此过程中承担规则制定、维持市场秩序、保障市场正常运转的职责，当消费者与商户发生服务纠纷时发挥协调与管理的作用；在商户登记、注册、管理、市场运营等方面起到主导作用；在平台运转过程中起到监督、管理、协调作用，确保经营活动顺利进行、各方利益得到保障、各方体验得到提升。

（2）创新设计实现

1）产品架构设计

产品架构设计图如图5-76所示。

2）互动界面设计

① 角色选择

进入界面后有三种角色可供选择，不同的角色对应不同流程，如图5-77所示。

② 用户版

消费者可以网上下单，无接触取餐，可以使用App对商家与管理者提出意见，也可以使用App跟进下单进度，查看该区域的人流情况，如图5-78所示。

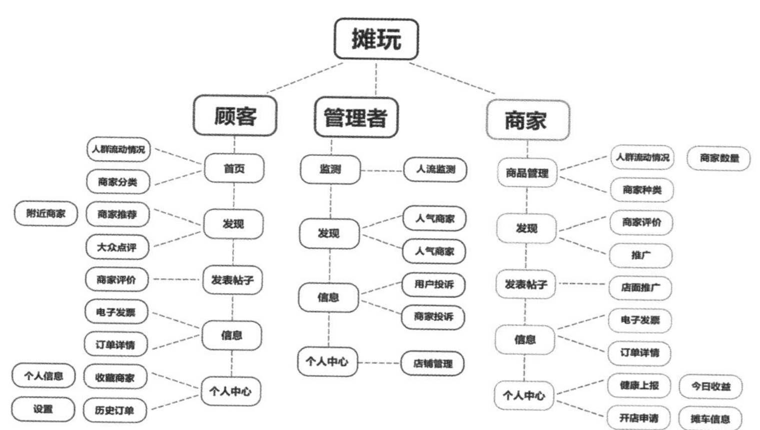

图 5-76　产品架构图

图 5-77　角色选择与登录界面

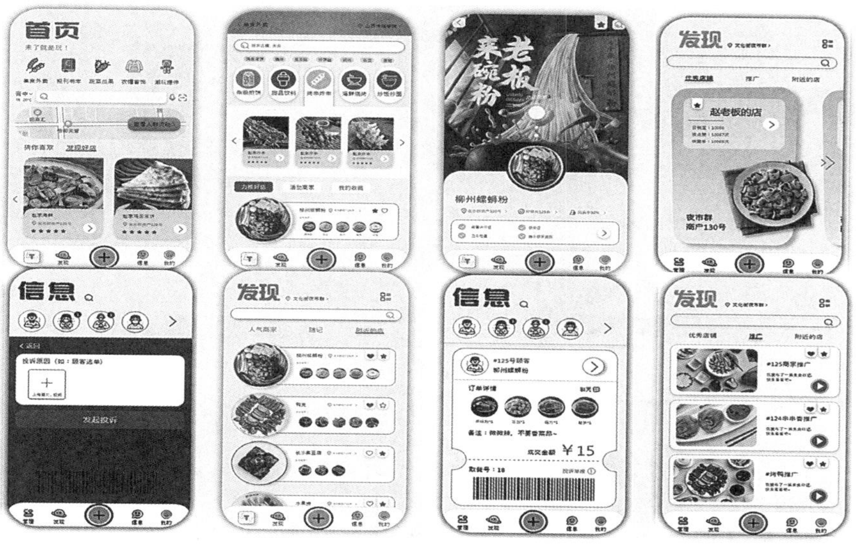

图 5-78　用户版界面设计

③ 管理者版

管理者可使用软件对商家进行信息化管理，对地摊上的人员流通进行实时监测，随时进行人员疏导，也可以收到商家与消费者的反馈信息，如图5-79所示。

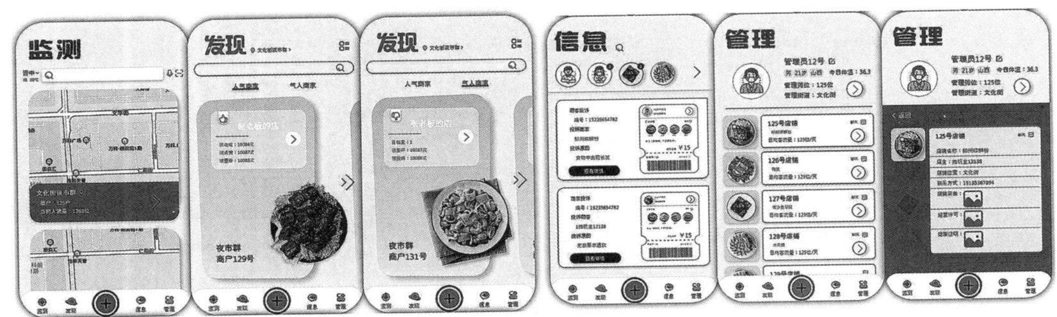

图5-79　管理者版界面设计

④ 商家版

商家可与管理者进行网上对接，实行身份认证，与管理者进行无接触的地摊车租赁，也可以为消费者提供商品信息，消费者安心下单，如图5-80所示。

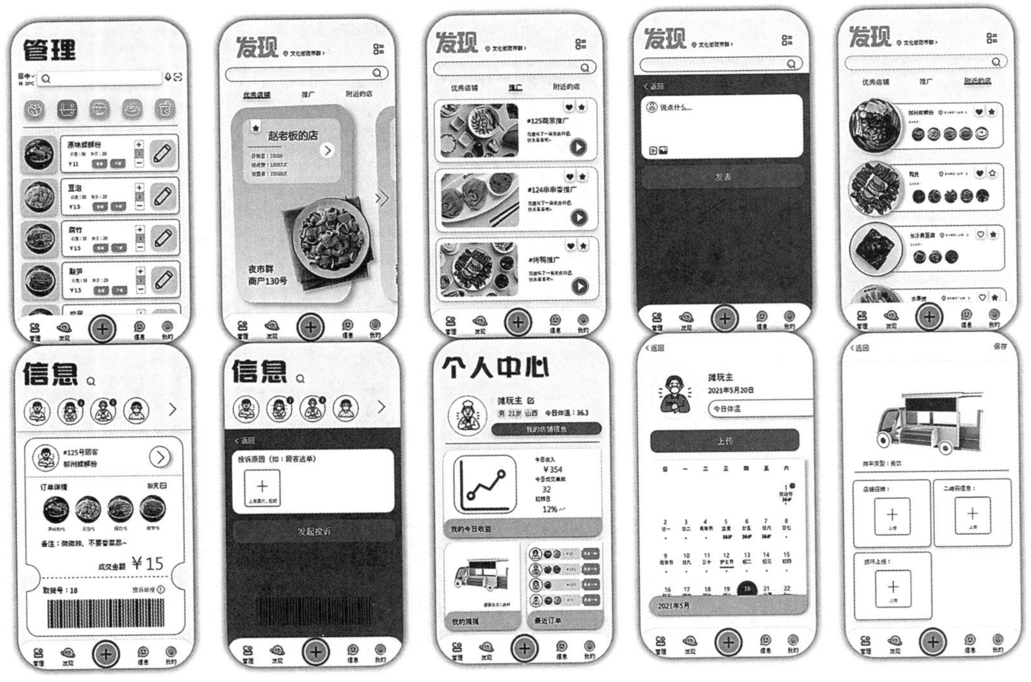

图5-80　商家版界面设计

本研究旨在将传统的地摊经济进行数字化转型设计，注重界面设计易用性、可用性、便捷性等，提升地摊经济中利益相关者间的用户体验，帮助地摊经济向数字化产业转型发展，让相关人员可以在互动设计中体验地摊经济的新模式，向消费者展示地摊经济的数字化转型所带来的竞争优势，满足各方对于地摊经营的互动需求等操作，为地摊经济发展提供可参考的发展模式。

（二）山西地质博物馆儿童研学教育互动设计

在“双减”政策和研学旅行的背景下，儿童研学旅行也随之发展起来。对儿童来说，参与博物馆旅行可以拓展视野、增长知识、体验乐趣；对于父母来说，博物馆研学旅行可以延伸儿童教育价值。本案例以博物馆社会职能、儿童寓教于乐关系探索为出发点，分析儿童研学与博物馆互动服务体验产业的关系。通过对博物馆资源的分析，探讨儿童在博物馆中的体验活动类型，从儿童学习需求的不同心理期待和接受能力出发探索博物馆研学互动服务设计，解决博物馆中儿童学习活动的多样性问题，以实现“激发探究”的学习和教学目标。从而为实践活动课程拓展提供策略，为数字媒体艺术产业发展提供设计参考方向。

1. 儿童研学现状阐述

（1）研究方法与流程

文献综述法：收集文献、研究理论分析、提供设计依据。

访谈法：通过访谈调查，深入了解被访谈者的观念和需求。

线上问卷调查法：通过问卷调查，了解用户对博物馆研学体验的现状及认识。

实地观察法：通过前期调研的数据找到可行性设计点进行研究。

服务设计的方法与工具：利益相关者图、用户需求分析图、服务生态图、用户旅程图。

（2）山西地质博物馆儿童研学旅行现状概述

1）儿童研学旅行的概念与发展

研学又称研究性学习，是一种将学习与实践相结合的教育方法，旨在通过实地考察、实践活动和体验式学习来促进学生的综合发展。儿童研学是专门针对儿童开展的研学教育活动，旨在通过丰富多样的实践体验和亲身参与，激发儿童的学习兴趣、培养观察力、思考力和创造力，促进其全面发展。

实地考察是结合探索和旅行的校外学习活动，让学校、社区和家庭参与体验式学习。运用寓教于乐的理念、方法和模式，根据儿童发展规律设计和实施不同层次的教育方案，培养儿童的科学思维和学习能力，以及良好的道德和健康的人格，实现优质教育目标。

近年来，儿童研学市场在国家政策、教育部门提供的专业支持下发展势头良好，给儿童打开了接受实践教育的大门，让更多儿童走出课堂参与到理论与实践结合的教育体验当中。通过参观考察自然景观、科学实验室、博物馆、艺术馆等，儿童可以亲身体验自然科学、社会科学、人文艺术等领域；通过团队协助方式分工合作、开展实地调查、进行实验探索等，培养儿童沟通与解决问题、创新与探索的能力，提高了孩子们学习与探索的求知欲，也进一步促进了研学教育产业的发展。儿童研学旅行发展的时间节点，如图5-81所示。

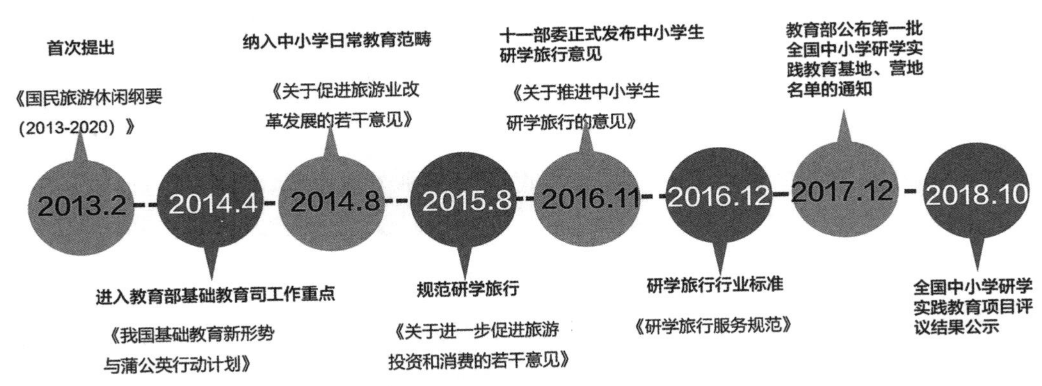

图5-81　儿童研学旅行发展时间节点图

在深入了解学校教育目标、学生群体认知水平与行为习惯的基础上结合数字化展示与服务为小学生提供多样化服务，借助平台与团队进行交流、协作；通过虚拟场景搭建实现数字化体验，满足小学生对未知领域的探索欲；通过数字化模拟展示多重场景的叠加，提升沉浸式用户体验，也在一定程度上推动研学产业从传统线下参观为主向“线上+线下”“现实+虚拟”的多元化模式转型，为研学产业提供更多发展方向。

2）山西地质博物馆的研学储备

山西省地质博物馆成立于1960年，外部形状设计应用“天圆地方”的传统理念，象征着时间和空间，展现出“珠联璧合”的传统美寓。主题展览由四部分组成，分别是“跨越时空”“古老的种子”“地球的宝藏”和“天空的宝藏”。远古物种厅第一镇馆之宝——山西鳄，创建了恐龙动物群。第二镇馆之宝为“狗头金”，重425克，被喻为“华北第一金”。大地宝藏厅中展览着已发现的227种矿产资源,已探明储量的有160种,为我国的工业做出了巨大贡献。在物华天宝厅展览着琳琅满目的宝石和矿物等。为儿童研学提供了丰富的实物储备,通过实地观察可以激发儿童对地质科学的兴趣和好奇心,通过地质演变的展示可以亲身体验地质现象和过程,从而增加对地球的认识和理解。儿童在地质博物馆沉浸式体验中可以领略大自然的鬼斧神工、穿越到地球史前时代、感受地球的脉搏、观察古生物进化,同时享受丰富的地质文化,拓展儿童的眼界与知识层面。

3)山西地质博物馆中儿童研学旅行的困境

① 博物馆自身存在的问题

研学课程质量不高:现在的研学旅行一般都认为是“游”多“学”少,课程和活动质量不高,使家长和学生未能感觉研学特殊的教育价值。

与社会机构合作机制欠缺:博物馆在开展中小学生的社会实践活动时,其服务对象是学校,但组织形式为付费的社区组织(旅行社、露营组织等),在某种意义上,为中小学生团体创造了一种旅游市场。在责任分担和风险控制上未能建立科学严谨的研学流程与合作机制。

② 社会儿童研学机构存在的问题

师资规模配置不足:缺乏专门的教师来培养创新人才,教育模式和课程内容相对落后,供需不匹配。研学效果未能得到保障,学生创造力未得到提升。

服务不到位:为增加利润,一些机构雇用临时工作人员,导致专业标准降低、服务质量下降。如由于缺乏清洁卫生的环境和儿童营养餐,导致服务质量低下,服务流程不畅,服务效率低下。

③ 其他问题

研学中缺少反馈:行业没有统一监管标准,无法为消费者提供百分百的安全保障服务,对行业发展产生不利影响。 此外,大多数博物馆缺乏持续跟进,绩效评估或经验总结不完善、展示形式缺乏吸引小学生的特色等都是目前存在的问题。总体而言,从服务到质量都有很大的改进空间。

时间空间存在局限性:现有的博物馆研学不能满足家长和儿童多样化需求,数字化展示、多场景搭建、沉浸式体验等较为先进的展览展示形式较少,研学空间展示与发展也很有限。

2. 儿童研学新模式探索

（1）需求分析

通过让孩子在多样化展示方式中体验寓教于乐，通过线上调查问卷、访谈、实地观察法进行深入调研分析，解决传统课程教育在空间、时间上的局限性，让博物馆成为孩子想来、爱来、还来的学习场所。

具体调研过程中，第一阶段通过问卷调查的研究措施，了解到了用户的一些基本信息，如用户群体、用户观念、用户需求等；第二阶段运用了实地调查法，主要从山西地质博物馆的实际情况出发，根据调查中发现的具体痛点，寻找解决问题的方向；第三阶段通过对用户深度访谈获取一手资料，从中获取有价值的信息，寻找与用户需求匹配的设计机会点。

（2）调研规划

调研主要对象为6–12岁的学龄儿童及儿童家长，分别以如何让儿童在娱乐中激发学习兴趣、探索欲等为主要抓手来展开调研。前后共收集问卷110份，访谈6组家庭。

（3）用户行为分析

1）线上调查问卷收集与分析

为了深入了解儿童研学旅行现状，通过网络渠道征集用户、发放问卷、回收问卷。共收回问卷110份，无效问卷6份，有效问卷104份。首先主要对用户性别、年龄段、通过哪些渠道了解研学、孩子是否参加过研学、孩子的学校是否举行过研学活动等基本信息进行调研，最后对问卷整理与分析，用数据可视化的方式呈现调查结果，如图5–82所示。

通过调查了解了用户对于在博物馆中研学旅行的认知和态度情况，并用数据可视化的方式呈现出来，如图5–83所示。

图5–82　用户基本情况调查统计表

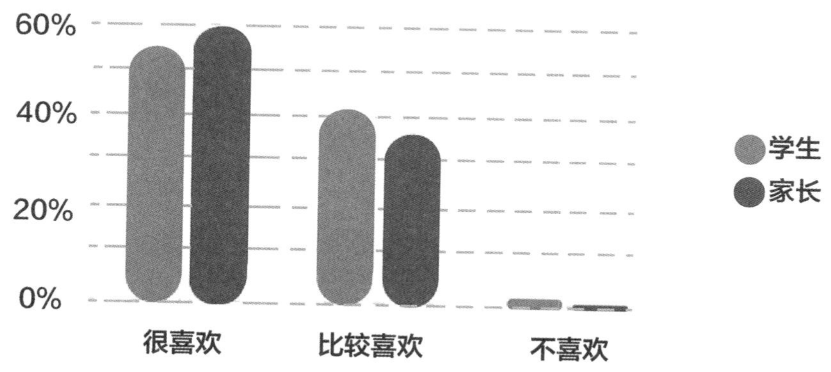

图 5-83　用户对研学旅行的喜欢程度调查统计表

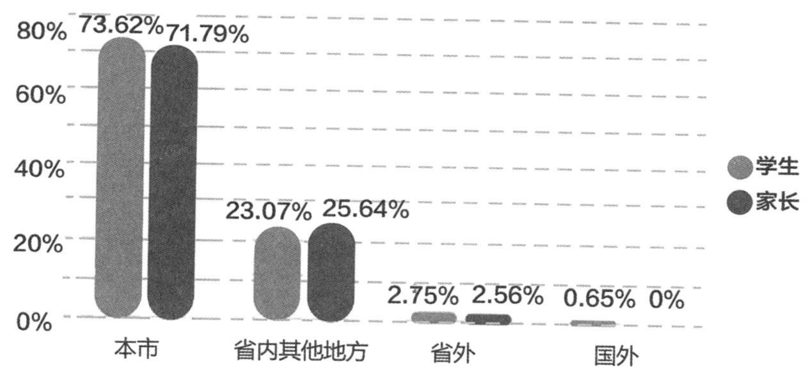

图 5-84　研学旅行组织方式的调查统计表

通过统计图5-84可见大多数用户还是选择省内比较多，只有少数用户会选择省外和国外。由此可以看出，省内的研学活动可以发挥自身优势，吸引更多的人群一起参与进来。现在大多数研学活动都是自己找研学机构或学校组织，没有完整服务流程，如图5-85所示。

图 5-85　研学旅行目的地调查统计表

2）实地观察法调研与分析

通过对馆内展品进行数字化展示设计（如图5–86所示）表现展品的全方位细节，如用受孩子欢迎的恐龙形象作为整个产品的IP形象等。调研过程中积极与用户交谈并记录，儿童群体反映出对此类展示形式的高度兴趣；同时，观察儿童在博物馆的状态，梳理归纳儿童的心理状态、学习兴趣、体验感受。

图5–86　山西地质博物馆场景图

3）线下访谈资料收集与分析

通过对问卷和实地调查收集到的信息进行整理和分析，得出访谈大纲，并在线下对家长和孩子双方进行了一对一访谈，双方都充分表达了对于研学行为的鲜明态度，家长们表示出对研学内容、过程、研学本身的精髓知之甚少，而学生却对研学表现出高度热情，两者间形成较大反差，如图5–87所示。

图5–87　用户访谈需求汇总

3. 互动设计分析

(1)各方利益相关者分析

1)用户分类需求分析

通过分析用户需求、行为目标，识别挖掘更深层次的、微妙的、容易被忽视的点，并对用户的年龄、班级和与家长的关系做了统计和分析，将具象的调研数据转化为可视化的图片，最后总结出用户画像，如图5-88所示。

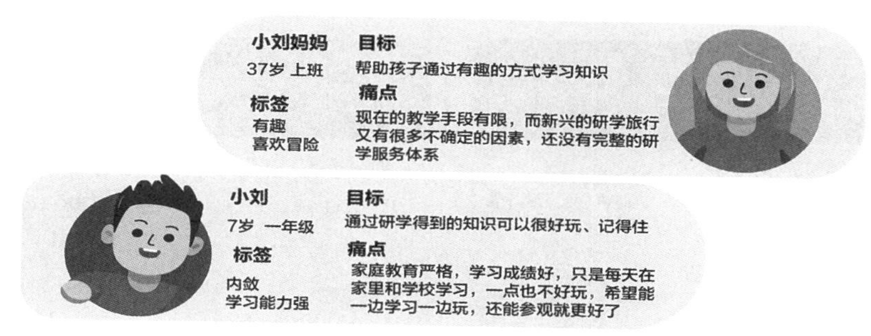

图5-88 用户画像

从角色模型中发现，随着研学旅行的发展，其研学设计表现为“只游不学”，家长、孩子对此研学热情不高，因此，博物馆的研学旅行服务流程、服务内容有待提高。

2)利益相关者图谱

在博物馆研学过程中，各方利益相关者包括作为研学核心利益相关者的儿童；重要利益相关者学校、家长、研学机构、博物馆；次要利益相关者服务人员、老师、参展人员等。各利益相关者均在研学活动中处在不同服务节点，为儿童博物馆研学流程做出贡献。利益相关者图谱如图5-89所示。

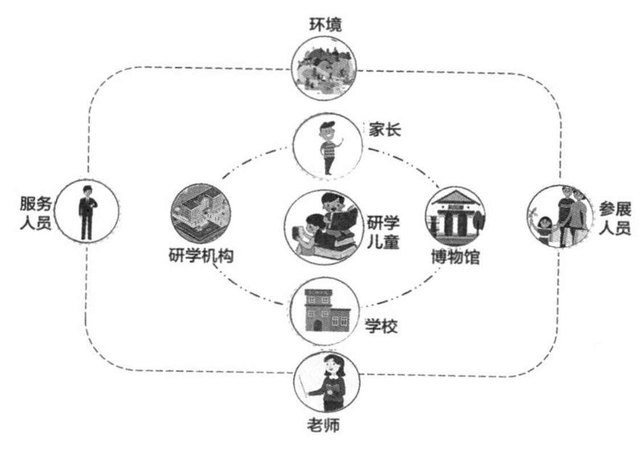

图5-89 利益相关者图谱

(2)博物馆儿童研学服务流程分析

1)用户服务问题筛选

当下博物馆儿童研学旅行教育服务附加服务类型少,在众多的教育团体、机构中,服务的类型比较单一,相比较而言,儿童更容易接受用"教育游戏"以及"替代现实游戏"的方式对知识进行学习,具体的痛点筛选细节如图5-90所示。

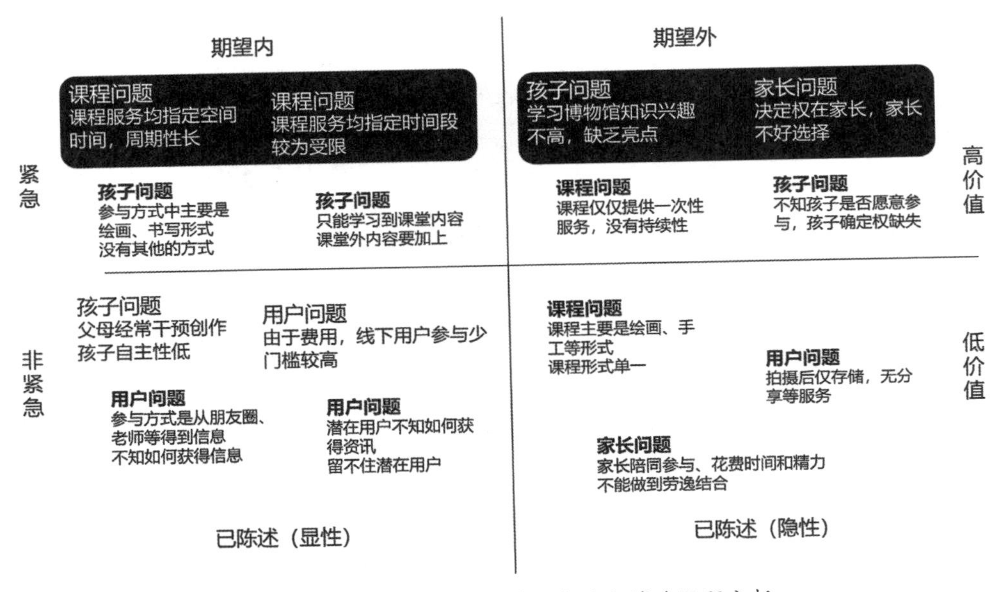

图5-90 博物馆儿童研学服务痛点筛选问题分析

2)服务生态图

服务生态图是一种图形化工具,用于展示和描述一个特定服务系统的各种参与者、环境、交互和价值流,旨在呈现服务系统中各个要素之间的关系和相互作用。包含服务提供者、用户、服务交互、价值流、环境等要素。通过绘制服务生态图,可以更清晰地理解和分析服务系统中各个要素之间的关系和影响,有助于识别服务系统中的利益相关者、交互环节、价值创造和传递的路径,从而帮助设计和优化服务体验、提升服务价值。

本章节主要通过在博物馆线下游学模式中加入线上展示、教育游戏方式吸引用户参与到线下的博物馆游学中,结合"线上+线下"的模式给小学生用户群体提供沉浸式、多感官交互体验,根据研究内容绘制出以研学为核心需求、紧密联系学生、家长、线上App的服务生态互动系统,如图5-91所示。

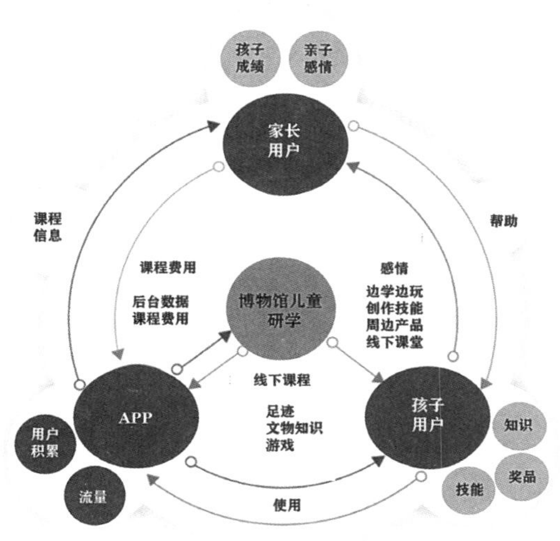

图5-91　服务生态图

3）用户旅程图

通过用户旅程纵向研究发现人物角色在接受服务前产生的需求，以及在服务前、服务中以及服务后的行为与互动。让用户探索感兴趣的主题，以及在体验过程中表达的用户在每个阶段中的体验情感状态好坏，设计还包含了可以满足孩子好奇心、求知欲、体验感的用户探索旅程体验，如图5-92所示。

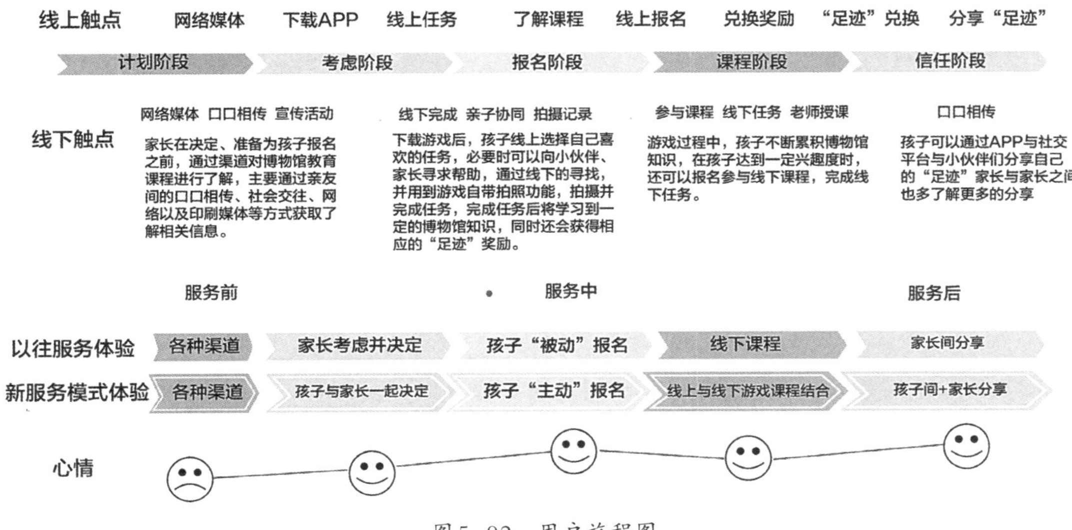

图5-92　用户旅程图

4. 基于博物馆的儿童研学旅行的终端互动设计

(1) 基于服务设计应用程序的信息架构

"博研" App 的信息架构主要由启动界面、"博研社区" 交流模块、游戏模块、积分商城模块和用户系统模块五个模块组成。根据前期的调研结果和设计想法, 主要对 "博研游戏" 交流模块、游戏模块、积分商城模块和用户系统模块的功能进行可视化设计。

1) 交流与信息共享功能的虚拟社区架构设计

用户可以通过查看社区分享、评论和点赞的功能与其他用户实现社交互动, 了解其他人的研学趣事, 也为研学活动从线上延续到线下提供了社交载体, 此模块在小学生研学活动整个设计流程中处于重要位置, 为用户群体的服务互动、用户体验提供持续助力, 旨在帮助用户建立一个服务后的研学互动体系, 延长用户的体验感, 如图 5-93 所示。

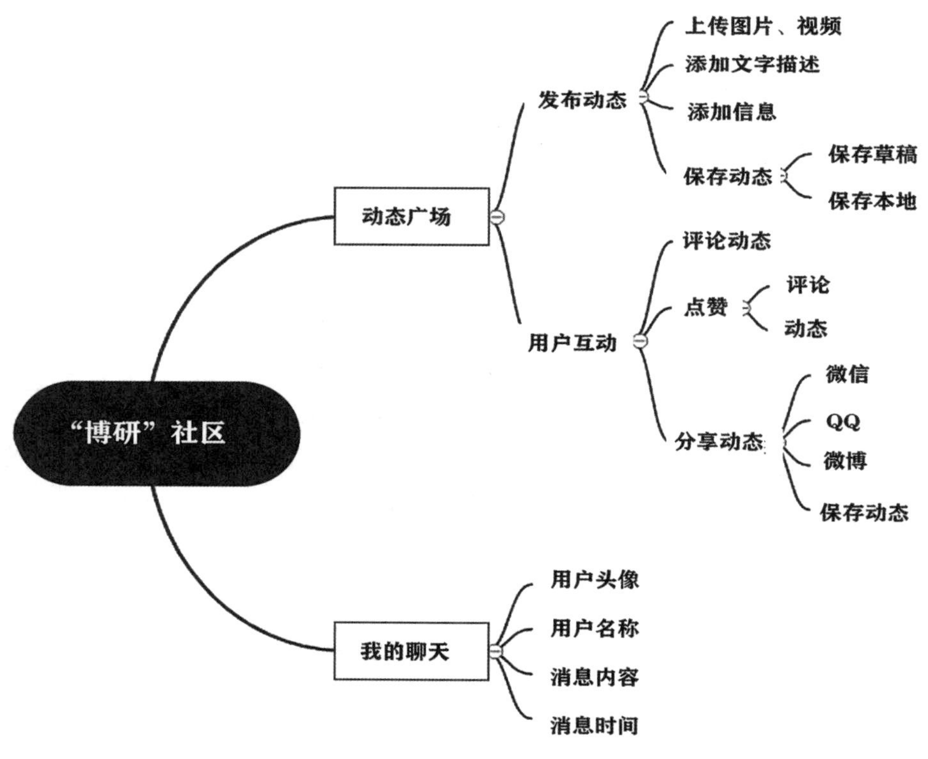

图 5-93　社区信息架构

2）博物馆研学报名的功能实现——寓教于乐模块

不同于其他的旅游App，此款功能是在线下游学模式的基础上加入线上教育游戏平台，通过线上教育游戏吸引用户，加入奖励机制，以满足用户的情感体验需求，将用户从线上导入线下课程，实现线上与线下的无缝衔接，持续为学生研学提供服务，如图5-94所示。

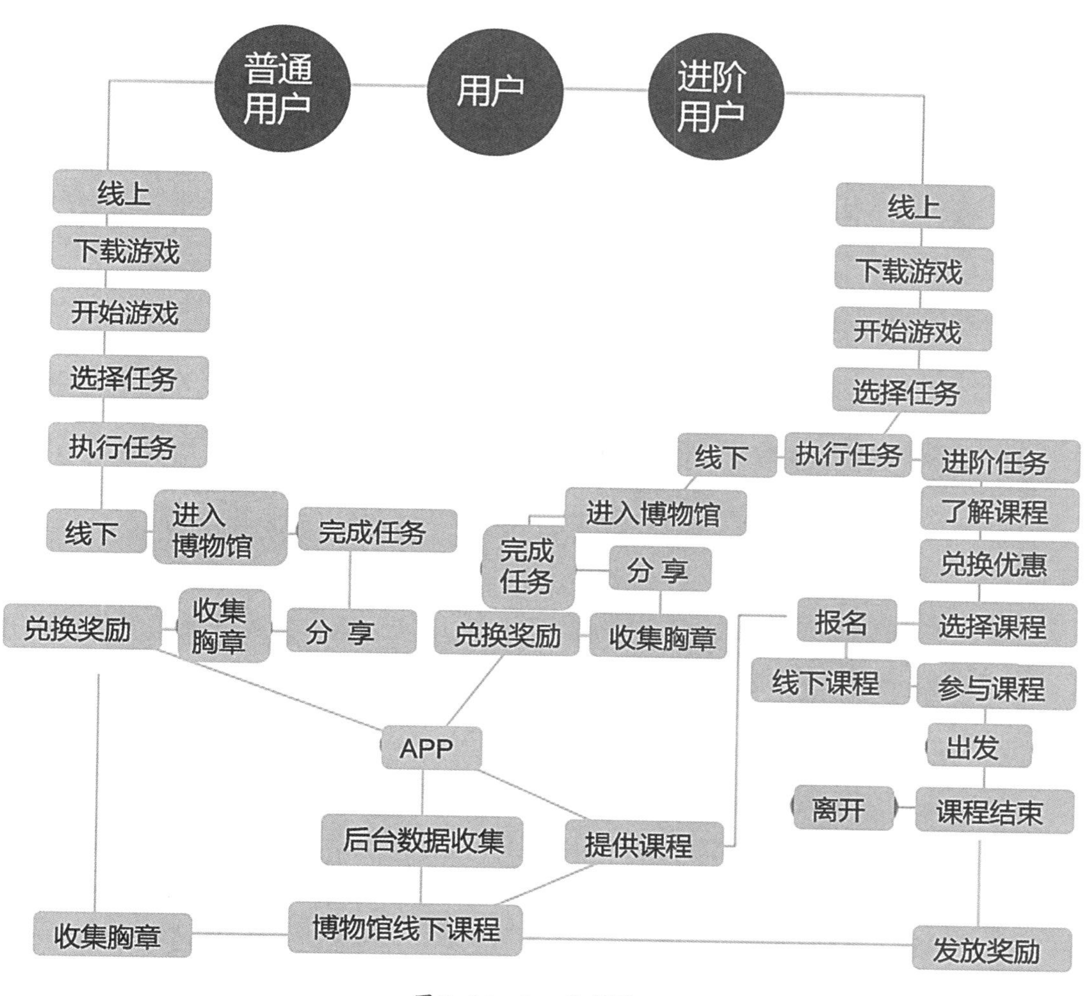

图5-94 App流程图

（2）基于服务设计“博研”App界面设计

1）“博研”App原型图

通过绘制原型图能够清晰明了地将页面布局、交互、功能逻辑性地展示出来，为高保真原型与界面设计做好铺垫。“博研”App原型图的设计，如图5-95所示。

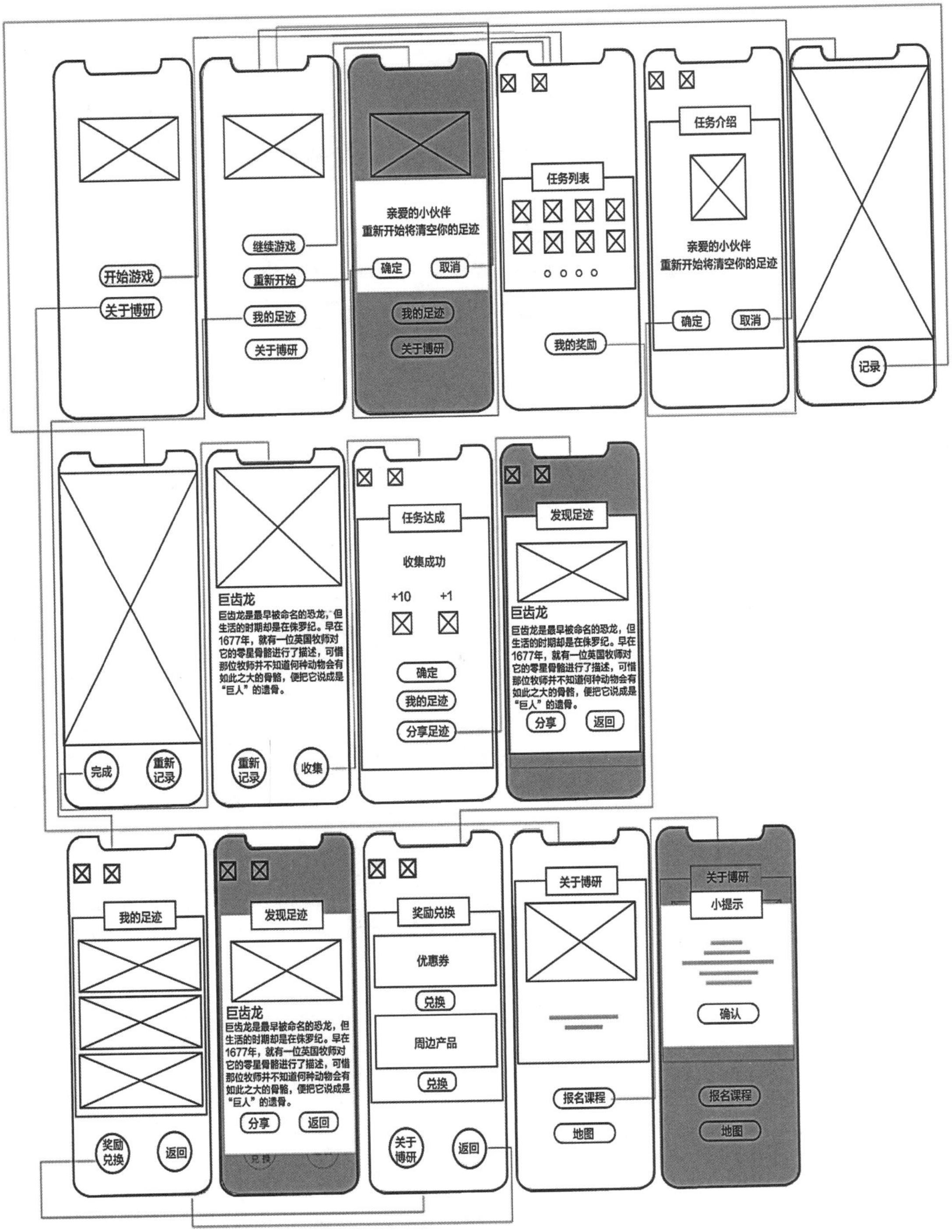

图 5-95　App 低保真设计图

2）“博研” App视觉偏好分析

通过对儿童视觉偏好研究，得出儿童喜欢明亮的色彩，进而从视觉结构、视觉层次、视觉元素等达到设计的整体统一，减少用户的认知成本。将表现出明亮、活泼、欢快感受的绿色为主色调展开设计，如图5–96所示。

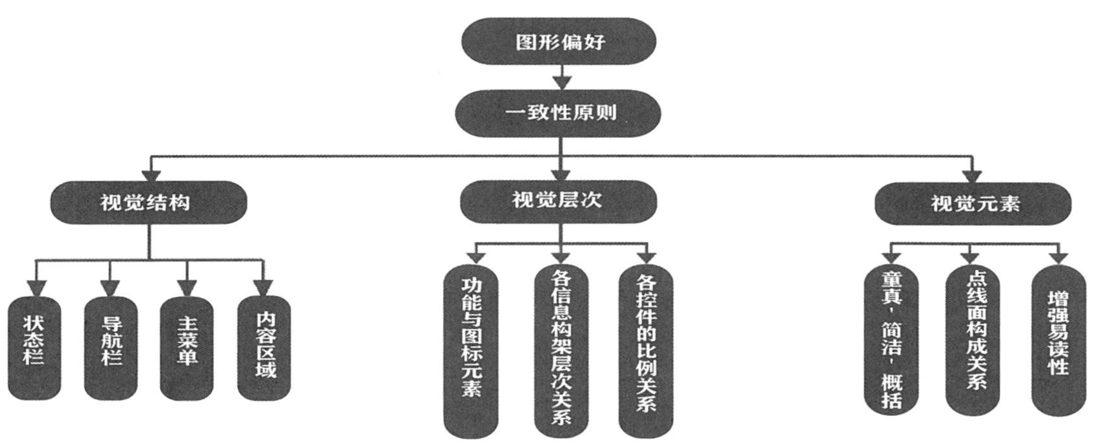

图5–96 儿童视觉偏好分析

3）“博研” App图标图形设计

采用“博研” App的主色调进行设计，体现出儿童绿色、健康的研学氛围，“博”字上融入了IP形象来进行设计，如图5–97所示。

图5–97 “博研” App图标设计

底部Tap栏图标遵循了情绪版的风格，运用圆角和布尔运算将图标融入细节，从LOGO、IP形象进行品牌基因提取，融入图标细节中，增加图标趣味，如图5–98所示。

图5-98　App底部Tap栏图标设计

4）App卡片区设计

卡片区设计是指在应用程序中通过布局和组织卡片的方式来展示不同功能、内容或信息模块的设计，通常以网格或列表的形式呈现，每个卡片代表一个独立的模块，用户可以通过点击或滑动来浏览和访问相应的内容。该App设计过程中游戏分区功能的卡片区设计如图5-99所示。

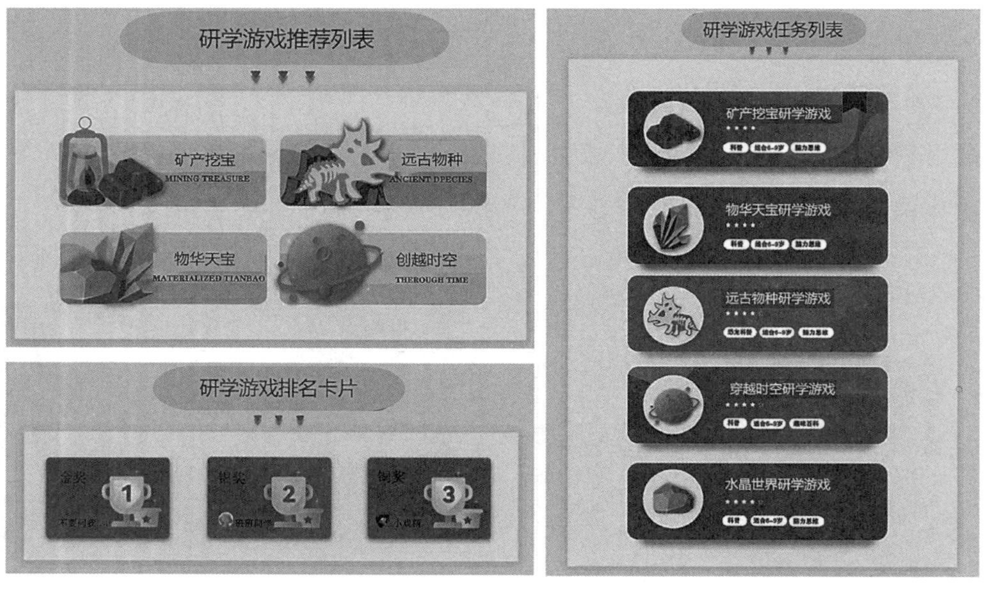

图5-99　App卡片区设计

5）项目IP形象设计

通过多方面的综合考虑，为该研学App进行IP形象设计，如图5-100所示。

图5-100　IP形象设计

6）App界面设计

将"博研"App的交互服务原型图转化为视觉界面设计图，首先要考虑的是功能的可见性，由于界面不可能将所有的产品功能全部显示，设计师要进行功能优先级的考虑，让用户清晰直观地感知到不同的功能，减少用户的认知负担和使用过程中的思考。其次是保证视觉风格的一致性，根据产品的目标人群和定位选择合适的设计风格，保证界面的统一性和完整性，如图5-101、5-102所示。

图5-101　支付页面

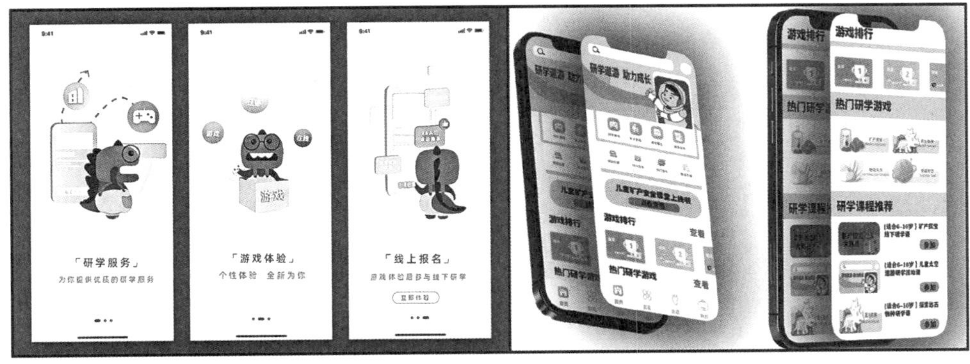

图5-102　App引导页和首页设计

我国专门针对儿童群体的博物馆研学活动起步较晚、类型也比较少，此类研学与传统的博物馆参观有很大区别，通过介入互动服务设计，将博物馆展览和儿童研学旅行结合起来实现了线上与线下实践研学的结合，通过互动设计拓展了儿童学习的渠道，提升了学习效果，使孩子在博物馆游玩的同时学习到知识，实现寓教于乐目标，让博物馆儿童研学在中国的土地上担负起满足儿童群体研学需求的公共教育的职责。

用户体验设计思考与展望

人工智能与用户体验设计的结合加速了技术的发展与产品设计的更多可能，让人类社会变得更加智能与便捷。用户体验设计将产生更多设计方向，也在一些领域大踏步向前发展。本章将跟随技术发展趋势，概览用户体验相关技术发展，展望技术革新带来的用户体验设计在新领域的拓展。

一、用户体验设计在人工智能时代的变化

伴随着人工智能与数字产品的发展，用户使用不同载体体验产品的概率变得越来越大，用户可以使用手机、电脑、智能终端等不同设备上体验相似的界面、功能和交互体验，其跨平台性设计大大加强。谷歌产品生态系统致力于提供用户体验一致性探索，即满足同一用户在不同设备上无缝衔接式体验，用户可以使用Google Chrome浏览器进行浏览和收藏操作，移动端实现同步功能，通过使用谷歌云服务存储数据从而实现不同设备无缝切换和数据同步共享。有同样设计理念的还有苹果公司的iOS操作系统、Mac电脑和各种设备互联组成的生态系统，如用户通过在iPhone购买电子读物、使用iCloud服务将信息与内容同步到iPad端阅读，且多端口间界面设计与交互方式实现合理顺延，保证用户服务体验一致性，提升了用户体验满意度。

（一）智能化与自适应

人工智能通过用户历史数据分析用户行为、喜好，并为用户提供个性化定制服务。Netflix作为全球领先的在线流媒体服务提供商，通过网络向用户提供电影、电视等视频内容的在线播放服务，在人工智能时代进行了多方位的用户体验探索。

1. 智能预测与定制

Netflix利用人工智能算法分析用户的浏览历史、观看记录、评分和喜好等数据，为用户提供推荐内容的前置服务，用户无须搜索、直接进入感兴趣的视频即可体验等形式，以个性化方式向用户推荐相关内容，此方式能更好地满足用户的兴趣和偏好，并为其提供精准的内容推荐。

2. 智能字幕和音轨的变换

Netflix通过人工智能技术为用户提供智能字幕和音轨选择。用户可以根据自己的喜好和需求，选择不同的字幕语言和音轨，获得更个性化和多元化的观看体验。

3. 数据驱动创作

利用人工智能和数据分析来支持创作决策。通过分析用户观看习惯和喜好，Netflix可以更准确地了解用户对不同类型和风格的内容偏好，从而指导内容制作和投资决策，提供更多与用户需求匹配度更高的设计。

2018年Netflix推出可以分析用户观看习惯的智能下载功能，通过用户智能使用偏好分析，在Wi-Fi环境下自动下载用户可能感兴趣的内容，以供离线观看（如图6-1所示）；2019年，Netflix通过增强用户互动与参与的交互式剧集体验功能的设计，实现让用户自主选择来影响剧情的发展，将用户的被动剧情体验变为自主参与式、多元化结局的扩散模式，用户的体验感得到空前提升；Netflix还推出可以创建儿童个人资料的少儿服务功能，可以实现儿童访问内容、观看时长与内容的设置，满足了儿童观众的需求和安全，实现儿童群体观看的内容筛选和家长的管控，提升了儿童群体的观影体验；2020年，Netflix开始利用自然语言处理和语音识别技术，使用户能够通过语音指令和语音搜索与其平台进行交互，提供更自然和便捷的用户体验，如图6-1所示。

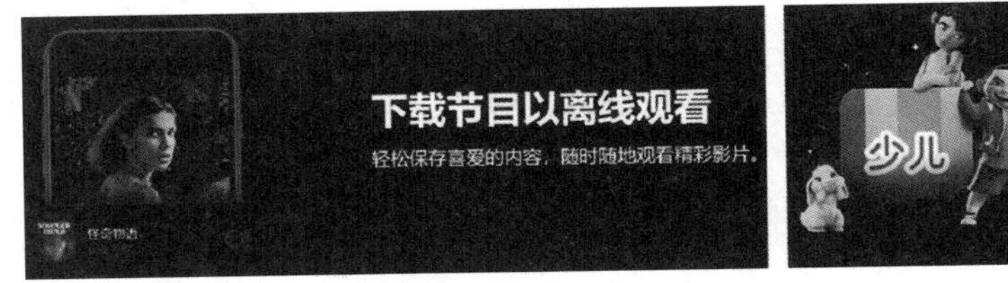

图6-1　Netflix部分界面

创新使得Netflix成为一个用户体验出色的流媒体平台，通过人工智能技术为用户提供个性化、智能化和便捷的观影体验。未来，在用户体验不断升级的需求下，相关设计将在已有基础上进行更多用户需求的分类细化，不断满足用户功能体验、视觉体验、交互体验等多感官体验的设计倾向，真正实现用户体验的全面升级。

（二）自然语言的交互

自然语言交互（Natural Language Interaction）是人工智能与自然语言处理技术相结合

的应用，是人通过使用自然语言与计算机、智能设备或应用程序进行沟通和交互。自然语言交互的目标是让人可以在不学习复杂命令或特定交互界面操作的前提下能够以自然的方式与机器、系统进行交流。自然语言交互因素包括语音识别、语义理解、对话管理、回应生成四个环节。

1. 在自然语言与智能系统间交互时先通过语音识别将人的语音输入转换为文本形式，再通过技术识别和理解不同人的语音输入，并将其转化为计算机能够理解的形式，该过程依赖于语音识别技术的发展。

2. 语义理解阶段，计算机通过语义理解技术对用户的指令、问题、需求等语言意图和语义信息进行正确解读，并提供相应的回应和操作。

3. 对话管理阶段，自然语言交互过程将通过对话管理技术和流程对涉及的对话和多轮交流进行管理，确保对话与交流的一致性。

4. 回应生成阶段，回应生成技术能够根据用户的需求和上下文生成合适的回答、建议或指导进行自然语言回应生成，便于用户理解与接受，此过程涉及计算机语言与用户自然语言处理系统的反向推导与生成逻辑。

在人工智能产品被大量应用的时代，作为应用范围较大的自然语言交互已被应用于语音客服和聊天机器人、语音学习应用、语音识别与转录工具、智能机器人等领域中，来满足用户通过智能音箱和虚拟助手进行信息查询、智能控制、任务执行、在线客服服务、居家生活服务等操作功能的需求；同时，通过自然语言学习的应用实现语言学习方面的练习与技术支持；语音识别与转化功能将语音输入通过识别技术与用户习惯的结合实现用户语音的识别，并将语音以较高的正确率转化为文本形式，满足用户使用场景转化的需求，增强用户对人工智能技术在语音处理方面智能匹配性的体验；通过设置智能虚拟助手如Apple的Siri、Google的Google助手、Microsoft的Cortana、百度的小度等开展自然语言交互与用户对话，虚拟助理根据用户的指令与偏好完成日程安排、发送短信、获取地图导航等辅助性工作。

人工智能技术在自然语言识别与处理中的应用变得越来越广泛，语言的选择不再局限于系统内置的标准化语言，而是通过语言的识别与训练强化语言库的理解和识别能力，根据用户个体对语言的使用习惯与发音进行专属于个人的语言系统库的训练，通过加强语言库的词汇与语言使用惯性进行用户个人语言库的定制，这种无须复杂指令或界面操作的交互方式降低了用户使用难度与复杂度，也更接近于用户使用的自然语言，无须进行

固定语言表述模式的学习，使得用户与人工智能下自然语言的交互更加自然与顺畅，带给用户更好的体验。

案例：智能语音助手个性化服务

智能家居公司为其公司产品配备了具有自然语言处理和机器学习能力的智能语音助手，具备理解相应用户指令的能力。智能语音助手先通过理解用户指令的学习过程，熟悉与掌握用户的自然语言使用习惯、语言节奏等指令，如“接通鱼缸加热棒”“开始扫地”“调高温度”等指令，通过该模块的学习，用户与该智能系统的自然语言识别之间形成一定程度的词语识别匹配，智能助手能在一定范围内理解用户的指令，再通过智能助手与用户自然语言的正确识别扩大该智能系统的语料库，且该语料库是专属于该用户的，与该用户自然使用语言匹配度是最高的。经过指令识别学习过程，为产品功能间的高效协同与交互行为打下良好的基础。

智能语音助手通过收集用户的使用习惯与个人使用习惯数据，结合前期语料库的训练，形成较为完善的用户定制化数据表达，进而通过与用户需求匹配过程的训练，形成其独特的交互习性，为用户的体验提供数据支撑和个性化的交互体验。如用户习惯晚上打坐与冥想，智能助手通过在与用户交互过程中记录此使用习惯，并在用户说出“打坐时间”时，自动调低灯光、打开香薰灯、播放预设的舒缓音乐等操作；通过收集用户的使用偏好和历史数据，给用户提供相应的内容供用户选择，如用户喜欢观看美术展，智能语音助手将及时收集各展馆的办展信息、画家、画作等内容，并及时推荐给用户供其选择，提升用户体验的深度与广度。

智能语音助手通过与用户交互、使用习性的训练，达到与用户在某些家居场景中具备一定的交互情景默契度，并具备情景感知与情感互动能力，能够根据不同的情景自动调节来自用户的指令响应和行为。如通过智能助手与用户使用习惯的匹配训练，当用户表达“我晚上需要洗澡”时，智能语音助手将判断距离用户洗澡大概的时间差，在一定时间范围内判断是自动启动热水器用电峰谷加热功能，还是启动即时加热功能，通过前期用户热水的使用情况将水加热至一定温度，为用户洗澡做好准备。语音助手通过情感识别技术，形成用户情绪数据，根据用户情绪波动范围的变化识别用户的情绪变化，并做出相应的回应。如当用户回家时与语音助手通过语音发送指令，语音助手通过对用户情绪变化的认知与判断，察觉用户有压力时，可以提供放松音乐、调节用户喜欢的灯光亮度等用户认可的形式帮助用户放松，提升用户的情绪体验。

通过以上智能语音助手案例，用户可以享受更加个性化、智能化、人性化的智能家居体验。通过学习用户的喜好、情感与习惯，智能语音助手可以为用户提供定制化服务，提升用户体验的满意度和强交互性需求。

（三）情感识别与交互

情感识别与交互（Emotion Recognition and Interaction）是利用人工智能与情感计算领域的机器学习、模式识别算法分析人的语音、面部表情、文字信息、生物特征等来识别和理解人的情感状态，如惊讶、喜悦、厌恶等表情，可以为计算机与智能设备赋予理解与响应人类情感的能力，包括情感识别、情感理解、情感生成、情感交互等。

在用户情感识别的基础上利用情感理解技术进一步解析用户情感状态背后的含义、原因与情绪变化关联性等，识别用户不同情感间的关联，深度理解用户情感需求和意图；通过情感生成技术生成合适的自然语言或其他形式的情感回应，如鼓励、激励、安抚、理解、同情等；通过情感分析可以了解用户对产品的情感态度和关注点，可以帮助企业评估产品的优点和劣势，改进产品的设计与功能，并将其应用于产品的改进和用户体验的提升，通过不断改进产品和回应用户的情感需求，建立积极的用户关系和品牌忠诚度。

社交媒体数据分析是情感识别与交互在社交中的重要应用领域之一，通过分析社交媒体平台用户的评论、表情符号等信息来了解用户的情感倾向和反应，进而掌握用户的情感需求、舆情动态、情感变迁。

Twitter是全球知名的社交媒体平台，用户可以通过发表推文来表达自己的观点和情感。第一，完成数据收集，通过使用第三方工具或Twitter的API收集用户在Twitter上与特定话题相关的推文数据。第二，对收集到的推文进行文本预处理和数据清洗，包括去除特殊字符、标点符号，进行分词、词干化等操作，以准备进行情感分析的数据处理。第三，使用情感分析算法，如情感词典、朴素贝叶斯、支持向量机等，对每条推文进行情感分类，判断推文中所表达的情感是积极的、消极的还是中性的，并进行数据相关分类处理和标记。情感分析算法可以基于机器学习、深度学习或规则匹配等方法。第四，将情感分析的结果进行可视化，可以使用图表、词云等形式展示推文中的情感倾向。如可以统计积极、消极和中性推文的数量，制作情感分布图，也可以展示关键词和热门话题的情感倾向。第五，根据情感分析的结果，可以对推文进行相应的情感交互。如对积极的推文可以回复感谢或鼓励的话语，对消极的推文可以提供帮助或解决方案。此外，还可以分析不同情感倾向下用户的行为模式、偏好和需求，为企业或组织提供洞察和决策支持。

（四）增强现实与虚拟现实

人工智能与增强现实（AR）和虚拟现实（VR）的结合将带来更沉浸、交互和个性化的体验。用户可以通过AR和VR技术与数字内容进行更真实和丰富的互动，创造出全新的用户体验。

在VR应用中，用户可以穿戴VR头显进入虚拟产品展示空间，实现与产品的互动、操作和体验，以更好地了解产品功能和性能。在服装领域，如虚拟试衣间（VR）可以为用户提供虚拟试衣体验，使用VR头显选择喜欢的服装款式、颜色，并在虚拟环境中试穿、查看服装上身效果，通过在虚拟空间的身体旋转实现立体展示需求，为满足用户多角度试穿体验、是否产生购买行为提供更多支持。在零售领域，通过VR技术，零售商可以为顾客提供沉浸式虚拟购物体验，顾客可以穿戴VR头显进入虚拟购物中心或商店，通过浏览、选择商品、添加到购物车、结账等购物流程，完成身临其境的虚拟化、高质量购物流程，实现更加便捷、个性化的购物体验。

在多感官体验领域，VR 体验将变得越来越逼真。Ordovic在VR体验中融入嗅觉模块，旨在模拟各种味道，通过嗅觉引入作为提升VR体验的感官特征，可以为游戏玩家带来虚拟世界的火药味，为冲浪爱好者带来水上冲浪时的盐水味，为烹饪爱好者带来食物香味等。VR头戴式耳机及附带的控制器、耳塞为用户带来身临其境的多感官体验，可以让虚拟世界感觉更真实，用户体验沉浸感更强，如图6-2所示。

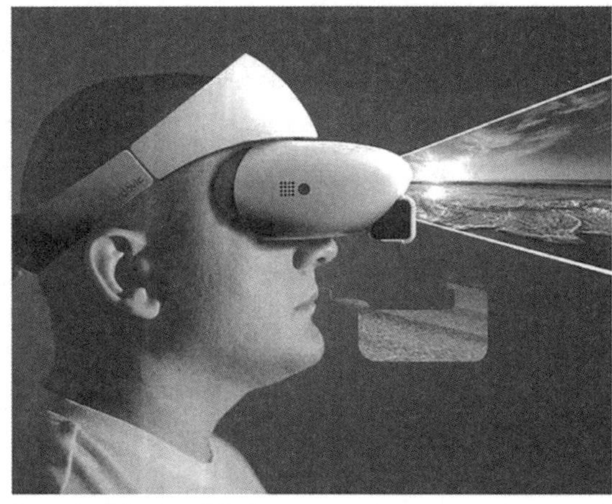

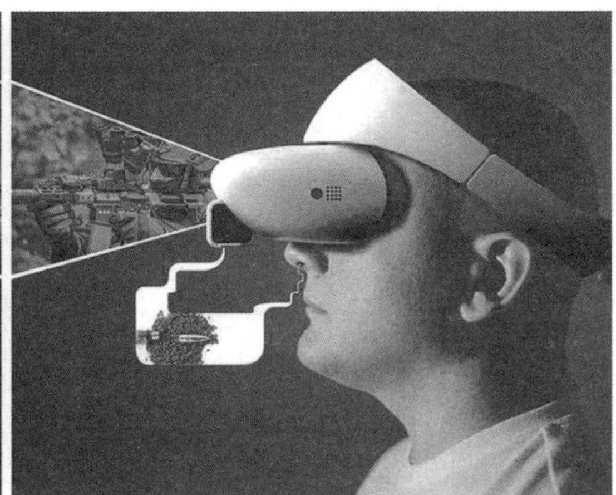

图6-2　多感官VR虚拟体验

通过增强现实技术（AR），零售商可以为顾客提供增强现实导购体验。用户可以通过手机或AR眼镜扫描店内的商品，进而获取商品详细信息、价格和用户评价等。此外，AR还可以将虚拟商品模型与现实环境相叠加，在虚拟与现实环境叠加产生的空间，用户可以更直观地感受商品的尺寸、外观特点，对商品形成等价于现实空间展示的效果，帮助用户做出更理智的购买决策。在AR应用中，顾客可以使用手机或AR眼镜扫描产品标签，查看产品在现实环境中的三维模型，了解产品的不同部分、操作方式和使用场景。

社交性与沉浸感是构建用户喜爱的AR游戏的两大关键，AR技术的支持使得真实环境与虚拟图像的互动变得更逼真，将图像识别（计算机视觉）技术与游戏内容相结合，AR可以成为全新的社交游乐方式。受复古游戏和体育课的启发，Moment Factory开发了多项交互式创新游戏，玩家通过ARcade从屏幕切换到实体世界，使用尖端技术、交互式应用程序和创意多媒体内容进行游戏设计，在尊重物理距离的同时鼓励人与人之间的协作，玩家添加增强现实层成为参与者，通过实时跟踪技术和投影映射的结合，让玩家与投影在地面上的虚拟元素进行互动，“娱乐+体育”的内容呈现方式使玩家能快速适应游戏节奏、感受空间的灵动性。通过多媒体技术将电子游戏提升到一个新的水平，在游戏中感受科技与美学的魅力。如图6-3所示。

图6-3　多项交互式AR游戏

混合现实（MR），将虚拟元素与真实世界进行交互和叠加，创造出一种融合现实和虚拟的体验，如教育机构可以通过MR技术创造出交互式学习内容。学生可以使用MR设备观看虚拟化的学习材料，如三维模型、图表和图形，并进行互动和操作。学习生物学时可以观察虚拟化的生物细胞结构，旋转和放大细胞模型，从不同角度和尺度了解细胞的组成和功能。MR还可以为学生提供虚拟演示和实践机会。学习物理学时可以使用MR设备观察和模拟万有引力、光的折射等物理实验，通过在虚拟环境中调整实验参数、观察结果，并从中获得对物理原理的深入理解。MR还可以为学生提供虚拟参观和文化体验。学生通过佩戴MR设备虚拟参观名胜古迹、博物馆和文化遗址，并与虚拟历史人物进行互动，深入了解历史、文化和艺术知识，虚拟参观可以让学生身临其境地感受到不同地区和时代文化魅力，拓宽视野和知识广度。

总的来说，人工智能时代的VR、AR、MR的使用将带给用户更加个性化、自然化、智能化和沉浸式的体验。通过充分利用人工智能技术与设备的结合，未来将有更多的虚拟体验产品出现，为用户提供多感官参与的沉浸式体验，创造出更具吸引力和价值的产品与服务。

（五）情感化设计与用户体验

情感化设计将成为用户体验设计的重要方向之一，旨在通过创造与用户情感共鸣的产品和服务，提升用户体验的情感价值。情感化设计的目标是通过设计和呈现产品、服务或界面，激发用户的情感共鸣、情感参与和情感满足，以提升用户体验的品质和深度。情感化设计强调情感与认知的相互影响，认为情感是用户体验的重要组成部分。

情感化设计需要考虑用户的情感需求和情感状态，创造与用户情感共鸣的产品与服务，使用户感受到被理解和关注；情感化设计通过形象、色彩、音频等设计元素向用户传递特定的情感信息，以产品设计为载体，通过产品的情感表达来满足用户情感体验，提升用户满意度。产品设计与情感表达是密切相关的，产品通过情感表达来激发用户的情感参与和共鸣。

1. 声音与情感。产品所产生的声音和音效能够传递情感信息。通过产品的声音，如开关的声音、通知的音效等，可以引发用户的情感共鸣和情感参与。如导航软件用户可以选择自己喜欢的人物声音作为导航语音，在旅途中通过声音陪伴缓解用户旅途中的疲惫，同时智能陪伴助手可以随时给用户带来交互式的语言交流，如路况报告、语音陪伴、娱乐等。总之，令用户产生愉悦感的声音可以提升用户的体验感。

2. 材质与情感。产品的材质在用户情感表达上也起到积极作用，不同材质带给用户不同的感官体验，如光滑的金属材质传递高质感和现代感，柔软的织物材质传递舒适和温暖，大自然的木质带给用户亲近自然的感觉等。如智能音箱外观设计使用具有金属质感的外壳，在金属外壳上添加细微的纹理或雕刻，以增加触觉上的丰富感；另外，在织物材料上使用特殊的编织方式或纹理，使其看起来更具质感和品质感。

3. 形象与情感。产品的形象和外观影响着产品的情感表达。通过设计产品的外形、线条、比例等传递出特定的情感信息，如稳定感、动感、柔和等。同时，外观的色彩选择也能引发用户不同的情感体验，材质的表达还需与色彩相结合，如明亮色彩传递活力和喜悦，柔和色彩传递温暖和舒适，冷色调传递距离与冷静等情感。设计师选择使用深色系的颜色，如暗灰色或深蓝色，在设计上与金属材质相结合传递出稳重、高雅和科技感，为用户带来专业和可靠的体验。

二、人工智能驱动用户体验设计

（一）AI驱动产品创新

AI技术的出现为产品设计带来了前所未有的机遇，AI在增强产品的智能化程度和个性化体验方面有明显的优势，并能提高设计研发人员的工作效率和设计精度，从而满足不断增长的市场需求和用户期望。如在智能家居领域，AI技术可以通过分析用户的语音、图像、手势等多种数据，自动识别用户的需求并作出相应的反应；在智能穿戴领域，AI技术可以根据用户的运动轨迹、心率、呼吸等生理数据自动调整运动计划，并给予用户实时的健康建议；在智能零售领域，AI技术可以通过分析用户购买历史、浏览行为、社交网络等多方面数据，为用户提供更加个性化的商品推荐和购物体验。

2022年，ChatGPT和Midjourney等人工智能技术的面世给艺术、时尚和其他创意领域带来创新发展新思路。鞋类设计师Marco Simonetti与其共同创立的集体RAL7000STUDIO借助人工智能进行服装和配饰的创作，展现了AI设计的更多可能性。在人工智能迭代的同时，AI为艺术家、设计师与创作者提供了探索和试验的新工具与大量资源。2022 年 12 月下旬，独具视觉冲击感的 Jacquemus x Nike 滑雪系列设计亮相，由AI诠释舒适且未来感十足的实用深冬单品，光滑的布光与面料肌理形成呼应，如图6-4所示。

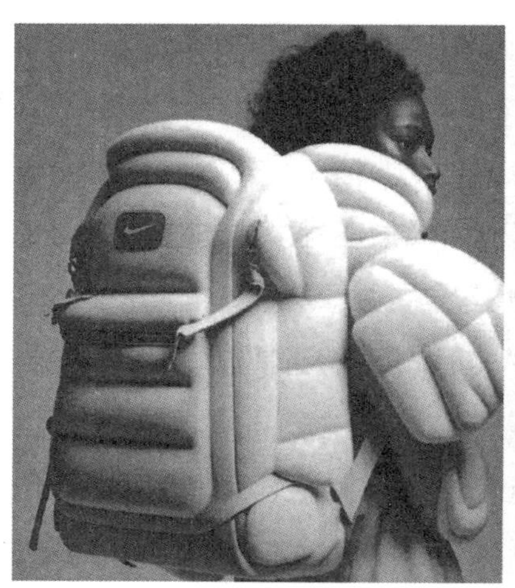
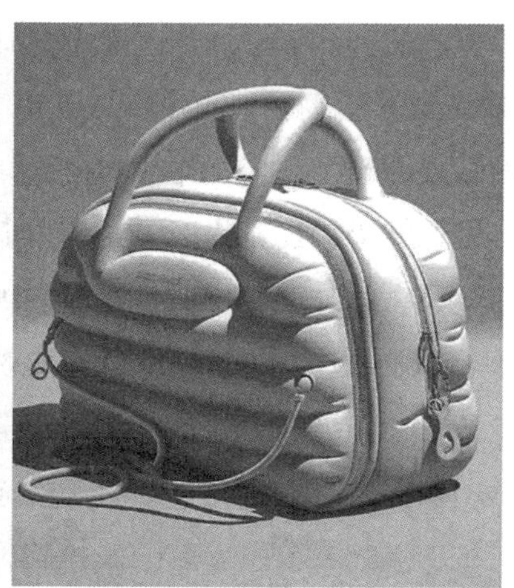

图6-4　滑雪系列服饰图

在社交网络中，RAL7000STUDIO的AI作品比实际的Jacquemus x Nike系列更受关注，预示着该技术的巨大潜力。根据设计师Simonetti所说，AI概念可以简单地解释为："计算机能够显示类似人类的能力，从而激发和增强人类的创造力，目的是寻找创新的想法和思维过程。"根据设计师和艺术家的理念，通过AI程序可以生成产品模型，且每个创作者都可能通过无限次的迭代将设想与设计初稿完整呈现。RAL7000STUDIO与创新材料制造商XL EXTRALIGHT本着在全球范围内提升品牌愿景的理念联合打造了XL-Framework的新平台，并进行了融合音乐、艺术和生活方式的全新实验创意感鞋类产品的设计研发，如图6-5所示。

图6-5　智能创意鞋类产品设计图

（二）AI在户外产品中的应用

户外产品的智能化是近年来产品设计的发展新方向，户外骑行智能头盔设计就是将智能硬件集成在骑行头盔上给头盔增添新的功能。头盔是骑行中的必备物品，设计头盔的目的是为人类在骑行外出发生碰撞时保护头部安全所用，随着人工智能技术的发展，人们对户外装备的智能化、数字化、多功能集成化等高品质生活体验要求越来越高，RELEE在AI技术应用研发基础上设计了一款Magician M1的运动头盔。

Magician M1头盔是兼具摄像头、灯光、语音命令操作为一体的智能头盔，其内置的SONY STARVIS COMS传感器具有运动相机的功能，满足用户即使在骑行中也可以随时随地进行拍摄的需求，并采用DV模块分离系统设计解决头顶摄像头笨重问题，使得摄像头与处理器的距离达到25厘米的最佳拍摄角度，并能实时稳定地将数据传输到头盔背面的处理器，进而传送至用户的智能手机端。

该头盔还带有行车记录仪功能，当在骑行过程中与他人发生碰撞时手机端可以适时还原当时的场景，避免不必要的争执和责任认定时所面临的麻烦。该头盔还带有及时查看骑行者身后状况的功能，在骑行中可以观察后方路况信息，为紧急操作提供服务，如需要在繁忙车流、人流中紧急停车等。在骑行中需要接听手机来电等情况时，头盔内置蓝牙可以及时连接用户手机，通过头盔内置的防风麦克接听电话、播放音乐、访问地图等从而解放双手。用户还可以通过车把上安装的遥控器给身后骑行人员发送需要转弯的信号，方便后面骑行人员、行人有所准备；当遇到紧急情况时，可以通过按钮启动警告灯闪烁，并提醒后方车辆；Magician M1还设计了VOISCHAT一键激活对讲机，可以在没有距离或人数限制下与团队沟通、与同伴交流，让用户的旅途更加有趣，如图6-6所示。

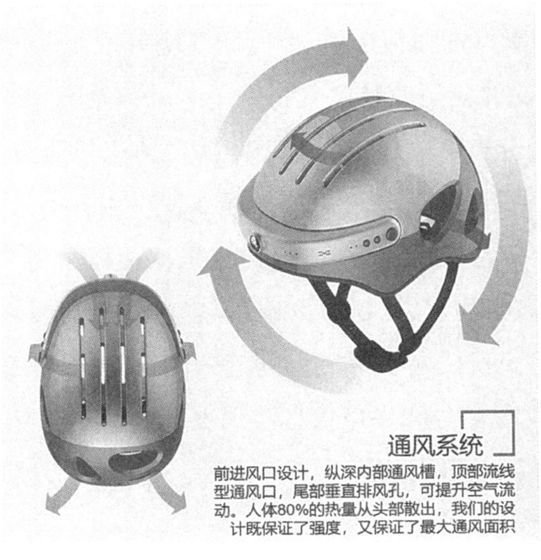

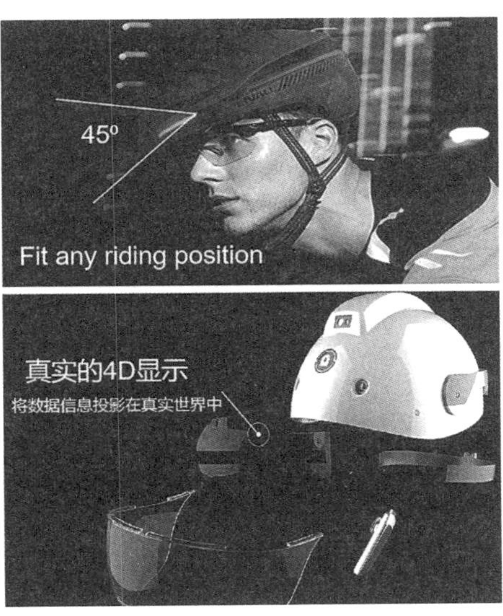

图6-6　智能骑行头盔

（三）AI在可穿戴领域

1. Neural Sleeve 仿生腿包裹

加州初创公司Cionic和Yves Béhar的设计工作室Fuseproject研发了一种仿生可穿戴设备。该产品通过电脉冲和人工智能来纠正行动不便群体的肌肉运动，将神经套筒包裹在腿上，通过功能性电刺激（FES）帮助行动不便群体解决多发性硬化症、脑瘫、中风等引起的行走迟缓问题，产品包含一个接收器模块用来收集用户步态模式信息并将信息传输到电极，通过电极刺激给运动中肌肉引发微矫正。整个矫正过程有应用程序管理，且给用户留有一定程度的控制权限，通过先进技术来适应个体用户不同移动需求，如图6-7所示。

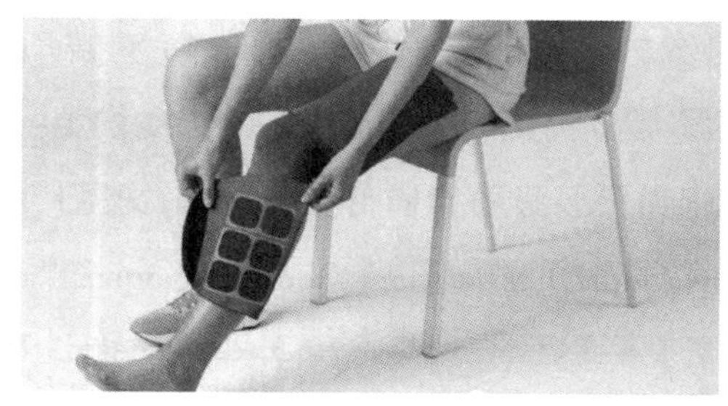
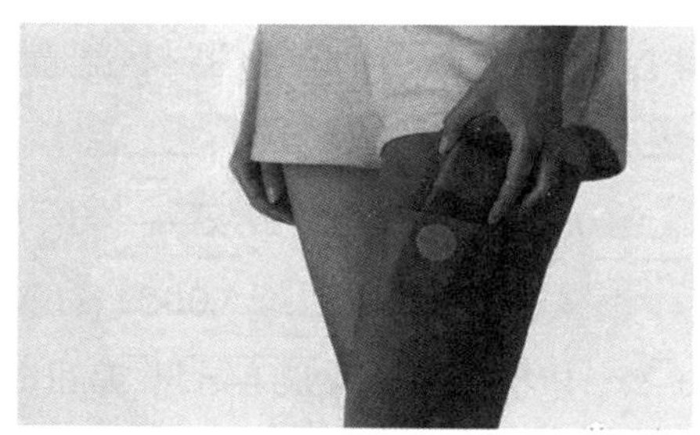

图6-7　仿生腿可穿戴设计

2. 智能织物

智能织物是一种具有多种功能和应用的新兴材料技术，不仅可以在功能上提供舒适性、保护性等传统织物功能，还可以结合智能特性在传递信息、监测环境等方面发挥作用，因此在服装、医疗、运动和安全等领域有广泛的应用前景。

清华大学集成电路学院任天令教授及合作团队通过对发声障碍群体进行研究，在智能语音交互方面取得重要进展，其研发的可穿戴人工喉可以感知喉部发声相关信号，对喉部发音障碍患者的模糊语音进行识别与再现过程的研究，并通过人工智能模型将其识别并合成为语音，实现了对基本语音元素的高精度识别，还原准确率超过90%，为发声障碍患者提供了沟通和交互的创新解决方案。任教授在介绍时说到，该产品在提高声音质量与音量、增加语音多样性、表情、结合其他生理信号和环境信息实现更自然、智能的语音交互等方面还有很大的拓展空间。随着人工智能研发技术的不断发展，人工喉研发将会有更宽广的发展前景，造福更多发音障碍患者。

复旦大学高分子科学系教授彭慧胜领衔的研究团队将显示器件与织物编织过程实现

融合，该织物在高分子复合纤维交织点集成多功能微型发光器件，揭示了纤维电极之间电场分布的独特规律，实现了以大面积柔性显示织物和智能集成系统融合的电子纺织品设计研发。该产品将导电纬纱和发光经纱纤维交织在一起，在纬纱与经纱的接触点便形成了微米级的电致发光单元，该织物成品在1000次弯、拉、压循环测试后，绝大部分电致发光单元仍表现良好，且这些电致发光单元的亮度在100次清洗干燥循环后依然保持稳定。彭慧胜和团队发明的这种新型电子织物具备简单可靠的制备工艺和可规模化生产的能力，人们可以将显示器、键盘、电源等电子功能同时编织到织物中，形成一个多功能的综合织物系统。研究人员认为，未来，该智能织物有望实现集成更多功能，通过结合先进的解码复杂脑电波技术，实现显示纺织品作为有效辅助技术和通信工具的应用研究，如图6-8、6-9所示。

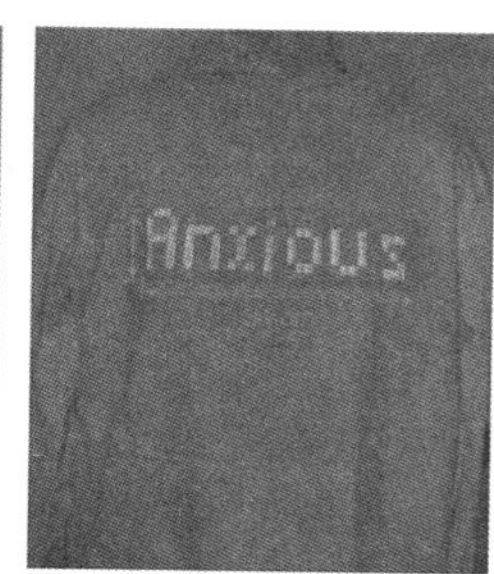

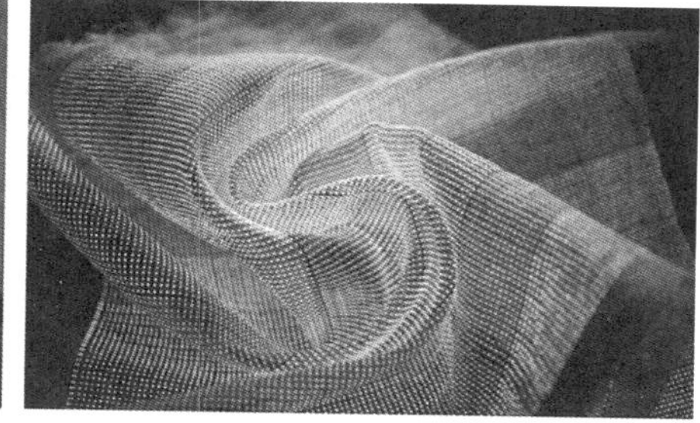

图6-8　积柔性显示织物

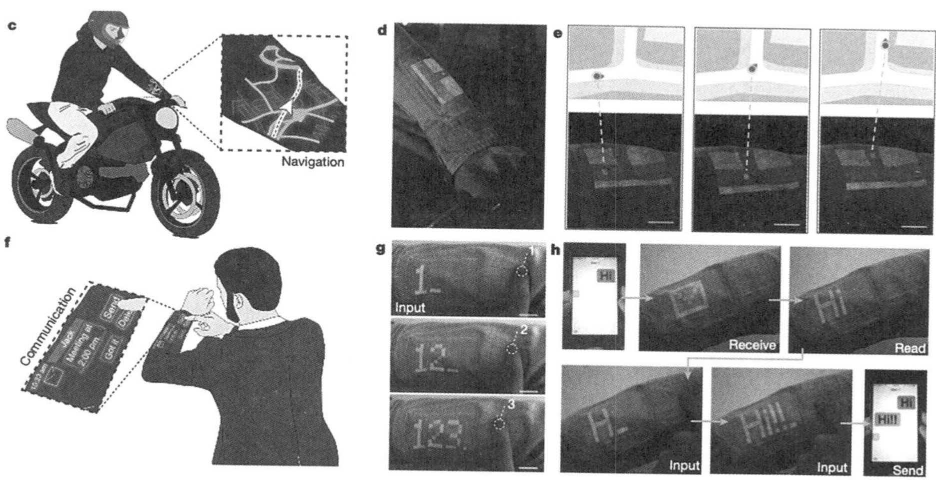

图6-9　积柔性显示织物与集成系统

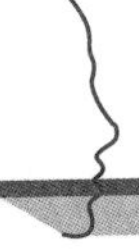

（四）AI在智能家居中的探索

随着AI的发展，用户对智能家居的需求也变得越来越大，新冠疫情改变了人们生活方式，居家服务需求变得更多元化，网络训练的模式也已经得到人们的接受，市场需求也在不断壮大。LG公司为此开发出了一款有趣的瑜伽机器人Bareun，其顶部有一个摄像头，该机器人还配套腕带、App、腕带内置传感器，在用户居家训练时可以进行运动扫描，多角度拍摄训练过程，记录各种运动数据，并将照片和视频同步传送到网络，及时得到语音反馈信息，随时帮助用户调整瑜伽锻炼动作，大大提高了锻炼姿势的准确性。如图6-10所示。

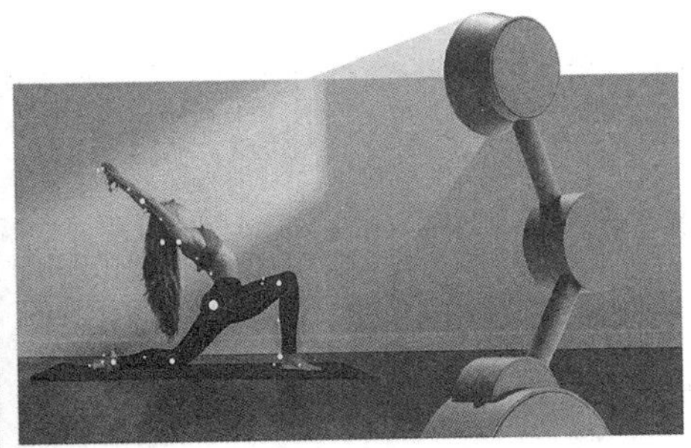

图6-10　瑜伽机器人

（五）AI在汽车行业的展望

随着人工智能的发展，人们现在已经将AI技术融入汽车驾驶中，形成了新的汽车自动驾驶技术。这种自我控制的技术在一定程度上可以减少事故发生的概率，这种技术完全颠覆了传统的汽车驾驶模式，给人们提供了更多的方便，让人们出行更舒适。

1. 自动驾驶中的应用

人工智能技术在自动驾驶中的应用，AI在汽车自动驾驶中可以对驾驶者的状态进行实时监控，利用人工智能的感知技术来感知驾驶者的面部信息、肢体信息和动作感知，并进行各种数据信息实时分析，判断该驾驶者当前的状态是否适合驾驶，并及时对数据信息进行反馈，依次发出警告等指令信息，有效防止交通事故的发生。

人工智能技术为驾驶训练提供可能，汽车自动驾驶技术在面世前需要经过严格的检验，将实际驾驶上路时会遇到的各种问题、场景等都要有预见性地加入模拟训练中，人工智能凭借其对突发情况的处理速度、在遭遇困难时能以很短时间计算出最精准的行驶路径等优势为自动驾驶汽车技术的模拟提供便利，但真正上路时还是会有各种意想不到的情况发生，如突发的自然灾害等无法准确预测的事件等。尽管人工智能已经能集中处理，但仍然存在将出现复杂状况的可能，未来更多的人工智能技术种类将被用于自动驾驶领域，更为精准的算法与计算模式也将不断更新与发展，如图6-11所示。

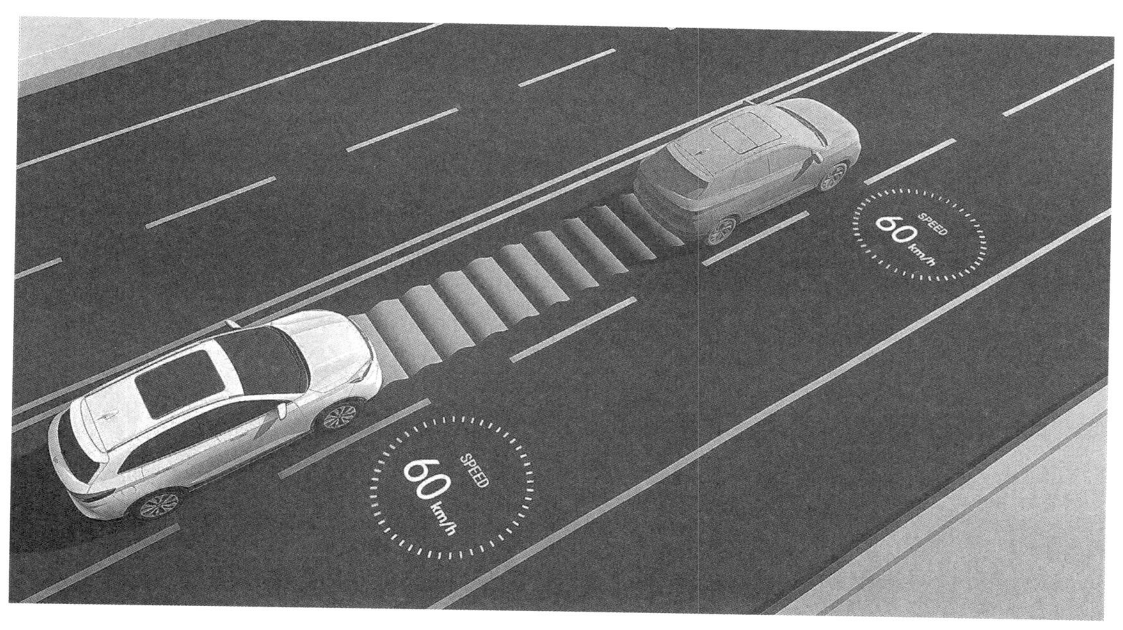

图6-11　人工智能技术在自动驾驶中的应用

人工智能技术为自动驾驶提供全面感知。传统的驾驶在面对复杂的路况时会出现人的反应能力和注意力分配不能及时就位的问题，同时，依靠个人经验和反应能力也不能解决，将对驾驶行为造成误判和不可挽回的损失。利用人工智能技术对周围环境的感知是全面和立体的，可以围绕车辆进行全方面位检测，消除视觉死角造成的事故，确保行车安全，同时在驾驶中及时给出恰当建议，协助驾驶者做出正确判断。

人工智能技术可以满足人类个性化、安全性的需求。每个人的驾驶习惯都不相同，将人工智能技术应用于汽车驾驶中可以满足用户的需求，如调节座椅、温度、灯光、音量等均可以通过人工智能技术轻松达到，不需要手动完成，解决了用户在驾驶过程中因需求造成的紧张情绪，满足驾驶者的个性化驾驶与舒适体感的需求。在遇到紧急情况时，人工智能技术立即启动，并在最短时间内做出决策，提升安全保护措施。人工智能技术中地图导航和定位功能也是驾驶者安全性不断提升的需求，精准的人工智能定位技术将为驾驶者提供精准定位、绕开较差路况等服务，高效节省驾驶者的时间，并给予及时的道路预警。随

着人工智能定位技术的不断提升，能将驾驶过程中的路况信息与各种驾驶、停车、智能呼叫服务等需求相结合，为用户提供正确、最短、最省钱、不堵车的路线，同时，满足用户在驾驶过程中需要的找停车场、吃饭、休息等智能推荐等需求服务。

2. ChatGPT在汽车行业的发展

ChatGPT（Generative Pre-trained Transformer）是生成式预训练算法模型和面向大众的AI聊天机器人，目前主要功能是为用户提供文本聊天，并利用先进的自然语言处理（NLP）技术与人类进行逼真对话。强大的自然语言处理技术和大型语言模型采用了监督学习和人类反馈强化学习等技术进行微调，用于实现人类语言和计算机之间的交互。

ChatGPT出现后人们重新将目光聚焦人工智能，也让追求智能化的新能源汽车更加意识到汽车中人机交互的缺失。现在多数汽车的交互系统还停留在10年前的水平，要让汽车交互系统更新升级应主要关注与ChatGPT密切相关的智能车载信息娱乐系统中的语音交互。语音交互主要涉及三个方面：识别、理解和执行。根据Gasgoo Auto的研究，当前识别技术已经成熟，识别精度达到了90%以上。行业的痛点主要集中在理解部分，大多数车载语音交互系统都不够智能。主要表现在：大多数制造商通过触摸屏和语音识别机制提供语音交互解决方案，但不同的内置语音程序和不同软件应用导致操作不便；虽然识别精度高，但是驾驶员是独立的个体而非机器人，随时可能出现“口误”，语音识别交互系统对用户语音使用习惯缺乏适应，导致语音交互存在不确定性，无法实现正常的交互，也不能完成驾驶员设定的目标。因此，对驾驶员措辞的准确理解主要涉及自然语言处理（NLP）技术，其对用户输入的语音的理解与其自身的场景策略和多轮对话密不可分，直接决定了车载语音交互系统的智能化程度。

使用ChatGPT，汽车可以通过语音和文本与驾驶员进行交互，并提供车辆状态、驾驶信息等实时反馈，从而实现更加便捷的交互方式，为驾驶员提供更加出色的驾驶体验。此外，ChatGPT还可以通过分析驾驶员行为数据，帮助驾驶员更好地理解自己的驾驶行为，为其提供更加有针对性的驾驶建议，从而提升驾驶安全性，如图6-12所示。

目前，ChatGPT对实现自动驾驶所需的图像处理、数据处理、图像算法的贡献较小，未来，在智能驾驶软件代码生成时ChatGPT或更强大、更专业可能会取代人类工作。人类软件工程师的工作主要是向机器输入指令，并检查和优化已由 AI 产品生成的代码。在服务过程中，ChatGPT还可以协助组织处理特定任务，如安排预约、处理付款和收集客户信息，从而减少手动工作，提高服务效率。在汽车维修方面，ChatGPT可以让客户自行安排服务

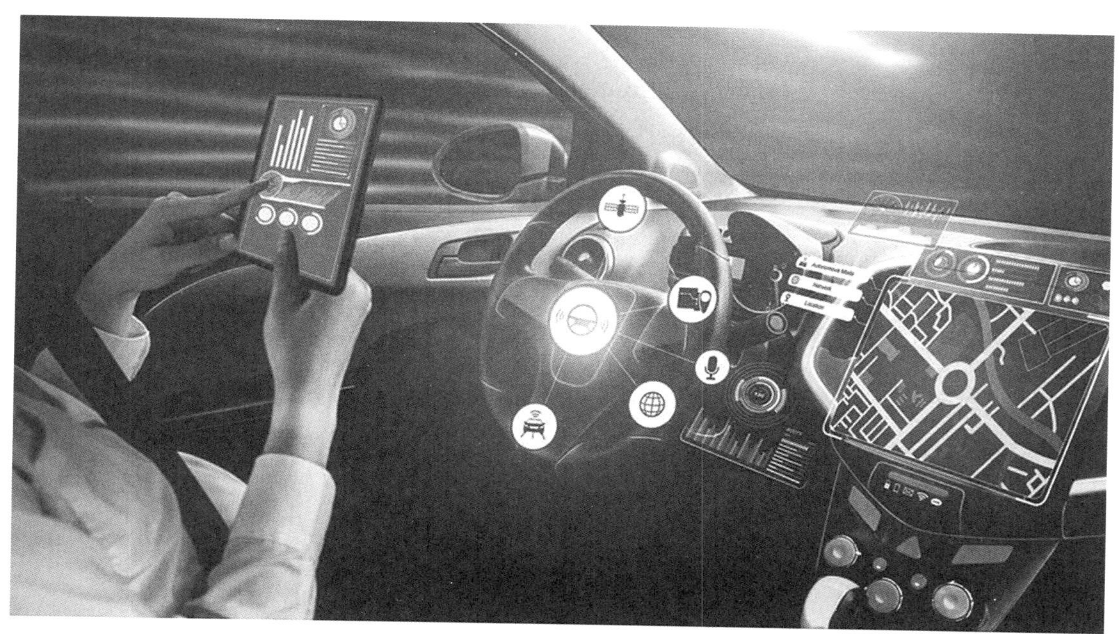

图6-12　人工智能在自动驾驶中的应用

预约，消除电话或面对面交互的需要。在个性化营销方面，ChatGPT可以帮助汽车制造商向客户提供个性化的建议和推荐。通过询问买家想购买什么类型的汽车、预算和所需功能，ChatGPT可以提供符合客户要求的汽车选择，并提供有关每辆车的详细信息，从而使购买过程更高效、更有趣，增强客户体验。

三、人工智能带来的设计职业方向

随着AI技术的发展与应用领域的拓宽，使得设计领域成为创意与技术交叉融合的多元发展专业，未来设计师将更加多元化，也将形成与AI相关的新的设计职业方向。

1. 用户体验设计师（UX Designer）。在现有的用户研究、信息架构、界面设计、视觉设计等职业基础上将需要设计师对人工智能技术有一定了解，并能将AI相关理念与技术运用于设计产品当中，并负责设计、优化与人工智能相关的产品和服务的用户体验，确保用户在体验设计产品时能与AI系统交互流畅，体现产品设计的易用性、可用性。

（1）AI可以给设计者提供丰富的灵感和创意资源。

（2）AI的特性使其可以自动执行一些诸如图形处理、编辑、布局等烦琐、重复的设计任务，可以节省设计师更多的时间和精力，同时将注意力放在具有创造性与战略性等更有价值的工作上。

2. 数据可视化设计师（Data Visualization Designer）。设计师需要将复杂的数据与算法结果转化为可视化表现形式，帮助用户理解、解释AI系统的输出，并通过设计图表、图形、交互界面等来呈现数据。通过真实还原应用场景，营造身临其境的视觉感受；通过场景代入感的营造，加强用户对技术的认可；通过具象化真实视觉表现，让用户感知数字化设计的丰富体验。数字可视化设计结合适度的动态设计既能增加用户的感官体验，传递层级关系，又能提升情感化体验。

AI技术为数据可视化定制提供技术支撑，利用数据和算法实现更有针对性的设计体验；通过建立实时数据连接和监测系统可以实现可视化展示内容的自动获取和数据更新，保持信息展示的实时性和准确性。

AI与数据可视化技术的结合也为混合现实（MR）、增强现实（AR）的应用提供了新的方向，设计师可以借助AI技术创建与真实世界交互的虚拟信息层，为可视化信息展示提供丰富的视觉体验。

3. 算法艺术家（Algorithmic Artist）。AI可以处理和分析大规模用户研究数据，通过使用AI算法来生成预测模型，进而探索创意设计新模式，设计人员通过将艺术与机器学习技术相结合，创造出基于生成对抗网络、变分自编码器（VAE）等算法生成的艺术作品，并利用已经掌握的艺术创新设计能力将其转化为平面设计、动画设计、音乐、创新产品设计等艺术作品。

通过视觉与深度学习算法，AI技术可以被嵌入交互艺术装置中感知用户的动作与表情，产生与用户互动的艺术效果，生成实时响应的艺术互动体验，增强用户体验的参与活跃性，延伸装置艺术的表现力与用户体验性。

艺术家通过与AI生成模型、增强学习算法的协作进行艺术作品的共同创作，另外，AI技术包含的风格迁移算法可以实现艺术风格的自动转换，实现不同图像间的艺术风格转化与迁移，创造出独特艺术风格和视觉效果的图像。

4. 语言交互艺术设计师（Voice Interaction Designer）。在自然语言识别基础上着重将设计与改进人工智能语音助手、语音识别系统的交互体验设计，在设计过程中考虑如何设计自然、高效的语音对话，并思考如何利用语音界面实现用户需求。

通过自然语言处理技术进行语义分析和情感识别处理，便于设计师理解用户的意图、情感状况等特定需求；在自然语言处理和机器翻译技术的帮助下，设计师可以实现多语音处理和跨文化交互，如多语言界面、多语言内容呈现等跨文化适应性设计，从用户群体参与深度和广度上提升用户体验设计。

5. 数据科学设计师（Data Science Designer）。随着人工智能与设计的融合加深，将会出现数据科学与设计思维深度交叉与融合发展的趋势，即将数据科学的原则与方法应用于设计过程中。数据科学设计师利用数据分析结合机器学习技术来发现用户的行为模式、个性化需求、情感识别等，并进行产品优化处理和设计，不断提升用户个性化体验。

人工智能领域还在不断发展之中，人类社会也将变得越来越智能，随着技术的进步和用户体验需求的不断提升，还会出现更多与AI相关的新的设计类职业方向。

参考文献

[1] ISO 9241-210:2010 Ergonomics of human-system interaction — Part 210: Human-centred design for interactive systems [S], 2010.

[2] 杨艾祥. 下一站用户体验 [M]. 北京: 中国发展出版社, 2010 : 4.

[3] 辛向阳. 从用户体验到体验设计 [J]. 包装工程, 2019, 40 (08): 60-67.

[4] 胡飞, 姜明宇. 体验设计研究: 问题情境、学科逻辑与理论动向 [J]. 包装工程, 2018 , 39 (20) : 60-75.

[5] 王文萌. 体验经济时代的设计价值研究 [D]. 武汉: 武汉理工大学, 2019.

[6] Cooper, S. About face 3 [M].Hoboken:Wiley, 2007.

[7] Jesse James Garrett. 用户体验要素 [M]. 北京: 机械工业出版社, 2011: 52-62.

[8] 胡家祥. 马斯洛需要层次论的多维解读 [J]. 哲学研究, 2015 (08): 104-108.

[9] 王文萌. 体验经济时代的设计价值研究 [D]. 武汉理工大学, 2019.

[10] 高颖. 基于体验价值维度的服务设计创新研究 [D]. 杭州: 中国美术学院, 2017.

[11] 吕欣, 廖祥忠. 数字媒体艺术导论 [M]. 北京: 高等教育出版社, 2014.

[12] 安德森. 认知心理学及其启示 [M]. 秦裕林, 等译. 北京: 人民邮电出版社, 2012.

[13] 加瑞特. 用户体验的要素: 以用户为中心的 Web 设计 [M]. 范晓燕, 等译. 北京: 机械工业出版社, 2017.

[14] 艾伦·库珀. About Face 4: 交互设计精髓 [M]. 倪卫国, 等译. 北京: 电子工业出版社, 2015.

[15] 戴力农. 设计调研 [M]. 北京: 电子工业出版社, 2014.

[16] 盖文·艾林伍德, 彼得·比尔. 用户体验设计 [M]. 孔祥富, 等译. 北京: 电子工业出版社, 2015.

[17] 卢克·米勒. 用户体验方法论 [M]. 王雪鸽, 等译. 北京: 中信出版社, 2016.

[18] Donald A. Norman. 设计心理学 [M]. 梅琼, 译. 北京: 中信出版社, 2003.

[19] Steven Heim. 和谐界面——交互设计基础 [M]. 李学庆, 等译. 北京: 电子工业出

版社, 2008.

[20]周用雷, 李宏汀, 王笃明.电子游戏用户体验评价方法综述[J].人类工效学, 2014, 20(2): 82-85.

[21]李潇.用户体验四维度[M].北京: 人民邮电出版社, 2022.

[22]Donald A.Norman.情感化设计[M].付秋芳, 程进三, 译.北京: 电子工业出版社, 2005.

[23]由芳, 王建民, 蔡泽佳.交互设计——设计思维与实践2.0[M].北京: 电子工业出版社, 2020.

[24]刘伟.用户体验概论[M].北京: 北京师范大学出版社, 2020.

[25]何天平, 白珩.面向用户的设计——移动应用产品设计之道[M].北京: 人民邮电出版社, 2017.

[26]巴克斯特, 等.用户至上: 用户研究方法与实践[M].北京: 机械工业出版社, 2017.

[27]Conradie, P., Vandevelde, C., De Ville, J. & Saldien, J. "Prototyping Tangible User Interfaces: Case Study of the Collaboration Between Academia and Industry". International Journal of Engineering Education, 32(2), 726-737, 2016.

[28]Baxter, K. & Courage, C. Understanding Your Users: A Practical Guide to User Requirements Methods. San Francisco: Morgan Kaufmann, 2015.

[29]Lichaw. D. The User's Journey: StorymApping Products That People Love.New York: Rosenfeld Media, 2016.

[30]Sharon, T. Validating Product Ideas: Through Lean User Research. NewYork: Rosenfeld Media, 2016.

[31]Portigal, S. Doorbells, Danger, and Dead Batteries: User Research War Stories. New York: Rosenfeld Media, 2016.

[32]Patton, J. & Economy, P. User Story MApping: Discover the Whole Story, Build the Right Product. Cambridge: O'Reilly Media, 2014.

[33]Sauro, J. & Lewis, J.R. Quantifying the User Experience: Practical Statistics for User Research. San Francisco: Morgan Kaufmann, 2016.

[34]诺曼.设计心理学: 日常的设计[M].小柯, 等译.北京: 中信出版社, 2015.

[35] 罗仕鉴，朱上上．用户体验与产品创新设计[M]．北京：机械工业出版社，2010.

[36] 董建民，傅利民，饶培伦，等．人机交互——以用户为中心的设计与评估[M]．北京：清华大学出版社，2007.

[37] 刘吉昆．重塑用户体验——卓越设计实践指南[M]．北京：清华大学出版社，2010.

[38] 张媛．互联网产品用户体验设计与评估研究[D]．南京：南京航空航天大学，2014.

[39] 谭浩，徐迪．基于情境的产品交互设计思维研究[J]．包装工程，2018，39 (22)：12-16.

[40] ANDERSON P S. 怦然心动情感化交互设计指南[M]．侯景艳，胡冠琦，徐磊，译．北京：人民邮电出版社，2015.

[41] 凯瑟·彼尔．语音用户界面设计：对话式体验设计原则[M]．北京：电子工业出版社，2017.

[42] 史蒂芬·温德尔．随心所欲：为改变用户行为而设计[M]．北京：电子工业出版社，2016.

[43] 唐纳德·A. 诺曼．设计心理学2：如何管理复杂[M]，张磊，译．北京：中信出版社，2011.

[44] 代福平．信息可视化设计[M]．重庆：西南师范大学出版社，2015.

[45] 辛向阳．从用户体验到体验设计[J]．包装工程，2019，40 (08)：60-67.

[46] 辛向阳．交互设计：从物理逻辑到行为逻辑[J]．装饰．2015 (01).

[47] 魏天惠，魏天宇，曹克迪．运动App社交化产品设计案例分析——以咕咚为例[J]．智库时代，2017 (06)：265+267.